全国科学技术名词审定委员会

公　布

科学技术名词·工程技术卷（全藏版）

27

机 械 工 程 名 词

CHINESE TERMS IN MECHANICAL ENGINEERING

（四）

汽车　拖拉机

机械工程名词审定委员会

国家自然科学基金资助项目

科 学 出 版 社

北 京

内 容 简 介

　　本书是全国科学技术名词审定委员会审定公布的机械工程名词(汽车与拖拉机)，其中汽车包括一般名词，汽车分类，汽车行驶性能，发动机，底盘，车身，汽车电器及汽车附属装置，汽车维修；拖拉机包括整机，传动系，制动系，行走系，转向系，液压悬挂系及牵引、拖挂装置，驾驶室、驾驶座和覆盖件，共 3138 条。这些名词是科研、教学、生产、经营以及新闻出版等部门应遵照使用的机械工程规范名词。

图书在版编目(CIP)数据

科学技术名词. 工程技术卷：全藏版 / 全国科学技术名词审定委员会审定.
—北京：科学出版社，2016.01
ISBN 978-7-03-046873-4

I. ①科… II. ①全… III. ①科学技术–名词术语 ②工程技术–名词术语
IV. ①N-61 ②TB-61

中国版本图书馆 CIP 数据核字(2015)第 307218 号

责任编辑：史金鹏 / 责任校对：陈玉凤
责任印制：张 伟 / 封面设计：铭轩堂

科学出版社 出版
北京东黄城根北街 16 号
邮政编码：100717
http://www.sciencep.com
北京厚诚则铭印刷科技有限公司印刷
科学出版社发行 各地新华书店经销
*
2016 年 1 月第 一 版 开本：787×1092 1/16
2016 年 1 月第一次印刷 印张：17 1/2
字数：448 000
定价：7800.00 元(全 44 册)
(如有印装质量问题，我社负责调换)

全国科学技术名词审定委员会
第六届委员会委员名单

特邀顾问：宋　健　许嘉璐　　韩启德

主　　任：路甬祥

副主任：刘成军　曹健林　孙寿山　武　寅　谢克昌　林蕙青
　　　　　王　杰　刘　青

常　　委（以姓名笔画为序）：
　　　　　王永炎　寿晓松　李宇明　李济生　沈爱民　张礼和　张先恩
　　　　　张晓林　张焕乔　陆汝钤　陈运泰　金德龙　柳建尧　贺　化
　　　　　韩　毅

委　　员（以姓名笔画为序）：
　　　　　卜宪群　王　正　王　巍　王　夔　王玉平　王克仁　王虹峥
　　　　　王振中　王铁琨　王德华　卞毓麟　文允镒　方开泰　尹伟伦
　　　　　尹韵公　石力开　叶培建　冯志伟　冯惠玲　母国光　师昌绪
　　　　　朱　星　朱士恩　朱建平　朱道本　仲增墉　刘　民　刘大响
　　　　　刘功臣　刘西拉　刘汝林　刘跃进　刘瑞玉　闫志坚　严加安
　　　　　苏国辉　李　林　李　巍　李传夔　李国玉　李承森　李保国
　　　　　李培林　李德仁　杨　鲁　杨星科　步　平　肖序常　吴　奇
　　　　　吴有生　吴志良　何大澄　何华武　汪文川　沈　恂　沈家煊
　　　　　宋　彤　宋天虎　张　侃　张　耀　张人禾　张玉森　陆延昌
　　　　　阿里木·哈沙尼　阿迪雅　陈　阜　陈有明　陈锁祥　卓新平
　　　　　罗　玲　罗桂环　金伯泉　周凤起　周远翔　周应祺　周明鉴
　　　　　周定国　周荣耀　郑　度　郑述谱　房　宁　封志明　郝时远
　　　　　宫辉力　费　麟　胥燕婴　姚伟彬　姚建新　贾弘禔　高英茂
　　　　　郭重庆　桑　旦　黄长著　黄玉山　董　鸣　董　琨　程恩富
　　　　　谢地坤　照日格图　　　鲍　强　窦以松　谭华荣　潘书祥

第二届机械工程名词审定委员会委员名单

顾　　问(以姓名笔画为序)：

朱森第　　陆燕荪　　钟群鹏　　徐滨士　　路甬祥

主　　任：宋天虎

副主任：王玉明　　钟秉林　　王松林　　陈学东　　刘　青

委　　员(以姓名笔画为序)：

马国远　　王建军　　王善武　　方洪祖　　计维斌　　石治平

刘子金　　刘雨亭　　孙大涌　　杨一凡　　关　卫　　沈德昌

宋肃庆　　张　华　　张喜军　　陈长琦　　陈志远　　尚项绳

赵六奇　　赵钦新　　徐石安　　徐仲伦　　黄开胜　　曹树良

谭　宁　　薛胜雄　　瞿俊鸣

办公室成员：吕亚玲　　于兆清　　宋正良　　谢　景　　王自严　　王丽滨

汽车、拖拉机名词审定组成员名单

组　　长：王松林

组　　员(以姓名笔画为序)：

刘雨亭　　吴　卫　　尚项绳　　赵六奇　　徐石安　　徐仲伦

黄开胜

路甬祥序

我国是一个人口众多、历史悠久的文明古国,自古以来就十分重视语言文字的统一,主张"书同文、车同轨",把语言文字的统一作为民族团结、国家统一和强盛的重要基础和象征。我国古代科学技术十分发达,以四大发明为代表的古代文明,曾使我国居于世界之巅,成为世界科技发展史上的光辉篇章。而伴随科学技术产生、传播的科技名词,从古代起就已成为中华文化的重要组成部分,在促进国家科技进步、社会发展和维护国家统一方面发挥着重要作用。

我国的科技名词规范统一活动有着十分悠久的历史。古代科学著作记载的大量科技名词术语,标志着我国古代科技之发达及科技名词之活跃与丰富。然而,建立正式的名词审定组织机构则是在清朝末年。1909 年,我国成立了科学名词编订馆,专门从事科学名词的审定、规范工作。到了新中国成立之后,由于国家的高度重视,这项工作得以更加系统地、大规模地开展。1950 年政务院设立的学术名词统一工作委员会,以及 1985 年国务院批准成立的全国自然科学名词审定委员会(现更名为全国科学技术名词审定委员会,简称全国科技名词委),都是政府授权代表国家审定和公布规范科技名词的权威性机构和专业队伍。他们肩负着国家和民族赋予的光荣使命,秉承着振兴中华的神圣职责,为科技名词规范统一事业默默耕耘,为我国科学技术的发展做出了基础性的贡献。

规范和统一科技名词,不仅在消除社会上的名词混乱现象,保障民族语言的纯洁与健康发展等方面极为重要,而且在保障和促进科技进步,支撑学科发展方面也具有重要意义。一个学科的名词术语的准确定名及推广,对这个学科的建立与发展极为重要。任何一门科学(或学科),都必须有自己的一套系统完善的名词来支撑,否则这门学科就立不起来,就不能成为独立的学科。郭沫若先生曾将科技名词的规范与统一称为"乃是一个独立自主国家在学术工作上所必须具备的条件,也是实现学术中国化的最起码的条件",精辟地指出了这项基础性、支撑性工作的本质。

在长期的社会实践中,人们认识到科技名词的规范和统一工作对于一个国家的科技发展和文化传承非常重要，是实现科技现代化的一项支撑性的系统工程。没有这样一个系统的规范化的支撑条件，不仅现代科技的协调发展将遇到极大困难，而且在科技日益渗透人们生活各方面、各环节的今天，还将给教育、传播、交流、经贸等多方面带来困难和损害。

全国科技名词委自成立以来，已走过近 20 年的历程，前两任主任钱三强院士和卢嘉锡院士为我国的科技名词统一事业倾注了大量的心血和精力，在他们的正确领导和广大专家的共同努力下，取得了卓著的成就。2002 年，我接任此工作，时逢国家科技、经济飞速发展之际，因而倍感责任的重大；及至今日，全国科技名词委已组建了 60 个学科名词审定分委员会，公布了 50 多个学科的 63 种科技名词，在自然科学、工程技术与社会科学方面均取得了协调发展，科技名词蔚成体系。而且，海峡两岸科技名词对照统一工作也取得了可喜的成绩。对此，我实感欣慰。这些成就无不凝聚着专家学者们的心血与汗水，无不闪烁着专家学者们的集体智慧。历史将会永远铭刻着广大专家学者孜孜以求、精益求精的艰辛劳作和为祖国科技发展做出的奠基性贡献。宋健院士曾在 1990 年全国科技名词委的大会上说过："历史将表明，这个委员会的工作将对中华民族的进步起到奠基性的推动作用。"这个预见性的评价是毫不为过的。

科技名词的规范和统一工作不仅仅是科技发展的基础，也是现代社会信息交流、教育和科学普及的基础，因此，它是一项具有广泛社会意义的建设工作。当今，我国的科学技术已取得突飞猛进的发展，许多学科领域已接近或达到国际前沿水平。与此同时，自然科学、工程技术与社会科学之间交叉融合的趋势越来越显著，科学技术迅速普及到了社会各个层面，科学技术同社会进步、经济发展已紧密地融为一体，并带动着各项事业的发展。所以，不仅科学技术发展本身产生的许多新概念、新名词需要规范和统一，而且由于科学技术的社会化，社会各领域也需要科技名词有一个更好的规范。另一方面，随着香港、澳门的回归，海峡两岸科技、文化、经贸交流不断扩大，祖国实现完全统一更加迫近，两岸科技名词对照统一任务也十分迫切。因而，我们的名词工作不仅对科技发展具有重要的价值和意义，而且在经济发展、社会进步、政治稳定、民族团结、国家统一和繁荣等方面都具有不可替代的特殊价值和意义。

最近，中央提出树立和落实科学发展观，这对科技名词工作提出了更高的要求。我们要按照科学发展观的要求，求真务实，开拓创新。科学发展观的本质与核心是以人为本，我们要建设一支优秀的名词工作队伍，既要保持和发扬老一辈科技名词工作者的优良传统，坚持真理、实事求是、甘于寂寞、淡泊名利，又要根据新形势的要求，面向未来、协调发展、与时俱进、锐意创新。此外，我们要充分利用网络等现代科技手段，使规范科技名词得到更好的传播和应用，为迅速提高全民文化素质做出更大贡献。科学发展观的基本要求是坚持以人为本，全面、协调、可持续发展，因此，科技名词工作既要紧密围绕当前国民经济建设形势，着重开展好科技领域的学科名词审定工作，同时又要在强调经济社会以及人与自然协调发展的思想指导下，开展好社会科学、文化教育和资源、生态、环境领域的科学名词审定工作，促进各个学科领域的相互融合和共同繁荣。科学发展观非常注重可持续发展的理念，因此，我们在不断丰富和发展已建立的科技名词体系的同时，还要进一步研究具有中国特色的术语学理论，以创建中国的术语学派。研究和建立中国特色的术语学理论，也是一种知识创新，是实现科技名词工作可持续发展的必由之路，我们应当为此付出更大的努力。

当前国际社会已处于以知识经济为走向的全球经济时代，科学技术发展的步伐将会越来越快。我国已加入世贸组织，我国的经济也正在迅速融入世界经济主流，因而国内外科技、文化、经贸的交流将越来越广泛和深入。可以预言，21 世纪中国的经济和中国的语言文字都将对国际社会产生空前的影响。因此，在今后 10 到 20 年之间，科技名词工作就变得更具现实意义，也更加迫切。"路漫漫其修远兮，吾今上下而求索"，我们应当在今后的工作中，进一步解放思想，务实创新、不断前进。不仅要及时地总结这些年来取得的工作经验，更要从本质上认识这项工作的内在规律，不断地开创科技名词统一工作新局面，做出我们这代人应当做出的历史性贡献。

2004 年深秋

卢嘉锡序

科技名词伴随科学技术而生，犹如人之诞生其名也随之产生一样。科技名词反映着科学研究的成果，带有时代的信息，铭刻着文化观念，是人类科学知识在语言中的结晶。作为科技交流和知识传播的载体，科技名词在科技发展和社会进步中起着重要作用。

在长期的社会实践中，人们认识到科技名词的统一和规范化是一个国家和民族发展科学技术的重要的基础性工作，是实现科技现代化的一项支撑性的系统工程。没有这样一个系统的规范化的支撑条件，科学技术的协调发展将遇到极大的困难。试想，假如在天文学领域没有关于各类天体的统一命名，那么，人们在浩瀚的宇宙当中，看到的只能是无序的混乱，很难找到科学的规律。如是，天文学就很难发展。其他学科也是这样。

古往今来，名词工作一直受到人们的重视。严济慈先生 60 多年前说过，"凡百工作，首重定名；每举其名，即知其事"。这句话反映了我国学术界长期以来对名词统一工作的认识和做法。古代的孔子曾说"名不正则言不顺"，指出了名实相副的必要性。荀子也曾说"名有固善，径易而不拂，谓之善名"，意为名有完善之名，平易好懂而不被人误解之名，可以说是好名。他的"正名篇"即是专门论述名词术语命名问题的。近代的严复则有"一名之立，旬月踟蹰"之说。可见在这些有学问的人眼里，"定名"不是一件随便的事情。任何一门科学都包含很多事实、思想和专业名词，科学思想是由科学事实和专业名词构成的。如果表达科学思想的专业名词不正确，那么科学事实也就难以令人相信了。

科技名词的统一和规范化标志着一个国家科技发展的水平。我国历来重视名词的统一与规范工作。从清朝末年的科学名词编订馆，到 1932 年成立的国立编译馆，以及新中国成立之初的学术名词统一工作委员会，直至 1985 年成立的全国自然科学名词审定委员会（现已改名为全国科学技术名词审定委员会，简称全国名词委），其使命和职责都是相同的，都是审定和公布规范名词的权威性机构。现在，参与全国名词委领导工作的单位有中国科学院、科学技术部、教育部、中国科学技术协会、国家自然科学基金委员会、新闻出版署、国家质量技术监督局、国家广播电影电视总局、国家知识产权局和国家语言文字工作委员会,这些部委各自选派了有关领导干部担任全国名词委的领导,有力地推动科技名词的统一和推广应用工作。

全国名词委成立以后,我国的科技名词统一工作进入了一个新的阶段。在第一任主任委员钱三强同志的组织带领下,经过广大专家的艰苦努力,名词规范和统一工作取得了显著的成绩。1992年三强同志不幸谢世。我接任后,继续推动和开展这项工作。在国家和有关部门的支持及广大专家学者的努力下,全国名词委15年来按学科共组建了50多个学科的名词审定分委员会,有1800多位专家、学者参加名词审定工作,还有更多的专家、学者参加书面审查和座谈讨论等,形成的科技名词工作队伍规模之大、水平层次之高前所未有。15年间共审定公布了包括理、工、农、医及交叉学科等各学科领域的名词共计50多种。而且,对名词加注定义的工作经试点后业已逐渐展开。另外,遵照术语学理论,根据汉语汉字特点,结合科技名词审定工作实践,全国名词委制定并逐步完善了一套名词审定工作的原则与方法。可以说,在20世纪的最后15年中,我国基本上建立起了比较完整的科技名词体系,为我国科技名词的规范和统一奠定了良好的基础,对我国科研、教学和学术交流起到了很好的作用。

在科技名词审定工作中,全国名词委密切结合科技发展和国民经济建设的需要,及时调整工作方针和任务,拓展新的学科领域开展名词审定工作,以更好地为社会服务、为国民经济建设服务。近些年来,又对科技新词的定名和海峡两岸科技名词对照统一工作给予了特别的重视。科技新词的审定和发布试用工作已取得了初步成效,显示了名词统一工作的活力,跟上了科技发展的步伐,起到了引导社会的作用。两岸科技名词对照统一工作是一项有利于祖国统一大业的基础性工作。全国名词委作为我国专门从事科技名词统一的机构,始终把此项工作视为自己责无旁贷的历史性任务。通过这些年的积极努力,我们已经取得了可喜的成绩。做好这项工作,必将对弘扬民族文化,促进两岸科教、文化、经贸的交流与发展做出历史性的贡献。

科技名词浩如烟海,门类繁多,规范和统一科技名词是一项相当繁重而复杂的长期工作。在科技名词审定工作中既要注意同国际上的名词命名原则与方法相衔接,又要依据和发挥博大精深的汉语文化,按照科技的概念和内涵,创造和规范出符合科技规律和汉语文字结构特点的科技名词。因而,这又是一项艰苦细致的工作。广大专家学者字斟句酌,精益求精,以高度的社会责任感和敬业精神投身于这项事业。可以说,全国名词委公布的名词是广大专家学者心血的结晶。这里,我代表全国名词委,向所有参与这项工作的专家学者们致以崇高的敬意和衷心的感谢!

审定和统一科技名词是为了推广应用。要使全国名词委众多专家多年的劳动成果——规范名词,成为社会各界及每位公民自觉遵守的规范,需要全社会的理解和支持。国务院和 4 个有关部委〔国家科委(今科学技术部)、中国科学院、国家教委(今教育部)和新闻出版署〕已分别于 1987 年和 1990 年行文全国,要求全国各科研、教学、生产、经营以及新闻出版等单位遵照使用全国名词委审定公布的名词。希望社会各界自觉认真地执行,共同做好这项对于科技发展、社会进步和国家统一极为重要的基础工作,为振兴中华而努力。

值此全国名词委成立 15 周年、科技名词书改装之际,写了以上这些话。是为序。

卢嘉锡

2000 年夏

钱 三 强 序

　　科技名词术语是科学概念的语言符号。人类在推动科学技术向前发展的历史长河中，同时产生和发展了各种科技名词术语，作为思想和认识交流的工具，进而推动科学技术的发展。

　　我国是一个历史悠久的文明古国，在科技史上谱写过光辉篇章。中国科技名词术语，以汉语为主导，经过了几千年的演化和发展，在语言形式和结构上体现了我国语言文字的特点和规律，简明扼要，蓄意深切。我国古代的科学著作，如已被译为英、德、法、俄、日等文字的《本草纲目》、《天工开物》等，包含大量科技名词术语。从元、明以后，开始翻译西方科技著作，创译了大批科技名词术语，为传播科学知识，发展我国的科学技术起到了积极作用。

　　统一科技名词术语是一个国家发展科学技术所必须具备的基础条件之一。世界经济发达国家都十分关心和重视科技名词术语的统一。我国早在 1909 年就成立了科学名词编订馆，后又于 1919 年中国科学社成立了科学名词审定委员会，1928 年大学院成立了译名统一委员会。1932 年成立了国立编译馆，在当时教育部主持下先后拟订和审查了各学科的名词草案。

　　新中国成立后，国家决定在政务院文化教育委员会下，设立学术名词统一工作委员会，郭沫若任主任委员。委员会分设自然科学、社会科学、医药卫生、艺术科学和时事名词五大组，聘请了各专业著名科学家、专家，审定和出版了一批科学名词，为新中国成立后的科学技术的交流和发展起到了重要作用。后来，由于历史的原因，这一重要工作陷于停顿。

　　当今，世界科学技术迅速发展，新学科、新概念、新理论、新方法不断涌现，相应地出现了大批新的科技名词术语。统一科技名词术语，对科学知识的传播，新学科的开拓，新理论的建立，国内外科技交流，学科和行业之间的沟通，科技成果的推广、应用和生产技术的发展，科技图书文献的编纂、出版和检索，科技情报的传递等方面，都是不可缺少的。特别是计算机技术的推广使用，对统一科技名词术语提出了更紧迫的要求。

　　为适应这种新形势的需要，经国务院批准，1985 年 4 月正式成立了全国自然科学名词审定委员会。委员会的任务是确定工作方针，拟定科技名词术语审定工作计划、实施方案和步骤，组织审定自然科学各学科名词术语，并予以公布。根据国务院授权，委员会审定公布的名词术语，科研、教学、生产、经营以及新闻出版等各部门，均应遵照使用。

全国自然科学名词审定委员会由中国科学院、国家科学技术委员会、国家教育委员会、中国科学技术协会、国家技术监督局、国家新闻出版署、国家自然科学基金委员会分别委派了正、副主任担任领导工作。在中国科协各专业学会密切配合下，逐步建立各专业审定分委员会，并已建立起一支由各学科著名专家、学者组成的近千人的审定队伍，负责审定本学科的名词术语。我国的名词审定工作进入了一个新的阶段。

这次名词术语审定工作是对科学概念进行汉语订名，同时附以相应的英文名称，既有我国语言特色，又方便国内外科技交流。通过实践，初步摸索了具有我国特色的科技名词术语审定的原则与方法，以及名词术语的学科分类、相关概念等问题，并开始探讨当代术语学的理论和方法，以期逐步建立起符合我国语言规律的自然科学名词术语体系。

统一我国的科技名词术语，是一项繁重的任务，它既是一项专业性很强的学术性工作，又涉及亿万人使用习惯的问题。审定工作中我们要认真处理好科学性、系统性和通俗性之间的关系；主科与副科间的关系；学科间交叉名词术语的协调一致；专家集中审定与广泛听取意见等问题。

汉语是世界五分之一人口使用的语言，也是联合国的工作语言之一。除我国外，世界上还有一些国家和地区使用汉语，或使用与汉语关系密切的语言。做好我国的科技名词术语统一工作，为今后对外科技交流创造了更好的条件，使我炎黄子孙，在世界科技进步中发挥更大的作用，做出重要的贡献。

统一我国科技名词术语需要较长的时间和过程，随着科学技术的不断发展，科技名词术语的审定工作，需要不断地发展、补充和完善。我们将本着实事求是的原则，严谨的科学态度做好审定工作，成熟一批公布一批，提供各界使用。我们特别希望得到科技界、教育界、经济界、文化界、新闻出版界等各方面同志的关心、支持和帮助，共同为早日实现我国科技名词术语的统一和规范化而努力。

1992 年 2 月

前　　言

　　机械工业是国家的支柱产业，在建设有中国特色的社会主义进程中起着举足轻重的作用。机械工业涉及面广，包括的专业门类多，是工程学科中最大的学科之一。为了振兴和发展机械工业，加强机械科学技术基础工作，促进科学技术交流，第一届机械工程名词审定委员会在全国自然科学名词审定委员会(现称全国科学技术名词审定委员会)和原机械工业部的领导下，于 1993 年 4 月 1 日成立。根据该委员会的规划，机械工程名词包括机械工程基础、机械零件与传动、机械制造工艺与设备、仪器仪表、汽车和拖拉机、物料搬运机械、流体机械、工程机械、动力机械等 9 个部分，将分 5 批(5 个分册)陆续审定和公布。

　　第一届机械工程名词审定委员会分别于 2000 年和 2003 年完成了《机械工程名词》(一)、《机械工程名词》(二)和《机械工程名词》(二)的编写、审定工作，并由全国科学技术名词审定委员会公布。以上 3 个分册《机械工程名词》涵盖了机械工程基础、机械零件与传动、机械制造工艺与设备、仪器仪表等 4 部分的内容。

　　在全国科学技术名词审定委员会和中国机械工程学会的领导下，第二届机械工程名词审定委员会于 2009 年 6 月 23 日成立。该委员会由顾问和正、副主任及委员共 38 人组成，其中包括 5 名中国科学院和中国工程院的院士及一大批我国机械工程学科的知名专家和学者，为做好《机械工程名词》(四)和《机械工程名词》(五)的审定工作提供了可靠保障。这两个分册《机械工程名词》涵盖了规划中的汽车和拖拉机、物料搬运机械、流体机械、工程机械、动力机械等 5 部分的内容。

　　机械工程名词的选词和审定工作是在《中国机电工程术语数据库》的基础上进行的，在选词时还参考了大量国内外现行术语标准以及各种词典、手册和主题词表等，词源丰富，选词的可靠性高，词条定义的准确度高。

　　《机械工程名词》(四)的审定工作本着整体规划、分步实施的原则，按专业范围逐步展开。审定中严格按照全国科学技术名词审定委员会制定的《科学技术名词审定的原则及方法》和根据此文制定的《机械工程名词审定的原则及方法》进行。为保证审定质量，机械工程名词审定工作在全国科学技术名词审定委员会规定的"三审"定稿的基础上，又增加了同行评议和复审环节。参加本分册同行评议工作的专家有李羡云、毛恩荣。在同行评议的基础上，由陆际清、王秉刚两位专家进行了复审。其后，第二届机械工程名词审定委员会对以上各位专家的审定意见进行了认真的研究，再次进行修改后定稿，并上报全国科学技术名词审定委员会批准公布。

　　这次公布的《机械工程名词》(四)由汽车和拖拉机两部分名词组成，共有词条 3138 条。审定中遵循了定名的单义性、科学性、系统性、简明性和约定俗成的原则，对实际应用中存在的不同命名方法，公布时确定一个与之相对应的、规范的中文名词，其余用"又称""简称""曾称""俗称"等加以注释。对一些缺乏科学性、易发生歧义的定名，本次审定予以改正。选词中注意选择了"本学科较基础的词、特有的常用词及重要词"，避免选取已被淘汰和过时的词。加注定义时尽量不用多余或重复的字与词，使文字简练、准确。本分册所涵盖的汽车名词和拖拉机名词为两个相互独立的部分，各部分所选条目的定义分别按照各自的行业习惯撰写。

名词审定工作是一项浩繁的基础性工作，现在公布的名词和定义只能反映当前的学术水平，随着科学技术的发展，还将适时修订。

在《机械工程名词》（四）的审定过程中，除了审定组成员、同行评议专家及复审专家付出了辛勤劳动之外，还得到了本行业诸多专家的大力支持，在此一并表示感谢。

第二届机械工程名词审定委员会

2012 年 12 月

编 排 说 明

一、本书公布的是机械工程中汽车、拖拉机两个领域的基本词；每个词条均给出了英文名及定义。

二、本书汽车部分分为一般名词，汽车分类，汽车行驶性能，发动机，底盘，车身，汽车电器及汽车附属装置，汽车维修；拖拉机部分分为整机，传动系，制动系，行走系，转向系，液压悬挂系及牵引、拖挂装置，驾驶室、驾驶座和覆盖件。

三、正文按汉文名词所属学科的概念体系排列，定义一般只给出基本内涵。汉文名后给出了与该词概念相对应的英文名。

四、当一个汉文名有两个或多个不同的概念时，则用(1)、(2)、(3)……分列。

五、一个汉文名一般只对应一个英文名，同时并存多个英文名时，英文名之间用","分开。

六、凡英文名的字母除必须大写外，一律小写；英文除必须用复数外，一般用单数；英文名一般用美式拼法。

七、"[　]"中的字为可省略部分。

八、主要异名和释文中的条目用楷体表示。"全称""简称"是与正名等效使用的名词；"又称"为非推荐名，只在一定范围内使用；"俗称"为非学术用语；"曾称"为被淘汰的旧名。

九、正文后所附英汉索引按英文字母顺序排列，汉英索引按汉语拼音顺序排列，所示号码为该名词在正文中的序号。索引中带"*"者为规范名的异名。

目　录

正文

汽　车

拖　拉　机

汽　车

01. 一般名词

01.01　参　数

01.001　汽车　motor vehicle
由动力驱动,具有三个或三个以上车轮的非轨道承载的车辆。主要用于载运人员和(或)货物、牵引载运人员和(或)货物或特殊用途。

01.002　在用车　in-use vehicle
已投入使用的汽车。在我国系指已经取得牌照的汽车。

01.003　汽车长度　motor vehicle length
分别过汽车前后最外端点且垂直于汽车纵向平面和汽车支撑平面的两平面之间的距离。

01.004　全挂车长度　full-trailer length
(1)分别过挂车牵引杆最前端点和挂车车身最后端点且垂直于挂车纵向平面的两平面之间的距离。(2)分别过挂车车身最前端点和挂车车身最后端点且垂直于挂车纵向平面的两平面之间的距离。

01.005　半挂车长度　semi-trailer length
分别过半挂车车身最前端点或牵引销轴心线和半挂车车身最后端点且垂直于半挂车纵向平面和半挂车支撑平面的两平面之间的距离。

01.006　车宽　vehicle width
分别过车辆两侧的固定突出部位(不包括后视镜、侧面标志灯、示位灯、转向指示灯、挠性挡泥板、折叠式踏板、防滑链以及轮胎与地面接触时的变形部分)最外侧点且平行于汽车纵向平面的两平面之间的距离。

01.007　车高　vehicle height
车辆在无装载质量时最高点至地平面的距离。

01.008　汽车轴距　motor vehicle wheel base
分别过车辆同一侧相邻两车轮中心点,并垂直于汽车纵向平面和汽车支撑平面的两平面之间的距离。

01.009　半挂车轴距　semi-trailer wheel base
分别过半挂车牵引销轴心线和半挂车车轮中心并垂直于半挂车纵向平面和半挂车支撑平面的两平面之间的距离。

01.010　轮距　wheel track
同一轴上两端车轮中心平面之间的距离。

01.011　前悬　front overhang
分别过车辆最前端点(包括前拖钩、车牌及任何固定在车辆前部的刚性部件)和前面两轮中心且垂直于汽车纵向平面和汽车支撑平面的两平面之间的距离。

01.012　后悬　rear overhang
分别过车辆后轴两轮中心和车辆最后端点(包括牵引装置、车牌及固定在车辆后部的任何刚性部件)且垂直于汽车纵向平面和汽车支撑平面的两平面之间的距离。

01.013　接近角　angle of approach，approach angle
汽车静置于直行位置时,通过车辆前段(指位于前轮前面的所有车辆构件和附件实体)的最低点且和前轮外缘下半边相切的平面与基准地平面间的夹角。

01.014　离去角　departure angle
汽车静置于直行位置时,通过车辆后段(指位于后轮后面的所有车辆构件和附件实体)

的最低点且和后轮外缘下半边相切的平面与基准地平面间的夹角。

01.015 车架高度 height of chassis above ground

车辆在厂定最大总质量或整车整备质量条件下，过车辆最后轴两车轮中心且垂直于地平面的平面同车架上表面的交线与地平面间的距离。

01.016 驾驶室后车架最大可用长度 maximum usable length of chassis behind cab

分别过可用来安装货箱的车架最前端点和车架最后端点且垂直于汽车纵向平面和汽车支撑平面的两平面间的距离。

01.017 车身长度 bodywork length

分别过车身前后最外端点且垂直于其纵向平面和支撑平面的两平面间的距离。

01.018 车厢内部最大尺寸 maximum internal dimensions of body

车厢内部的长、宽和高。

01.019 质量分配比 mass-distribution ratio

前、后轴载重量分配的百分比。

01.020 质心高度 height of center of mass

由轮胎接地面到汽车质心的垂直距离。

01.021 牵引架长 draw-gear length

牵引杆处于正前方位置时，垂直于地平面的牵引杆销孔中心线至过全挂车前轮中心且垂直于汽车纵向的平面的垂直距离。

01.022 牵引杆长 drawbar length

牵引杆处于正前方位置时，垂直于地平面的牵引杆销孔中心线至过牵引杆固定在全挂车上的连接销轴线并垂直于汽车纵向的平面间的垂直距离。

01.023 牵引装置悬伸 overhang of towing attachment

（1）对于球头式牵引装置，指球的中心到过车辆最后轴轴线且垂直于汽车纵向的平面的距离。（2）对于叉销式 U 形牵引装置，指通过叉销孔轴线且平行于汽车横向的平面到过车辆最后轴轴线且垂直于汽车纵向的平面的距离。（3）对于拖钩式牵引装置，指环形拖钩子午线断面（断面的中心线垂直于地平面）的中心到过车辆最后轴轴线且垂直于汽车纵向的平面的距离。

01.024 牵引装置高度 height of towing attachment

（1）对于球头式牵引装置，指球头中心到地平面的距离。（2）对于叉销式 U 形牵引装置，指距叉销式 U 形装置的两内表面等距离的水平面到地平面的距离。（3）对于拖钩式牵引装置，指环形拖钩子午线断面（断面的中心线垂直于地平面）的中心到地平面的距离。

01.025 长度计算用牵引座前置距离 fifth-wheel lead for calculation of length

从过半挂牵引车牵引座的牵引销孔中心的铅垂线至过半挂牵引车最后轮轴线的铅垂平面间的距离。

01.026 牵引座结合面高度 height of coupling face

从处于水平位置的牵引鞍座结合面至地平面的距离。

01.027 牵引装置至车辆前端的距离 distance between jaw and front end of towing vehicle

过各种牵引装置的中心点或面和过车辆最前端点且垂直于汽车纵向平面的距离。

01.028 牵引座牵引销孔至车辆前端的距离 distance between fifth-wheel coupling pin and front end of towing vehicle

从通过牵引座牵引销孔中心的铅垂线至过车辆最前端点且垂直于汽车纵向的平面的垂直距离。

01.029 半挂牵引车后回转半径 rear fitting radius of semi-trailer towing vehicle
半挂牵引车牵引座销孔中心至牵引车后端最远点在地平面上的垂直投影点间的距离。

01.030 半挂车间隙半径 clearance radius of semi-trailer
牵引销轴线至半挂车鹅颈部分圆柱面或其他向下突出部分表面的最近点在车辆纵向对称平面上的水平距离。

01.031 半挂车前回转半径 front fitting radius of semi-trailer
半挂车牵引销轴线至半挂车前端距牵引销轴线最远点在地平面上的距离。

01.032 车轮动行程 vertical clearance of wheel
车轮从车辆厂定最大总质量时所处的位置起,可能相对于车架(或车身)上移的极限铅垂距离。

01.033 车轮提升高度 lift of wheel
在其他车轮都不离开地平面的情况下,车轴一端的车轮处在其可能提升的高度时,该车轮最低点至地平面的距离。

01.034 最小转弯直径 minimum turning circle diameter
转向盘转到极限位置时,车辆外转向轮上接地中心点在地平面上的轨迹圆直径。

01.035 转弯通道圆 turning clearance circle
转向盘转到极限位置时,下述两圆决定的车辆转弯通道:(1)车辆所有点在地平面上的投影均位于圆外的最大内圆;(2)包含车辆所有点在地平面上的投影的最小外圆。

01.036 最大设计总质量 maximum design total mass
车辆制造厂规定的车辆最大的总质量。

01.037 整车整备质量 complete vehicle curb mass
车辆在使用状态下带有全部标准装备和选用装备、额定燃料量时的质量。

01.038 车辆总质量 gross vehicle mass
制造厂规定的车辆额定总质量。它包括全装备质量和有效承载质量。

01.039 满载车质量 loaded vehicle mass
制造厂为进行排放试验所给定的车辆在使用状况下的质量。

01.040 结构质量 dry mass
不加油料(燃油、润滑油、液压油)和冷却液、无随车工具时的汽车质量。

01.041 电动汽车整车整备质量 complete electric vehicle curb mass
包括电动汽车车载储能装置在内的整车整备质量。

01.042 电动汽车试验质量 test mass of electric vehicle
电动汽车整车整备质量与某一试验中所需附加质量之和。

01.043 视野 field of vision
驾驶员在行车中眼睛固定注视一定目标时,所能见到的空间范围。

01.044 续驶里程 driving range
在车载储能装置按规定充满的状态下,车辆以一定的行驶工况行驶时所能连续行驶的最大距离。

01.02 环保、法规和试验

01.045 排放标准 emission standard
又称"排放法规"。为了限制汽车或发动机污染物排放量而制定的关于排放量限值及测量方法的国家标准。

01.046　怠速排放标准　idle speed emission standard
为限制发动机怠速运转时排气中一氧化碳、碳氢化合物等成分的排放量而制定的标准。

01.047　排放物浓度　emission concentration
排放物在全部排气中所占的体积分数，以百分之几或百万分之几来表示。

01.048　低排放车　low emission vehicle，LEV
排放符合美国加州制定的一项 1994 年实施的目标排放限值的汽车。

01.049　超低排放车　ultra low emission vehicle，ULEV
碳氢化合物（HC）和一氧化碳（CO）的排放限值约为低排放车的一半的汽车。

01.050　零排放车　zero emission vehicle，ZEV
在运行中不排放污染物的汽车。

01.051　型式认证　type approval
就车辆或发动机的排放水平，对一种车型或发动机机型样品按国家标准进行的试验认证。

01.052　车辆型式　vehicle type
规定的、能据以将车辆分类的车辆基本特性。基本特性上无差异的车辆同属一种车辆型式。

01.053　生产一致性　conformity of production
对于经过型式认证的车型或机型，制造厂所生产的产品与进行型式认证时提供的样品在排放水平上的相同性。

01.054　召回　recall
经型式认证的汽车，在使用过程中如发现零部件出现一定比例的故障而影响到其使用性能时，汽车制造厂回收此车型的车辆，对所有该型在用车进行修正的一种行为。

01.055　底盘测功机　chassis dynamometer
能模拟作用在行驶车辆上的惯性力、摩擦力和风阻力的一种测功机。

01.056　试车助驾仪　driver aid
又称"司机助"。用于指导试车驾驶员按规定的车速-时间规范驾驶汽车的仪器。

01.057　试验循环　test cycle
为测定汽车的排气排放物和燃料经济性而制定的一套模拟车辆在道路上使用情况的试验工况循环变化的规程。其中一般包括加速、减速、等速和怠速等工况。

01.058　昼间换气损失　diurnal breathing loss
按照相关国家标准规定的试验程序和方法测得的、停车状态下因燃油箱温度升高 15℃ 而逸出油箱的燃油蒸气量。

01.059　热浸损失　hot soak loss
自发动机停机时刻开始在 1h 内从燃油系统中逸出的燃油蒸气量。停车前发动机的运行工况及测取蒸气量的方法均需符合相关国家标准规定。

01.060　运转损失　running loss
按照相关国家标准规定的运行工况和测量方法测得的车辆运行过程中逸出的燃油蒸气量。

01.061　[烟度测量]加载减速法　lug-down method，lug-down method of smoke measurement
将柴油车驱动轮放在自由滚轮上，利用脚制动器加载，测定 40%~100%最高转速范围内的烟度值的一种试验方法。

01.062　[烟度测量]稳定单速法　single steady speed method，single steady speed method of smoke measurement
将柴油车驱动轮放在自由滚轮上，利用脚制动器加载，使发动机稳定在其烟度最高的转速下测定烟度值的方法。

01.063 [烟度测量]道路试验法 road test method，road test method of smoke measurement

将汽车在坡道上行驶加载，测定 75%~100% 最高转速范围内的烟度的一种方法。

01.064 碰撞试验 crash test

被检验汽车以某一速度与一个刚性或者可变形壁障发生碰撞的试验。

01.065 密闭室测定蒸发排放物法 sealed housing for evaporative emission determination

在密闭室内测定汽车全部蒸发排放物的方法。所测得的蒸发排放物既包括燃油排放物，也包括汽车其他部件的排放物。

01.066 欧洲 ECE 15 工况试验循环 ECE 15-mode test cycle

欧洲为总质量≤3.5 t 的车辆制定的一种排气排放物测定试验循环。此试验循环从冷起动开始，由 15 个工况组成，用来模拟城市行驶条件。

01.067 欧盟试验循环 EU-test cycle

欧盟自1992 年7月开始实行的总质量≤3.5 t 车辆排气排放物的试验循环。由四个连续的 ECE 15 工况和一个新增的较多考虑高速工况的市郊循环组成。

01.068 欧洲 ECE 13 工况试验规程 ECE 13-mode test procedure

欧洲用于测定总质量>3.5 t 的车辆所装用的压燃式发动机、气体燃料点燃式发动机排气排放物的由 13 个工况组成的试验规程。我国排放标准也采用此规程。

01.069 滑行法 coast-down method

用汽车在一定行驶速度下测得的行驶阻力来确定底盘测功机所吸收功率的一种方法。

01.070 加油排放物控制系统 refueling emission control system

控制加油过程中汽油蒸气排向大气的系统。在美国这种控制分为两个阶段：阶段Ⅰ和阶段Ⅱ。

01.071 阶段Ⅰ加油控制装置 stageⅠrefueling control device

在汽油生产厂或油库为油罐车加油时或从油罐车为加油站的地下油罐加油时，收集可能逸向大气的汽油蒸气的装置。

01.072 阶段Ⅱ加油控制装置 stageⅡrefueling control device

装在加油站加油泵上，收集汽车加油过程中汽油蒸气的装置。

01.073 油面控制装置 fuel fill level control device

加油时限制油箱中最高油平面的装置。

01.074 车载加油蒸气回收装置 on-board refueling vapor recovery device

加油时在车上捕集可能散发到大气的汽油蒸气的装置。

01.075 燃油箱喘息损失 fuel tank puff loss

当打开油箱盖或加油枪刚插入油箱加油管内时，从油箱排入大气的碳氢化合物蒸气。

01.076 整体式加油排放控制系统 integrated refueling emission control system

将加油产生的燃油蒸气与汽车其他蒸发排放物储存在同一个蒸气储存单元内，并用同一个清除系统加以清除的蒸气储存系统。

01.077 非整体式加油排放控制系统 non-integrated refueling emission control system

将加油产生的燃油蒸气储存在一个单独的蒸气储存单元内的储存系统。

01.078 蒸气回收加油枪 vapor recovery nozzle

加油期间为了收集和储存燃油蒸气所用的带真空系统的加油枪。

01.03 燃料、燃料电池和储能装置

01.079 基准燃料 reference fuel
排放试验中规定使用的汽油、柴油、液化石油气或天然气等燃料。这种燃料相比市场上销售的燃料在理化性能上有更严格的规定。

01.080 试验燃油 test fuel
为某一试验指定用的、具有符合该试验需要的理化性能的燃油。

01.081 无铅汽油 unleaded gasoline
含铅量少于 5 mg/L、不加四乙基铅的汽油。

01.082 代用燃料 alternative fuel
能代替汽油或柴油在原汽油机或柴油机中使用的燃料。可以是完全代用,也可以部分代用,如汽油–甲醇混合燃料、乙醇汽油等。

01.083 甲醇 methanol
由天然气、煤等天然燃料制成,或来自化工副产品的液态燃料。其分子式为 CH_3OH。

01.084 乙醇 ethanol
又称"酒精"。醇类的一种。由有机物(一般为农作物的下脚料,如甘蔗、玉米等)制成,其分子式为 CH_3CH_2OH。

01.085 变性燃料乙醇 denatured fuel ethanol
在乙醇中加入变性剂后只能用作燃料的乙醇。

01.086 乙醇汽油 ethanol gasoline
在不添加含氧化合物的液体烃类中加入一定量变性乙醇后,用作点燃式内燃机的燃料。加入乙醇量(体积含量)为 10% 或 15% 时,称为 E10 或 E15。

01.087 液化石油气 liquefied petroleum gas,LPG
以丙烷为主要成分的气体,经压缩而形成的液态燃料。液化石油气分为油田液化石油气和炼油厂液化石油气两大类。

01.088 天然气 natural gas
以甲烷为主要成分的气态化石燃料。

01.089 压缩天然气 compressed natural gas,CNG
经压缩后压力在 14.7~24.5 MPa 范围内的天然气。

01.090 液化天然气 liquefied natural gas
净化处理后深度冷却成液态的天然气。

01.091 汽车用吸附天然气 absorbed natural gas for vehicles
在吸附材料上以吸附状态储存的汽车用天然气。

01.092 含氧燃油 oxygenated fuel
含碳、氢的组分(汽油或柴油)和含碳、氢、氧的组分(一般为醇类、醚类等)的混合物。

01.093 甲基叔丁基醚 methyl tertiary butyl ether
汽油或含氧燃油中添加的一种碳–氢–氧组分,是替代四乙基铅的抗爆添加剂。

01.094 甲基环戊二烯三羰基锰 methylcyclopentadienyl manganese tricarbonyl
一种提高汽油辛烷值的燃油添加剂。其所含锰将随发动机排气排至大气。我国规定了汽油中锰的最大含量。

01.095 煤制油 coal liquifaction oil
经特殊工艺由煤炭转化而得的液化燃油。

01.096 天然气制油 gas liquifaction oil
经特殊工艺由天然气转化而得的液化燃油。

01.097 生物质液体燃料 biomass liquid fuel

又称"生物质燃油"。用生物质原料制成的液体燃料。

01.098 生物柴油 biodiesel
以植物油脂或动物油脂等为原料、通过酯交换工艺制成的柴油机燃料。

01.099 燃料电池 fuel cell
将燃料的化学能直接变换为电能的能量转换装置。

01.100 质子交换膜燃料电池 proton exchange membrane fuel cell
以质子交换膜为质子的迁移和输送提供通道、构成回路的燃料电池。

01.101 直接甲醇燃料电池 direct methanol fuel cell
直接以甲醇为燃料的质子交换膜燃料电池。

01.102 氢质子交换膜燃料电池 hydrogen proton exchange membrane fuel cell
以氢气为燃料，以空气或氧气为氧化剂的质子交换膜燃料电池。

01.103 碱性燃料电池 alkaline fuel cell
电解液是碱性溶液的燃料电池。

01.104 磷酸燃料电池 phosphoric acid fuel cell
电解液是液体磷酸的燃料电池。

01.105 熔融碳酸盐燃料电池 molten carbonate fuel cell
电解液是熔融碳酸盐的燃料电池。

01.106 固态氧化物型燃料电池 solid oxide fuel cell
以氧化钇、氧化锆等固态陶瓷为电解质的燃料电池。

01.107 微生物燃料电池 microbial fuel cell
用微生物的生命活动产生的"电极活性物质"作为燃料的燃料电池。

01.108 金属燃料电池 metal fuel cell

又称"金属空气电池"。以金属为燃料的燃料电池。

01.109 电池管理系统 battery management system
能对车载动力电池进行数据采集、状态估计、热管理、充放电能量与安全管理并具有数据显示、安全报警和数据通信功能的系统。它还可有系统故障诊断功能。

01.110 电池荷电状态 state of charge
以电池剩余容量占电池额定容量的比值表示的电池电量的剩余程度。通常以百分比表示。

01.111 储能装置 energy storage device
储存电能或其他能源的装置。

01.112 蓄电池 battery
能将所获得的电能以化学能的形式储存并可以将化学能转变为电能的一种电化学装置。它可以重复充电和放电。

01.113 铁镍蓄电池 nickel-iron battery
正极活性物质主要是镍，负极活性物质主要是铁的一种碱性蓄电池。

01.114 镍氢蓄电池 nickel-metal hydride battery
正极活性物质主要是镍，负极活性物质主要是储氢合金的一种碱性蓄电池。

01.115 镍镉蓄电池 nickel-cadmium battery
正极活性物质主要是镍，负极活性物质主要是镉的一种碱性蓄电池。

01.116 锌银蓄电池 silver-zinc battery
正极活性物质主要是银，负极活性物质主要是锌的一种碱性蓄电池。

01.117 镉银蓄电池 silver-cadmium battery
正极活性物质主要是银，负极活性物质主要是镉的一种碱性蓄电池。

01.118 锌镍蓄电池 nickel-zinc battery

正极活性物质主要是镍，负极活性物质主要是锌的一种碱性蓄电池。

01.119　锂离子蓄电池　lithium ion battery
以炭材料为负极、以含锂的化合物为正极、在充放电过程中没有金属锂存在而只有锂离子的一种蓄电池。

01.120　铅酸蓄电池　lead-acid battery
电极主要由铅制成而电解液是硫酸溶液的一种蓄电池。

01.121　锂空气电池　lithium air battery
又称"金属锂燃料电池"。在金属锂的负极使用有机电解液、正极的空气电极使用水性电解液的一种原电池。

01.122　锌空气电池　zinc air battery
又称"锌氧电池"。用活性炭吸附空气中的氧或纯氧作为正极活性物质、以锌为负极、以氯化铵或苛性碱溶液为电解质的一种原电池。

01.123　超级电容　super capacitor
物理特性介于电池与普通电容之间、同时具有大电容的大电流快速充放电和电池储能特性的无源储能器件。

01.124　飞轮蓄能装置　flywheel battery
又称"飞轮电池"。一种利用飞轮旋转、以机械能的形式储存能量的装置。储存的能量可通过装置中的发电机转换为电能输出。

01.125　太阳能电池　solar cell
把太阳能直接转化为电能的固态电子器件。

01.126　电池承载装置　battery carrier
承放动力蓄电池的装置。

01.127　释放能量　discharged energy
电动汽车行驶中由储能装置释放的电能。

01.128　能量控制　power control
通过电子控制器，按照车辆行驶需求对储能系统和电机之间的电能供应进行调节和控制的过程。

02. 汽 车 分 类

02.01　乘用车和商用车

02.001　乘用车　passenger car
主要用于载运乘客及其随身行李和(或)物品的汽车。包括驾驶员座位在内最多不超过9个座位。它也可以牵引一辆挂车。

02.002　普通乘用车　saloon, sedan
又称"轿车"。车头有发动机舱、车尾有行李舱，用于运载少量乘客的乘用车。车身为封闭式，侧窗中柱可有可无。车顶盖为固定式，硬顶。有的顶盖一部分可以开启。有4个或4个以上座位，至少两排。

02.003　活顶乘用车　convertible saloon
车顶可开启或拆除的乘用车。车身为具有固定侧围框架的可开启式车身。车顶(顶盖)为硬顶或软顶，至少有两个位置：封闭；开启或拆除。可开启式车身可以通过使用一个或数个硬顶部件和(或)合拢软顶将开启的车身关闭。

02.004　高级乘用车　pullman saloon
在设计、制作、配置等方面较为讲究的乘用车。车身为封闭式。前后座之间可以设有隔板。车顶盖为固定式，硬顶。有的顶盖一部分可以开启。有4个或4个以上座位，至少两排。后排座椅前可安装折叠式座椅。有4个或6个侧门，也可有一个后开启门。有6个或6个以上侧窗。

02.005　双门乘用车　coupe

只有两个侧门的乘用车。车身为封闭式，通常后部空间较小。车顶(顶盖)为固定式，硬顶。有的顶盖一部分可以开启。有2个或2个以上座位，至少一排。有2个侧门，也可有一个后开启门。有2个或2个以上侧窗。

02.006　敞篷车　convertible
车顶可卷收或拆除的乘用车。车身为可开启式。车顶可为软顶或硬顶。车顶至少有两个位置：第一个位置遮覆车身；第二个位置车顶卷收或可拆除。有2个或2个以上的座位，至少一排。有2个或4个侧门。有2个或2个以上侧窗。

02.007　仓背式乘用车　hatchback
后座椅可折叠或移动以形成装载空间的乘用车。车身为封闭式，侧窗中柱可有可无。车顶(顶盖)为固定式，硬顶。有的顶盖一部分可以开启。有4个或4个以上座位，至少两排。有2个或4个侧门，车身后部有一仓门。

02.008　旅行车　station wagon
车身后部可提供较大内部空间，可装载旅行行李的乘用车。车身为封闭式。车尾外形按可提供较大的内部空间设计。车顶(顶盖)为固定式，硬顶。有的顶盖一部分可以开启。有4个或4个以上座位，至少两排。座椅的一排或多排可拆除，或装有向前翻倒的座椅靠背，以提供装载平台。有2个或4个侧门，并有一后开启门。有4个或4个以上侧窗。

02.009　短头乘用车　forward-control passenger car
一半以上的发动机长度位于车辆前风窗玻璃最前点以后，并且转向盘的中心位于车辆总长的前四分之一部分内的乘用车。

02.010　多功能汽车　multi-purpose vehicle，MPV
集普通乘用车、旅行车、厢式车功能于一身，车内座椅可调整为多种组合方式，有多种用途的乘用车。

02.011　越野乘用车　off-road passenger car
所有车轮同时驱动(包括一个驱动轴可以脱开的车辆)，或其几何特性(接近角、离去角、纵向通过角、最小离地间隙)、技术特性(驱动轴数、差速锁止机构或其他型式机构)及爬坡性能允许在非道路上行驶的乘用车。

02.012　运动型多功能汽车　sport utility vehicle，SUV
兼具普通乘用车、厢式车的功能，又有良好越野性能的乘用车。

02.013　专用乘用车　special purpose passenger car
运载乘员或物品并具备完成特定功能所需的特殊车身或装备的乘用车。如旅居车、防弹车、救护车、殡仪车等。

02.014　交叉型乘用车　cross passenger car
除了普通乘用车、多功能汽车、运动型多功能汽车以外的乘用车。

02.015　轻便客货两用车　pickup
又称"皮卡"。采用普通乘用车车头和驾驶室，同时带有敞开式货车车厢的汽车。

02.016　防弹车　armoured passenger car
用于保护所运送的乘员和(或)物品并符合装甲防弹要求的乘用车。

02.017　商用车[辆]　commercial vehicle
在设计和技术特性上适于运送人员和货物，并可牵引挂车的汽车。乘用车不包括在内。

02.018　客车　bus
用于载运乘客及其随身行李的商用车辆。包括驾驶员座位在内座位数超过9座。客车有单层的和双层的，也可牵引一挂车。

02.019　小型客车　minibus
用于载运乘客，除驾驶员座位外，座位数不超过16座的客车。

02.020　城市客车　city-bus
设有座椅及站立乘客的位置，并有足够的空间供频繁停站时乘客上下车走动的一种为城市内运输而设计和装备的客车。

02.021　长途客车　interurban coach
没有专供乘客站立的位置，但在其通道内可载运短途站立的乘客的一种为城际间运输而设计和装备的客车。

02.022　旅游客车　touring coach
车辆的布置能够确保乘客的舒适性，不载运站立的乘客的一种为旅游而设计和装备的客车。

02.023　铰接客车　articulated bus
乘客可通过铰接部分在车厢之间自由走动的一种由两节相通的刚性车厢铰接组成的客车。

02.024　双层客车　double-deck bus
具有上下两层地板，安装有座椅的客车。

02.025　低地板客车　low-floor bus
仅有一级踏步的客车。

02.026　卧铺客车　sleeper coach
配置卧铺的长途客车。

02.027　越野客车　off-road bus
所有车轮同时驱动（包括一个驱动轴可以脱开的车辆），或其几何特性（接近角、离去角、纵向通过角、最小离地间隙）、技术特性（驱动轴数、差速锁止机构或其他型式机构）和爬坡性能允许在非道路上行驶的客车。

02.028　专用客车　special bus
在客车整车或客车底盘的基础上制造和改装形成的，用于运载特殊乘员或物品、完成特定运输任务的客车。如校车、囚车、伤残运输车等。

02.029　无轨电车　trolley bus
一种经高架线获取电能的电力驱动的客车。

02.030　货车　goods vehicle
一种主要为载运货物而设计和装备的商用车辆。它可以牵引或不牵引挂车。

02.031　普通货车　general purpose goods vehicle
一种在敞开（平板式）或封闭（厢式）载货空间内载运货物的货车。

02.032　多用途货车　multipurpose goods vehicle
主要用于载运货物，但在驾驶员座椅后带有固定或折叠式座椅，可运载 3 个以上的乘客的货车。

02.033　半挂牵引车　semi-trailer towing vehicle
装备有特殊装置，用于牵引半挂车的商用车辆。

02.034　全挂牵引车　trailer towing vehicle
一种牵引牵引杆挂车的货车。它本身可在附属的载运平台上运载货物。

02.035　越野货车　off-road goods vehicle
所有车轮同时驱动（包括一个驱动轴可以脱开的车辆），或其几何特性（接近角、离去角、纵向通过角、最小离地间隙）、技术特性（驱动轴数、差速锁止机构或其他型式的机构）和爬坡性能允许在非道路上行驶的货车。

02.02　专用汽车

02.036　专用汽车　special purpose vehicle
装备有专用设备，具备专用功能，用于承担专门运输任务或专项作业以及其他专项用途的汽车。

02.037　厢式[汽]车　van
装备有专用设备，具有独立的封闭结构车厢（可与驾驶室连成一体），用于载运人员、货物或承担专门作业的专用汽车。它分为厢式专用运输汽车和厢式专用作业汽车。

02.038 厢式专用运输汽车 specialized goods van
装备有独立的封闭结构车厢（可与驾驶室连成一体），用于运输货物、特定人员或特殊物品的厢式汽车。

02.039 厢式专用作业汽车 special purpose van
装备有独立的封闭结构车厢（可与驾驶室连成一体），用于完成特定作业任务或特殊服务的厢式汽车。

02.040 警用车 police van
装备有警报装置，用于公安工作的厢式专用运输汽车。

02.041 囚车 prison van
装备有警报和防止囚犯逃逸的防护装置，驾驶室和押运舱分离，用于押运囚犯的厢式专用运输汽车。

02.042 伤残运送车 handicapped person carrier
装备有供轮椅上下和防止轮椅在车厢内串动的装置，用于运送坐轮椅的伤残者的厢式专用运输汽车。

02.043 血浆运输车 plasma transport van
装备有存放血浆的容器，用于运输血浆的厢式专用运输汽车。

02.044 运钞车 cash transport van
装备有防盗、报警、通信等设施和放置货币的保险柜，具有防弹、防暴功能，用于运输货币的厢式专用运输汽车。

02.045 警犬运输车 police dog carrier
装备有防护装置，用于运输警犬的厢式专用运输汽车。

02.046 运兵车 soldier carrier
装备有专用装置，用于运送军队官兵的厢式专用运输汽车。

02.047 保温车 insulated van
装备有隔热结构的车厢，用于保温运输的厢式专用运输汽车。

02.048 冷藏车 refrigerated van
装备有隔热结构的车厢和制冷装置，用于冷藏运输的厢式专用运输汽车。

02.049 邮政车 mobile post office
装备有专用设备，用于分拣信函、投递信件或运输邮件的厢式专用运输汽车。

02.050 杂项危险物品厢式运输车 miscellaneous hazardous material van
装备有安全装置，用于运输杂项危险物品的厢式专用运输汽车。

02.051 爆破器材运输车 explosives transport van
装备有防火和防静电装置，用于运输民用爆破器材的厢式专用运输汽车。

02.052 殡仪车 hearse
装备有专用装置，遗体箱与送葬人的位置隔开，设有安置殡葬礼仪性物品的设施，用于运输灵柩的厢式专用运输汽车。

02.053 电视车 TV recording and relaying vehicle
装备有专用装置，用于现场电视节目录制、实况转播、新闻采集等工作的厢式专用作业汽车。

02.054 防疫车 epidemic control vehicle
装备有检测设备，用于监测、控制疫情的厢式专用作业汽车。

02.055 化验车 chemical analysis van
装备有化验仪器、工作台，用于水化分析或油田、地质等化验工作的厢式专用作业汽车。

02.056 检测车 inspection van

装备有检测仪器和工作台，用于流动检测的厢式专用作业汽车。

02.057　救护车　ambulance
装备有警报装置和救护设备，用于紧急救护和(或)运送伤病员的厢式专用作业汽车。

02.058　监测车　mobile monitor
装备有监测设备和分析仪器等，用于大气、水源和其他监控的厢式专用作业汽车。

02.059　计量车　metrology vehicle
装备有计量器具，用于流动计量的厢式专用作业汽车。

02.060　勘察车　investigation vehicle
装备有勘察设施，用于交通事故、刑事现场或野外勘察工作的厢式专用作业汽车。

02.061　通信车　communication van
装备有专用装置，具有语音、图像、数字信号传输功能，用于通信服务的厢式专用作业汽车。

02.062　宣传车　mobile loudspeaker
装备有宣传设备等，用于进行宣传服务的厢式专用作业汽车。

02.063　消毒车　sterilizing vehicle
装备有专用装置，用于对医疗器械、玻璃器皿、餐具等进行消毒的厢式专用作业汽车。

02.064　通信指挥消防车　command and communication fire vehicle
装备有专用装置，用于火灾现场通信指挥的厢式专用作业汽车。

02.065　勘察消防车　reconnaissance fire vehicle
装备有火场勘察与分析仪器、录像设备及必要的消防破拆工具，用于火灾现场勘察的厢式专用作业汽车。

02.066　仪器车　apparatus van
装备有供电、照明系统和仪器等设施，用于测试作业的厢式专用作业汽车。

02.067　指挥车　command van
装备有警报、扩音器等设备，用于消防、交通、生产现场等指挥作业的厢式专用作业汽车。

02.068　旅居车　motor caravan
装备有专用装置，车厢装有隔热层，车内设有桌椅、寝具(可由座具转变而成)、炊具、储藏器皿、卫生设施及必要的照明和空气调节等设施，用于人员宿营的专用汽车。

02.069　餐车　mobile canteen
装备有专用装置，用于制作膳食、用膳或供应快餐、冷热饮料的厢式专用作业车。

02.070　厕所车　mobile lavatory
装备有便池、抽水、盥洗等设施，用作流动厕所的厢式专用作业汽车。

02.071　手术车　operation van
装备有手术台、医疗器械等，用于进行一般性手术的厢式专用作业汽车。

02.072　图书馆车　mobile library
装备有专用装置，车厢内备有书架、桌椅等设施，用作流动图书馆的厢式专用作业汽车。

02.073　采血车　bloodmobile
装备有采集血液专用设施的厢式专用作业汽车。

02.074　防暴车　anti-hijacking vehicle
装备有防暴装置，用于执行安全巡逻任务或平息群体突发事件的厢式专用作业汽车。

02.075　售货车　mobile store
装备有售货窗口、货架、货柜等设施，用于流动售货的厢式专用作业汽车。

02.076 工程车 mobile work shop
装备有工程作业所需的设施，用于进行工程作业的厢式专用作业汽车。

02.077 淋浴车 mobile shower bath
装备有冷热水供给系统和淋浴装置，可供野外工作人员淋浴的厢式专用作业汽车。

02.078 检修车 inspection repair-shop van
装备有检测仪器和(或)修理设备，用于流动检测和(或)修理作业的厢式专用作业汽车。

02.079 地震装线车 wire arraying vehicle for seismic exploration
装备有收、放线装置，用于地震勘探作业的厢式专用作业汽车。

02.080 电源车 power source van
装备有发电机、输电线路等装置，用来提供电源的厢式专用作业汽车。

02.081 救险车 emergency service vehicle
装备有救险用的设备，用于救险作业的厢式专用作业汽车。

02.082 照明车 lighting vehicle
装备有发电机、照明灯具、输电线路等装置，用于提供短时照明服务的厢式专用作业汽车。

02.083 电影放映车 mobile movie projector
装备有电影放映机、发电机组等器材，用于电影放映的厢式专用作业汽车。

02.084 舞台车 stage vehicle
装备有可伸展的厢体翼板和折叠式底板，顶板可伸展和升降，液压起动后能拼装成舞台和(或)顶棚，巡演时用作临时舞台的厢式专用作业汽车。

02.085 罐式汽车 tanker, tank vehicle
装备有罐状容器，用于运输或完成特定作业任务的专用汽车。它分为罐式专用运输汽车和罐式专用作业汽车。

02.086 罐式专用运输汽车 specialized goods tanker
装备有罐状容器，用于运输固态、液态或其他介质的罐式汽车。

02.087 罐式专用作业汽车 special purpose tanker
装备有罐状容器，用于完成特定作业任务的罐式汽车。

02.088 低温液体运输车 low-temperature liquid tanker
装备有低温液体罐、控制系统和安全设施等，用于运输低温液体的罐式专用运输汽车。

02.089 液化气体运输车 liquefied gas tanker
装备有控制系统和安全设施，用于运输液化气体的罐式专用运输汽车。

02.090 沥青运输车 heated bitumen tanker
装备有沥青贮运容器和沥青加温设备，用于运输液态沥青的罐式专用运输汽车。

02.091 运油车 fuel tanker
装备有消除静电、灭火等安全装置，用于运输油料的罐式专用运输汽车。

02.092 鲜奶运输车 milk tanker
装备有专用装置，罐体内壁及管道符合卫生安全要求的用于运送鲜奶的罐式专用运输汽车。

02.093 散装水泥运输车 bulk cement delivery tanker
装备有专用装置，能采用压缩空气使水泥流态化后通过管道输送到一定距离和高度，用于运输散装水泥的罐式专用运输汽车。

02.094 干拌砂浆运输车 ready mixed dry mortar truck
装备有专用装置，采用压缩空气使干拌砂浆流态化后通过管道输送到一定距离和高度，用于运输散装干拌砂浆的罐式专用运输汽车。

02.095 供水车 water feeder
装备有供水系统或保温设备等设施，用于生产、生活供水和向油田固井车供水的罐式专用运输汽车。

02.096 飞机供水车 airplane water feeder
装备有水泵、管路系统等装置，用于向飞机供水的罐式专用运输汽车。

02.097 混凝土搅拌运输车 concrete mixing carrier
装备有搅拌筒和动力系统等设备，用于搅拌和运输混凝土的罐式专用运输汽车。

02.098 下灰车 pneumatic cement-discharging tanker
装备有专用装置，采用压缩空气使水泥或其他物料流态化后通过管道输送，用于油(气)田固井作业的罐式专用运输汽车。

02.099 杂项危险物品罐式运输车 miscellaneous hazardous material tanker
装备有安全装置，用于运输杂项危险物品的罐式专用运输汽车。

02.100 吸污车 suction-type sewer scavenger
装备有贮运罐、真空泵等设施，用于吸除水坑、阴沟洞、下水道里污浊物的罐式专用作业汽车。

02.101 吸粪车 suction-type excrement tanker
装备有真空泵，靠罐内真空将粪便吸入罐体内，再利用气压或自流排放出罐体的罐式专用作业汽车。

02.102 加油车 refueller
装备有消除静电、灭火、泵油系统和数控计量设备等，用于流动加油的罐式专用作业汽车。

02.103 飞机加油车 plane refueller
装备有消除静电、灭火、泵油系统和数控计量设备等，用于向飞机加注油料的罐式专用作业汽车。

02.104 绿化喷洒车 tree sprinkling tanker
装备有泵和喷洒系统，用于园林绿化喷洒作业的罐式专用作业汽车。

02.105 洒水车 street sprinkler
装备有水泵、喷嘴，能以一定压力向路面喷洒水流以除尘和降温的罐式专用作业汽车。

02.106 清洗车 cleaning tanker
装备有水泵、管道系统等设施，用于清理路面、管道沉积物或清洗物体的罐式专用作业汽车。

02.107 沥青洒布车 asphalt-distributing tanker
装备有保温容器、沥青泵、加热器和喷洒系统，用于喷洒沥青的罐式专用作业汽车。

02.108 水罐消防车 fire-extinguishing water tanker
装备有消防泵、水罐、消防水枪和水炮等，用于扑灭一般火灾的罐式专用作业汽车。

02.109 泡沫消防车 foam fire tanker
装备有消防泵、水罐、泡沫液罐、泡沫液混合装置等，用于扑灭火灾的罐式专用作业汽车。

02.110 供水消防车 water supply fire tanker
装备大容量水罐，用于向火场消防供水的罐式专用作业汽车。

02.111 防暴水罐车 anti-violence water

tanker

装备有高压水泵、水罐、高压水枪等,用于平息群体性突发事件的罐式专用作业汽车。

02.112 专用自卸运输汽车 specialized goods tipper

装备有整体式车厢(罐体)自装卸机构,或便于卸货的车厢(罐体)倾斜机构,或水平挤压装卸料机构,用于运输整体式车厢(罐体)或特定物品的专用自卸汽车。

02.113 污泥自卸车 sludge tipper

装备有污泥卸料机构,用于运输污泥的专用自卸运输汽车。

02.114 运棉车 cotton transport vehicle

装备有液压举升机构和自动压实装置,用于运输棉花的专用自卸运输汽车。

02.115 摆臂式自装卸车 swept-body tipper

装备有可回转的起重摆臂,车斗或集装货物可悬吊在起重摆臂上随起重摆臂回转、起落,用于实现货物自装自卸的专用自卸运输汽车。

02.116 车厢可卸式汽车 swept-body dump truck

装备有液力装卸机构,能将专用的车厢拖吊到车上或倾斜一定角度卸下货物,并能将车厢卸下,用于运输货物的专用自卸运输汽车。

02.117 背罐车 demountable tanker carrier

装备有液压举升机构,能实现容罐的自背、自卸、自运的专用自卸运输汽车。

02.118 厢式自卸车 van-body tipper

装备有专用装置,具有封闭结构车厢、液压举升机构,能使车厢倾斜一定角度,实现货物依靠自重自行卸下的专用自卸运输汽车。

02.119 自卸式垃圾车 garbage dump truck

装备有液压举升机构,能将车厢倾斜一定角度,垃圾依靠自重能自行卸下的专用自卸运输汽车。

02.120 压缩式垃圾车 compression refuse collector

装备有液压机构和填塞器,能将垃圾自行压实装入、转运和卸料的专用自卸运输汽车。

02.121 自装卸式垃圾车 self-loading garbage truck

装备有专用装置,能以本车装置和动力配合集装垃圾的定型容器(如垃圾桶)自行将垃圾装入、转运和倾卸的专用自卸运输汽车。

02.122 摆臂式垃圾车 swept-body refuse collector

装备有可回转的起重摆臂,车斗或集装垃圾可悬吊在起重摆臂上,随起重摆臂回转、起落,用于实现垃圾自装自卸的专用自卸运输汽车。

02.123 车厢可卸式垃圾车 detachable container garbage collector

装备有液力装卸机构,能将专用的车厢拖吊到车上或倾斜一定角度卸下垃圾,并能将车厢卸下,用于运输垃圾的专用自卸运输汽车。

02.124 专用自卸作业汽车 special goods tipper

装备有整体式车厢(罐体)自装卸机构,或车厢(罐体)倾斜机构,或者水平挤压机构,用于完成特定作业任务的专用自卸汽车。

02.125 仓栅式汽车 box/stake truck

装备有专用装置,具有仓笼式或栅栏式结构车厢的专用汽车。它分为仓栅式专用运输汽车和仓栅式专用作业汽车。

02.126 仓栅式专用运输汽车 special goods box/stake truck

装备有仓笼式或栅栏式结构车厢,仓笼或

栅栏内按一定的距离安装有格栅，用于运输物品的仓栅式汽车。

02.127　仓栅式专用作业汽车　special pur-pose box/stake truck
装备有仓笼式或栅栏式结构车厢，仓笼或栅栏内按一定的距离安装有格栅，用于完成特定作业任务的仓栅式汽车。

02.128　畜禽运输车　livestock and poultry carrier
装备有食斗槽等装置，车厢为栅栏式结构，用于运输牲畜、家禽等的仓栅式专用运输汽车。

02.129　养蜂车　mobile bee-keeper
装备有专用装置，具有可装载养蜂机具的车厢及供流动放蜂人使用的生活设施的仓栅式专用运输汽车。

02.130　起重举升汽车　crane/lift truck
装备有起重设备或可升降作业台(斗)的专用汽车。它分为起重举升专用运输汽车和起重举升专用作业汽车。

02.131　起重举升专用运输汽车　special-ized goods crane/lift truck
装备有便于货物装卸的起重设备或可升降作业台，用于运输货物的起重举升汽车。

02.132　起重举升专用作业汽车　special purpose crane/lift truck
装备有起重设备或可升降作业台(斗)，用于完成特定作业任务的起重举升汽车。

02.133　随车起重运输车　truck with load-ing crane
装备有随车起重机，能实现货物自行装卸的起重举升专用运输汽车。

02.134　航空食品装运车　aircraft food de-livery truck
装备有可升降的车厢和自由伸缩的工作平台，用于飞机装运食品的起重举升专用运

· 16 ·

输汽车。

02.135　高空作业车　hydraulic aerial cage
装备有专用装置，能通过举升机构将作业人员和物具举升到一定高度，用于高空作业的起重举升专用作业汽车。

02.136　飞机清洗车　aircraft cleaning truck
装备有能升降的工作平台和清洗系统，用于清洗飞机表面污垢的起重举升专用作业汽车。

02.137　登高平台消防车　elevating plat-form fire truck
装备有臂架、载人平台、转台及灭火装置等，用于扑灭高层建筑火灾和实施火灾救援的起重举升专用作业汽车。

02.138　举高喷射消防车　water tower fire truck
装备有臂架、转台及灭火装置，消防员可在地面遥控臂顶的灭火装置进行高处灭火的起重举升专用作业汽车。

02.139　云梯消防车　aerial ladder fire truck
装备有伸缩式云梯(可带有升降台或升降斗)、转台及灭火装置，用于扑灭高层建筑火灾和抢救人员的起重举升专用作业汽车。

02.140　特种结构汽车　special construction vehicle
装备有专用装置，具有桁架结构、平板结构等各种特殊结构，用于承担专项运输或专项作业的专用汽车。它分为特种结构专用运输汽车和特种结构专用作业汽车。

02.141　特种结构专用运输汽车　special-ized goods special construction ve-hicle
装备有专用装置，具有平板结构或其他特殊结构，用于运输货物或不可拆卸物品的特种结构汽车。

02.142　特种结构专用作业汽车　special

construction special purpose vehicle

装备有专用装置，具有桁架结构或其他特殊结构，用于完成特定作业任务的特种结构汽车。

02.143　集装箱运输车　container platform vehicle

装备有框架式货台，货台上设置有旋转式夹紧装置，用于运输集装箱的特种结构专用运输汽车。

02.144　车辆运输车　car carrier

装备有装运和固定车辆的货台及供车辆上、下的跳板，用于运输车辆的特种结构专用运输汽车。

02.145　运材车　pole transport truck

装备有货架和固紧装置，用丁运输各类管材或建筑用材的特种结构专用运输汽车。

02.146　抽油泵运输车　pump truck

装备有托架、升降系统等装置，用于运送抽油泵的特种结构专用运输汽车。

02.147　钻机车　mobile drill

装备有钻机，用于油田、地质勘探或其他工程钻孔作业的特种结构专用作业汽车。

02.148　测试井架车　derrick truck

装备有井架及固定装置，用于油井测试的特种结构专用作业汽车。

02.149　立放井架车　plumb derrick truck

装备有井架固定装置，用于立放井架的特种结构专用作业汽车。

02.150　井架安装车　derrick-building truck

装备有操纵控制提升系统和安装设备，用于塔型井架安装的特种结构专用作业汽车。

02.151　投捞车　dropping-fishing truck

装备有投捞设备、控制系统，用于投捞井下器具的特种结构专用作业汽车。

02.152　井控管汇车　well-controlling pipe-line truck

装备有高低压管汇、胶管等装置，能提供液体汇流并输送至井口，用于控制井压或放空作业的特种结构专用作业汽车。

02.153　固井管汇车　cementing manifold truck

装备有高低压管汇、胶管、滚筒等装置，能将固井车提供的灰浆汇流，输送至井口和注入井下的特种结构专用作业汽车。

02.154　压裂管汇车　fracturing pipeline truck

装备有酸化压裂管汇等装置，能实现液体汇流，输送至井口和注入井下的特种结构专用作业汽车。

02.155　洗井车　well-washing truck

装备有动力传动装置、泵等设施，用于清洗油井的特种结构专用作业汽车。

02.156　排液车　fluid pumping vehicle

装备有专用装置，可以向井下注入气体、液体等介质，用于排除干扰油气生产液体的特种结构专用作业汽车。

02.157　氮气发生车　nitrogen generating truck

装备有压缩机、高压冷却器等装置，用于从空气中制取氮气的特种结构专用作业汽车。

02.158　液氮车　liquid nitrogen truck

装备有液氮储罐、高压液氮泵、液氮蒸发器等装置，能把低压液氮转换成高压液氮或高压常温氮气，用于压裂酸化预处理、混相驱、油井失火抢险等作业的特种结构专用作业汽车。

02.159　锅炉车　mobile steam generator

装备有锅炉、供水泵、空气压缩机等装置，用于清除油管、抽油杆、井架油污和油井结蜡以及临时解冻保温等的特种结构专用作业汽车。

02.160 连续油管作业车 coiled tubing unit
装备有连续油管滚筒、排管装置、油管导向器、推送器、液压动力系统等装置，用于连续油管下入油井的生产管柱内进行作业的特种结构专用作业汽车。

02.161 调剖堵水车 water profile control and shutoff truck
装备有配料和混拌、高压注入泵等装置，能配制不同介质液体，注入井下，用于向井中加注调剖剂或堵水剂，以调整吸水剖面、堵塞油层过水通道的特种结构专用作业汽车。

02.162 试井车 wireline truck
装备有测试仪器、绞车等设备，用于油、气、水井的取样，探测砂面，清蜡，打捞，测试等作业的特种结构专用作业汽车。

02.163 修井作业车 workover rig
装备有动力传动、减速、绞车等装置和操纵控制系统及井架等，用于油、气井维修的特种结构专用作业汽车。

02.164 通井车 well service truck
装备有减速器、滚筒、刹车等装置，用于油、水井的通井、抽吸、打捞及其他辅助作业的特种结构专用作业汽车。

02.165 测井车 logging truck
装备有绞车、计量检测和操纵装置等，用于油、气井的测井、射孔等作业的特种结构专用作业汽车。

02.166 压裂车 fracturing truck
装备有动力装置、传动装置和压裂泵组等系统，用于向井内注入高压压裂液以压开地层的特种结构专用作业汽车。

02.167 混砂车 sand mixing truck
装备有发动机、泵和混合器装置，用于油、水井压裂作业中的混砂及配制、输送、灌注等作业的特种结构专用作业汽车。

02.168 可控震源车 vibrator
装备有可控频率、压力变换的连续震源装置，用于地震勘探作业的特种结构专用作业汽车。

02.169 扫路车 sweeper truck
装备有垃圾、尘土收集容器及清扫系统，用于清除、收集并运送路面垃圾、尘土等污物的特种结构专用作业汽车。

02.170 除雪车 snow blower
装备有除雪铲、融雪剂撒布器、清扫装置等专用装置，具有铲雪、吹雪和(或)扫雪功能，用于清除道路积雪的特种结构专用作业汽车。

02.171 路面养护车 pavement maintenance truck
装备有路面养护装置等，用于修补公路坑槽和进行小修罩面作业的特种结构专用作业汽车。

02.172 道路划线车 road lineation vehicle
装备有道路划线设备，用于道路划线作业的特种结构专用作业汽车。

02.173 混凝土泵车 concrete pump truck
装备有混凝土输送泵和布料装置，利用压力通过管道输送或浇灌混凝土的特种结构专用作业汽车。

02.174 压缩机车 gas compressor vehicle
装备有动力压缩机、管线等装置，能提供高压气源，用于清扫管道及试压作业的特种结构专用作业汽车。

02.175 炸药混装车 explosive mix and charge vehicle
装备有专用装置，可混制不同配方的炸药，用于炸药原料的运输、制药及向炮孔装填的特种结构专用作业汽车。

02.176 机场客梯车 mobile aircraft landing stairs

装备有舷梯，供乘客上、下飞机用的特种结构专用作业汽车。

02.177　清障车　tow truck
装备有起重、托举、拖曳等设备，用于清除道路障碍物的特种结构专用作业汽车。

02.178　泵浦消防车　pumper
装备有消防泵、消防水枪和水炮，用于扑灭火灾的特种结构专用作业汽车。

02.179　二氧化碳消防车　carbon-dioxide fire vehicle
装备有二氧化碳灭火剂罐或高压贮瓶及成套二氧化碳喷射装置，用于扑灭火灾的特种结构专用作业汽车。

02.180　后援消防车　auxiliary fire vehicle
装备有专用装置，用于向火场补给灭火剂或消防器材的特种结构专用作业汽车。

02.181　抢险救援消防车　emergency rescue fire vehicle
装备有消防救援器材、消防员特种防护设备、消防破拆工具及火源探测器，用于火灾现场抢险救援的特种结构专用作业汽车。

02.182　排烟消防车　smoke evacuation fire vehicle
装备有排烟消防设备，用于从建筑物内排除火灾产生的烟和热气的特种结构专用作业汽车。

02.183　沙漠车　off-road vehicle for desert
装备有低压宽基轮胎，适合在沙漠、戈壁等无道路复杂地表和气候条件下运行的特种结构专用作业汽车。

02.03　挂车和汽车列车

02.184　挂车　trailer
用于载运人员和（或）货物及其他特殊用途、需由汽车牵引的一种无动力的道路车辆。

02.185　牵引杆挂车　drawbar trailer
至少有两根轴并有以下特点的挂车：①一轴可转向；②通过角向移动的牵引杆与牵引车连接；③牵引杆可垂直移动，连接到底盘上，因此不能承受任何垂直力。具有隐藏支地架的半挂车也可视作牵引杆挂车。

02.186　客车挂车　bus trailer
用于载运人员及其随身行李的牵引杆挂车。

02.187　牵引杆货车挂车　goods drawbar trailer
用于载运货物的牵引杆挂车。

02.188　通用牵引杆挂车　general purpose drawbar trailer
一种可在敞开（平板式）或封闭（厢式）载货空间内载运货物的牵引杆挂车。

02.189　专用牵引杆挂车　special drawbar trailer
需经特殊布置后才能载运人员和（或）货物的，或者只执行某种规定运输任务的牵引杆挂车。

02.190　半挂车　semi-trailer
车轴置于车辆重心（当车辆均匀受载时）后面，并且装有可将水平或垂直力传递到牵引车连接装置的挂车。

02.191　客车半挂车　bus semi-trailer
用于载运乘客及其随身行李的半挂车。

02.192　专用半挂车　special semi-trailer
需经特殊布置后才能载运人员和（或）货物的，或者只执行某种规定运输任务的半挂车。

02.193　旅居半挂车　caravan semi-trailer
车厢中有起居用具的半挂车。

02.194　中置轴挂车　center-axle trailer
牵引装置不能垂直移动（相对于挂车），车轴位于紧靠挂车的重心（当均匀载荷时）的挂车。这种车辆只有较小的垂直静载荷（不超过相当于挂车最大质量的10%或1000 N的载荷，两者中取较小者）作用于牵引车。其一轴或多轴可由牵引车来驱动。

02.195　旅居挂车　caravan
车厢中有起居用具的中置轴挂车。

02.196　汽车列车　combination vehicles
一辆汽车与一辆或多辆挂车组成的组合车辆。

02.197　乘用车列车　passenger car trailer combination
乘用车和中置轴挂车组成的组合车辆。

02.198　客车列车　bus road train
一辆客车与一辆或多辆挂车组成的组合车辆。各节乘客车厢不相通，有时可设服务走廊。

02.199　货车列车　goods road train
一辆货车与一辆或多辆挂车组成的组合车辆。

02.200　牵引杆挂车列车　drawbar tractor combination
一辆全挂牵引车与一辆或多辆挂车组成的组合车辆。

02.201　铰接列车　articulated vehicle
一辆半挂牵引车与具有角向移动连接的半挂车组成的组合车辆。

02.202　双挂列车　double road train
一辆铰接式列车与一辆牵引杆挂车组成的组合车辆。

02.203　双半挂列车　double semi-trailer road train
一辆铰接式列车与一辆半挂车组成的组合车辆。两辆车的连接通过第二个半挂车的连接装置来实现。

02.204　平板列车　platform road train
一辆货车和一辆牵引杆货车挂车组成的组合车辆。在可角向移动的货物承载平板的整个长度上载荷均不可分地置于牵引车和挂车上。为了支撑这个载荷可以使用辅助装置。这个载荷和(或)它的支撑装置构成了这两个车辆的连接装置，因此不允许挂车再有转向连接。

02.04　电动汽车、气体燃料及其他能源汽车

02.205　电动汽车　electric vehicle，EV
从车载储能装置中获得电能，以电动机驱动，并能满足在正规道路上行驶的各种法规要求的车辆。

02.206　纯电动汽车　battery electric vehicle
电动机的驱动电能只来源于车载可充电蓄电池或其他的电能储存装置的电动汽车。

02.207　混合动力汽车　hybrid electric vehicle，HEV
装有内燃机（或其他热机）和电机，两者以不同方式相互配合联合驱动的汽车。它分为3种类型：①以发动机作为主动力，电机作为辅助动力；②在低速时只靠电机驱动，速度提高时发动机和电机相配合驱动；③只用电机驱动，发动机只作为动力源。

02.208　微混合动力汽车　micro hybrid electric vehicle
电动机的峰值功率与发动机标定功率之比一般小于或等于 5%，电机只具备发动机起动和发电机功能的混合动力汽车。

02.209　轻度混合动力汽车　mild hybrid electric vehicle
电动机的峰值功率与发动机的标定功率之比一般在 5%~15%之间，电机不能单独驱动车辆，只能在爬坡或加速时进行辅助驱动的混合动力汽车。

02.210　中度混合动力汽车　moderate hybrid electric vehicle

电动机的峰值功率与发动机的标定功率之比一般在 15%~40% 之间，电机具有单独驱动车辆功能的混合动力汽车。

02.211　重度混合动力汽车　full hybrid vehicle，strong hybrid vehicle

电动机的峰值功率与发动机的标定功率之比一般在 40% 以上，电机具有单独驱动车辆功能的混合动力汽车。

02.212　热电混合动力汽车　thermal electric hybrid vehicle

驱动系统包含一台热机的混合动力电动汽车。

02.213　油电混合动力汽车　gasoline electric hybrid vehicle，diesel electric hybrid vehicle

将电驱动与汽油机或柴油机合用在同一车辆上的混合动力汽车。

02.214　气电混合动力汽车　LPG electric hybrid vehicle，CNG electric hybrid vehicle

将电驱动与天然气发动机或液化石油气发动机合用在同一车辆上的混合动力汽车。

02.215　氢电混合动力汽车　hydrogen electric hybrid vehicle

将电驱动与燃氢发动机合用在同一车辆上的混合动力汽车。

02.216　并联式混合动力汽车　parallel hybrid electric vehicle

车辆的驱动力由电动机及辅助动力装置(如发动机)同时或单独提供的混合动力汽车。

02.217　串联式混合动力汽车　serial hybrid electric vehicle

由发动机、发电机和电动机用串联的方式组成动力系统，发动机不驱动汽车而驱动发电机发电，电能通过控制器输送到电池或电动机，由电动机单独驱动的混合动力汽车。

02.218　混联式混合动力汽车　parallel-serial hybrid electric vehicle

综合串联和并联两种特征的混合动力汽车。其发动机既可单独驱动发电机发电，由电动机单独驱动汽车，也可直接参与驱动汽车。

02.219　插电式混合动力汽车　plug-in hybrid electric vehicle，PHEV

可以使用电网的家用电源插座对混合动力系统中电池充电的混合动力汽车。

02.220　燃料电池电动汽车　fuel cell electric vehicle，FCEV

简称"燃料电池汽车(fuel cell vehicle)"。作为燃料的氢在汽车搭载的燃料电池中与大气中的氧发生化学反应，产生电能并通过电动机驱动的汽车。

02.221　天然气汽车　natural gas vehicle

可以使用天然气燃料的汽车。

02.222　液化石油气汽车　liquefied petroleum gas vehicle

可以使用液化石油气燃料的汽车。

02.223　液化天然气汽车　liquefied natural gas vehicle

用液化天然气做燃料的汽车。

02.224　压缩天然气汽车　compressed natural gas vehicle

用压缩天然气做燃料的汽车。

02.225　吸附天然气汽车　adsorbed natural gas vehicle

用吸附天然气做燃料的汽车。

02.226　天然气水合物汽车　natural hydrate vehicle

用天然气水合物做燃料的汽车。

02.227　单燃料汽车　mono-fuel vehicle
只有一套燃料供给系统、只能燃用一种燃料的汽车。

02.228　两用燃料汽车　bi-fuel vehicle
具有两套相互独立的燃料供给系统，一套供给天然气或液化石油气，另一套供给天然气或液化石油气之外的燃料，两套燃料供给系统可分别但不可同时向发动机供给燃料的汽车。如汽油–压缩天然气两用燃料汽车、汽油–液化石油气两用燃料汽车等。

02.229　双燃料汽车　dual-fuel vehicle
具有两套燃料供给系统，一套供给天然气或液化石油气，另一套供给天然气或液化石油气之外的燃料的汽车。如柴油–压缩天然气双燃料汽车、柴油–液化石油气双燃料汽车等。这些车中气体燃料是提供大部分发热量的主燃料，柴油是用来压缩着火的引燃燃料。但在一些特殊情况下，这些车也可只用柴油燃料工作。

02.230　灵活燃料汽车　flexible fuel vehicle,
FFV
可燃用以任意比例混合的两种燃料（如汽油、甲醇、乙醇等）而不需要对车辆作人为调整的汽车。

02.231　生物柴油汽车　biodiesel vehicle
以生物柴油为燃料的汽车。

02.232　甲醇汽车　methanol vehicle
以甲醇汽油为燃料的汽车。

02.233　乙醇汽车　ethanol vehicle
以乙醇汽油为燃料的汽车。

02.234　太阳能汽车　solar power vehicle
以太阳能为动力源的汽车。

02.235　金属燃料电池汽车　metal fuel cell vehicle
采用金属燃料电池为动力能源的汽车。

02.236　液氮汽车　liquid nitrogen vehicle
采用液氮储能的低温介质汽车。

03. 汽车行驶性能

03.01　动力性及燃料经济性

03.001　动力性　power performance
车辆在良好路面上直线行驶时，能达到较高平均车速的能力。由最高车速、加速时间、最大爬坡度等参数作为评价指标。

03.002　最高车速　maximum speed
在水平良好路面上汽车能达到的最高行驶车速。

03.003　最高车速（1km）　maximum speed（1km）
电动汽车能够往返各持续行驶 1km 以上距离的最高平均车速。

03.004　30 min 最高车速　maximum thirty-minute speed
电动汽车能够持续行驶 30min 以上的最高平均车速。

03.005　经济车速　economical speed
汽车百公里耗油量最低时的车速。

03.006　原地起步加速时间　standing start accelerating time
汽车在静止状态下以第一档起步，并以最大的加速强度（包括选择最恰当的换档时机）逐步换至高档后，达到某一预定的距离或车速所需的时间。常用 0~100km/h 所需的时间（秒数）来表示。

03.007　超车加速时间　overtaking accelerating time

从最高档或次高档由 30km/h 或 40km/h 全力加速至某一高速所需的时间。

03.008　最大爬坡度　maximum grade
汽车满载时在良好路面上的最大爬坡能力。

03.009　坡道起步能力　hill starting ability
电动汽车在坡道上能够起动的最大坡度。

03.010　爬坡车速　uphill speed
电动汽车在给定坡度的坡道上能够持续爬坡行驶 1km 以上的最高平均车速。

03.011　加速踏板　accelerator pedal
俗称"油门踏板"。由驾驶员操纵的、直接或间接改变发动机燃料供给量或其他汽车能源供给量以改变车速的零件。

03.012　驱动力　driving forcc
驱动轮上的驱动转矩所产生切向力的地面反作用力。

03.013　行驶阻力　travel resistance
车辆行驶时要克服的滚动阻力、空气阻力、坡度阻力和加速阻力的总和。

03.014　滚动阻力　rolling resistance
与车轮滚动阻力矩相等效的阻碍汽车行驶的力。

03.015　滚动阻力系数　rolling resistance co-efficient
滚动阻力与车轮垂直载荷的比值。

03.016　空气阻力　aerodynamic drag
车辆直线行驶时所受到的空气作用力在行驶方向上的分力。

03.017　空气阻力系数　aerodynamic drag coefficient
主要由车身主体形状和表面状况决定的、反映空气阻力大小的系数。

03.018　迎风面积　front projection area
车辆在行驶方向上的正投影面积。

03.019　坡度阻力　grade drag
车辆上坡行驶时，其重力沿坡道的分力。

03.020　加速阻力　accelerating drag
车辆加速行驶时所需要克服的质量加速运动惯性力。

03.021　旋转质量换算系数　rotating mass conversion factor
汽车加速行驶时，汽车质量与旋转质量等效平移质量之和与汽车质量的比值。

03.022　附着力　adhesion force
驱动轮在一定的垂直载荷和地面条件下所能发挥的最大驱动力。

03.023　附着系数　coefficient of adhesion
附着力与驱动轮的垂直载荷之比。

03.024　后备功率　reserve power
发动机功率与滚动阻力和空气阻力所消耗的功率之差。其大小决定汽车爬坡和加速的能力。

03.025　比功率　specific power
发动机的最大功率和汽车总质量的比值。它是反映各类汽车动力性的一个主要数据。

03.026　最佳动力性换档规律　optimum power performance shift pattern
使发动机在任何车速下都尽可能在其外特性的最大功率转速附近工作的变速器换档规律。

03.027　燃料经济性　fuel economy
对汽车行驶时燃料消耗量的评价。

03.028　等速百公里燃料消耗量　constant speed fuel consumption per 100km
汽车在规定载荷下，以最高档在水平良好路面上等速行驶 100km 的燃料消耗量。一般以 10km/h 或 20km/h 车速间隔进行等速百公里耗油量测量。

03.029　行驶循环工况百公里燃料消耗量　travel-mode cycle fuel consumption

per 100 km

汽车按行驶循环规定的试验工况行驶时测定的百公里燃料消耗量。

03.030　综合百公里燃料消耗量　synthesis fuel consumption per 100 km

由不同车速下的等速百公里燃料消耗量和不同的循环行驶工况百公里燃料消耗量,按一定的公式计算出的百公里燃料消耗量。

03.031　百吨公里燃料消耗量　fuel consumption per 100t·km

货车以百吨公里运输工作量表示的燃料消耗量。

03.032　小时燃料消耗量　fuel consumption per hour

某些特种车辆用每工作小时表示的燃料消耗量。

03.033　能量消耗率　reference energy consumption

纯电动汽车的储能装置在规定的试验循环中所消耗的能量除以行驶里程所得的值。

03.02　操纵稳定性

03.034　转向角　steering angle

车辆纵向中心平面和转向车轮中心平面与路面交线间的夹角。

03.035　名义转向角　nominal steering angle

由转向盘转角与转向系角传动比计算而得的转向轮转角。

03.036　转向盘转角　steering wheel angle

以汽车直行(左、右转向轮平均转向角为零)时转向盘的位置为基准测定的转向盘角位移。

03.037　阿克曼转向角　Ackerman steering angle

汽车回转中心在汽车后轴延长线上时,轴距与后轴中点回转半径之比的反正切。

03.038　转向几何学　steering geometry

任意转向盘转角下,左、右转向轮偏转的几何关系。

03.039　转向系摩擦力　friction of steering system

转向轮开始产生角位移时所必需的最小操舵力。不包括车轮与路面间的摩擦力。

03.040　转向系阻尼　damping of steering system

对转向或转向盘转动的等价黏性阻尼。不包括转向轮与路面间的阻尼。

03.041　操舵力　steering force

又称"转向力"。使转向轮转向时,加在转向盘上的切向力。

03.042　保舵力　steering force for keeping a given control

保持汽车某一运动状态时,加在转向盘上的切向力。

03.043　操舵力矩　steering moment

又称"转向力矩"。操舵力与转向盘有效半径(1/2 中径)的乘积。

03.044　保舵力矩　steering moment for keeping a given control

保舵力与转向盘有效半径(1/2 中径)的乘积。

03.045　转向系转动惯量　moment of inertia of steering system

根据动能相等原则,通过换算所得到的转向系的运动部件和转向轮绕转向轴(或主销)旋转的旋转体的等价转动惯量。

03.046　悬架几何学　suspension geometry

由悬架决定的在车轮和车体间各种相对运动姿态下的车轮运动轨迹、车轮定位以及各车轮间相互位置的几何关系。

03.047　车轮中心平面　median plane of wheel

距车轮轮辋两侧内边缘等距离的平面。

03.048　车轮中心　wheel center

车轮中心平面与车轮旋转中心线的交点。

03.049　车轮定位　wheel alignment

包括转向主销内倾、转向主销后倾、车轮外倾和前束等参数的车轮和车体（或路面）间的角度关系。

03.050　车轮外倾　camber

车轮的旋转平面向外倾斜而偏离汽车纵向的垂直平面的现象。

03.051　车轮外倾角　camber angle

车轮的旋转平面与汽车的纵向铅垂平面之间的夹角。

03.052　主销内倾　kingpin inclination

在垂直于汽车纵轴的横向平面内，主销的投影线向内倾斜而不垂直于地平面的现象。

03.053　主销内倾角　kingpin inclination angle

主销在垂直于汽车纵轴的横向平面上的投影线与地平面的垂线所构成的锐角。

03.054　主销偏移距　kingpin offset

主销轴线与地平面的交点至车轮中心平面与地平面的交线在汽车横向平面的投影距离。

03.055　主销后倾角　kingpin castor angle

转向主销中心线在车辆纵向中心平面投影与铅垂线间的夹角。转向主销的上端向后倾斜，该角为正；转向主销的上端向前倾斜，该角为负。

03.056　前束　toe-in

汽车在直行位置时，同一轴左右两端车轮轮辋内侧轮廓圆周线的水平直径的四个端点正处于一个等腰梯形的四个顶点，该等腰梯形前后底边长度之差。当梯形前底边小于后底边时，前束为正，反之则为负。

03.057　前束角　toe-in angle

车轮的水平直径与汽车纵向铅垂平面之间的夹角。

03.058　横向滑移量　lateral slip

在侧滑试验台上测得的直行轮胎单位行走距离的横向滑移值。

03.059　悬架垂直刚度　suspension vertical stiffness

在一定载荷状态下，簧上质心与车轮中心间垂直距离的单位增量所对应的轮胎垂直载荷的减量。

03.060　悬架纵向刚度　suspension longitudinal stiffness

车轮中心与车体纵向相对变化单位距离时，所对应的车轮中心纵向力的增量。

03.061　悬架横向刚度　suspension transverse stiffness

车轮中心与车体横向相对变化单位距离时，所对应的车轮中心横向力的增量。

03.062　悬架有效刚度　ride rate

在一定车辆载荷状态下，簧上质心与地面间垂直距离的单位增量所对应的轮胎垂直载荷的减量。

03.063　悬架上的侧倾　suspension roll

特指仅仅与悬架变形有关的车身侧倾（绕运动坐标系 x_0 轴的偏转），不包括与轮胎变形有关的那部分车身侧倾。

03.064　簧上质量侧倾角　suspension roll angle

仅与悬架变形有关的汽车簧上质量侧倾角位移。

03.065　悬架侧倾刚度　suspension roll stiffness

簧上质量侧倾角单位增量所对应的由一个车轴(左、右车轮中心的连线)悬架施加到汽车簧上质量的恢复力偶矩的增量。

03.066   侧倾刚度   roll stiffness
前、后悬架侧倾刚度之和。

03.067   侧倾中心   roll center
不会使簧上质量产生侧倾的横向力的作用点。该点在通过同一轴两车轮中心的横向铅垂面内。

03.068   侧倾轴   roll axis
连接前、后侧倾中心的直线。

03.069   悬架柔性   compliance in suspension
悬架刚度的倒数。

03.070   翻倾力矩   overturning moment
由横向加速度和侧倾角加速度而引起的作用在汽车上、相对于路面上的汽车纵向中心轴的力矩。

03.071   翻倾力矩分配   overturning moment distribution
翻倾力矩在前、后悬架间分配的百分比。

03.072   轮胎接地中心   center of tire contact
车轮中心平面与地面的交线和车轮旋转中心线在地面上投影的交点。

03.073   轮胎坐标系   tire axis system
以轮胎接地中心为原点的右手直角坐标系。X'轴为车轮中心平面和道路平面的交线，车轮中心平面行进方向为正；Z'轴为铅垂线，向上为正；Y'轴在道路平面内，方向按右手法则确定。

03.074   轮胎侧偏角   slip angle of tire
又称"偏离角"。轮胎接地中心的行进方向与车轮中心平面方向(X'轴——轮胎坐标系)间的夹角。

03.075   滑移率   slip rate

(1)路面与胎面间的相对速度和行驶速度的比值(制动时)。(2)路面与胎面间的相对速度与轮胎圆周速度的比值(驱动时称为"滑转率")。

03.076   自由滚动车轮   free rolling wheel
在有垂直载荷的条件下，没有驱动力矩和制动力矩时的滚动车轮。

03.077   轮胎垂直力   vertical force of tire
路面作用在轮胎上的力沿铅垂 Z' 轴(轮胎坐标系)方向的分量。

03.078   轮胎横向力   lateral force of tire
路面作用在轮胎上的力沿横向 Y' 轴(轮胎坐标系)方向的分量。

03.079   轮胎纵向力   longitudinal force of tire
路面作用在轮胎上的力沿纵向 X' 轴(轮胎坐标系)方向的分量。

03.080   外倾侧向力   camber thrust
又称"外倾推力"。侧偏角为0°时，由于车轮外倾但受前轴约束，两车轮必保持同时向前行驶而产生的作用在车轮上的横向力。

03.081   转弯力   cornering force
车轮外倾角为0°时，为保持侧偏角，由路面作用在车轮上的力垂直于轮胎接地中心行进方向的水平分量。

03.082   轮胎侧向力   side force of tire
车轮外倾角为0°时，为保持侧偏角，由路面作用在车轮上的横向力。

03.083   侧偏阻力   cornering drag
车轮外倾角为0°时，为保持侧偏角，由路面作用在车轮上的力沿轮胎接地中心行进方向反向的水平分量。

03.084   拖曳阻力   resistance force of drag
车轮外倾角为0°时，为保持侧偏角，由路面作用在车轮上的纵向力。

03.085   牵引力   tractive force

由路面作用在轮胎接地中心的力矢量沿前进方向的分量。它等于横向力乘以侧偏角的正弦加上纵向力乘以侧偏角的余弦。

03.086　牵引阻力　drag force
与牵引力相等而方向相反的阻力。

03.087　轮胎翻转力矩　overturning moment of tire
由路面作用在轮胎上的力矩矢量的使轮胎绕纵向 X' 轴(轮胎坐标系)旋转的分量。

03.088　滚动阻力矩　rolling resistance moment
由路面作用在轮胎上的阻碍轮胎绕横向 Y' 轴(轮胎坐标系)旋转的力矩。

03.089　回正力矩　aligning torque
路面作用在轮胎上的力矩矢量的使轮胎绕铅垂 Z' 轴(轮胎坐标系)旋转的分量。

03.090　车轮力矩　wheel torque
作用在车轮轮胎上使其绕旋转轴线转动的外力矩。

03.091　驱动力矩　driving torque
等于正的车轮力矩。

03.092　轮胎拖距　pneumatic trail
轮胎侧向力的合力作用点到车轮接地中心在纵向 x_0 轴(运动坐标系)方向上的距离。

03.093　横向力系数　lateral force coefficient
横向力与垂直载荷的比值。

03.094　驱动力系数　driving force coefficient
驱动力与垂直载荷的比值。

03.095　制动力系数　braking force coefficient
制动力与垂直载荷的比值。

03.096　侧偏刚度　cornering stiffness
轮胎侧偏角的单位增量所对应的横向力的增量(通常指在轮胎侧偏角为 0°时的测定值)。

03.097　外倾刚度　camber stiffness
外倾角的单位增量所对应的横向力的增量。

03.098　回正刚度　aligning stiffness
全称"回正力矩刚度(aligning torque stiffness)"。轮胎侧偏角的单位增量所对应的回正力矩的增量。

03.099　侧偏刚度系数　cornering stiffness coefficient
自由滚动车轮的侧偏刚度与垂直载荷的比值。

03.100　外倾刚度系数　camber stiffness coefficient
自由滚动车轮的外倾刚度与垂直载荷的比值。

03.101　回正刚度系数　aligning stiffness coefficient
全称"回正力矩刚度系数(aligning torque stiffness coefficient)"。自由滚动车轮的回正刚度与垂直载荷的比值。

03.102　横向附着系数　lateral adhesion coefficient
在给定工作点下,自由滚动车轮横向力系数所能达到的最大值。

03.103　驱动附着系数　driving adhesion coefficient
在给定工作点下,驱动力系数所能达到的最大值。

03.104　制动附着系数　braking adhesion coefficient
在给定工作点下,车轮没有抱死时制动力系数所能达到的最大值。

03.105　制动滑移附着系数　slipping braking adhesion coefficient
在给定工作点下,车轮抱死时,制动力系数的数值。

03.106 地面固定坐标系 earth-fixed axis system
固定在地面上的右手直角坐标系。原点为地面上的某一点,X轴和Y轴位于水平平面内,X轴指向前方,Y轴指向左方,Z轴指向上方。汽车运动的轨迹,用该坐标系描述。

03.107 运动坐标系 moving axis system
固定在汽车上的右手直角坐标系。原点在汽车质心,x_0轴为汽车的纵向对称面与通过汽车质心的水平面的交线,沿汽车的主运动方向指向前方,y_0轴垂直于纵向对称面,水平指向左方;z_0轴垂直于x_0-y_0平面,指向上方。

03.108 汽车坐标系 vehicle axis system
以簧上质心为原点的右手直角坐标系。该坐标系随同簧上质量一起运动和旋转。在静止状态下,x轴在水平平面内,指向前方,y轴在水平平面内,指向左方,z轴指向上方。

03.109 簧上惯性主轴坐标系 inertia principal axis system
以簧上质心为原点,以簧上质量惯性主轴为坐标轴的右手坐标系。该坐标系(ξ、η、ζ)随同簧上质量一起运动和旋转的。

03.110 车轮固结坐标系 wheel-fixed axis system
以各车轮的车轮中心为原点的右手直角坐标系。X_w轴和Z_w轴在车轮中心平面内,X_w轴水平向前,Y_w轴为车轮旋转轴。因此,转向角为X_0和X_w间的夹角,车轮外倾角为Z_0和Z_w间的夹角。

03.111 侧倾 roll
簧上质量产生侧倾角或侧倾角的变化。

03.112 纵倾 pitch
簧上质量产生纵倾角或纵倾角的变化。

03.113 横摆 yaw
汽车质量产生横摆角或横摆角的变化。

03.114 纵倾轴 pitch axis
通过俯仰振动的不动点且与y轴(汽车坐标系)平行的轴。

03.115 簧上质量 sprung mass
又称"悬挂质量"。悬架弹性元件以上(簧上)所负荷的质量,再计入传动轴、悬架系、制动系、转向系中起簧上质量作用的那部分质量。

03.116 簧下质量 unsprung mass
不为悬架弹性元件所负荷的那部分质量,是汽车质量与簧上质量之差。

03.117 侧倾力臂 rolling moment arm
在静止状态下,簧上质心到侧倾轴的铅垂距离。

03.118 簧上质量侧倾转动惯量 rolling moment of inertia of sprung mass
簧上质量绕x轴、ξ轴(汽车坐标系、簧上惯性主轴坐标系)或侧倾轴旋转的转动惯量。

03.119 簧上质量纵倾转动惯量 pitching moment of inertia of sprung mass
簧上质量绕y轴、η轴(汽车坐标系、簧上惯性主轴坐标系)或纵倾轴旋转的转动惯量。

03.120 簧上质量横摆转动惯量 yawing moment of inertia of sprung mass
簧上质量绕z轴(汽车坐标系)旋转的转动惯量。

03.121 簧上质量对x轴和z轴的惯性积 product of inertia of sprung mass about x and z axes
簧上质量绕x轴和z轴(汽车坐标系)的惯性积。

03.122 汽车横摆转动惯量 yawing moment of inertia of vehicle
整车质量绕通过质心的铅垂轴的转动惯量。

03.123 **质心速度矢量** velocity vector at center of mass
汽车质心或簧上质心的三维速度矢量。

03.124 **水平车速** vehicle speed
质心速度的水平分量。

03.125 **纵向速度** longitudinal velocity
质心速度沿 x 轴(汽车坐标系)的分量。

03.126 **侧向速度** side velocity
质心速度沿 y 轴(汽车坐标系)的分量。

03.127 **垂直速度** vertical velocity
质心速度沿 Z 轴(地面固定坐标系)的分量。

03.128 **前进速度** forward velocity
质心速度沿 x_0 轴(运动坐标系)的分量。

03.129 **横向速度** lateral velocity
质心速度沿 y_0 轴(运动坐标系)的分量。

03.130 **侧倾角速度** roll velocity
簧上质量绕 x 轴(汽车坐标系)旋转的角速度。

03.131 **纵倾角速度** pitch velocity
簧上质量绕 y 轴(汽车坐标系)旋转的角速度。

03.132 **横摆角速度** yaw velocity
汽车质量绕 z 轴(汽车坐标系)旋转的角速度。

03.133 **质心加速度矢量** acceleration vector of mass center
汽车质心或簧上质心的三维加速度矢量。

03.134 **车身侧倾角** vehicle roll angle
汽车 y 轴与 X-Y 平面(汽车坐标系与地面固定坐标系)间所夹的锐角。

03.135 **车身纵倾角** vehicle pitch angle
汽车 x 轴与 X-Y 平面(汽车坐标系与地面固定坐标系)间所夹的锐角。

03.136 **汽车方位角** vehicle heading angle
汽车 x_0 轴在路面上的投影和 X 轴(运动坐标系与地面固定坐标系)间的夹角。

03.137 **汽车侧偏角** sideslip angle of vehicle
汽车 x_0 轴(运动坐标系)在路面上的投影与车速(质心处)在路面上的投影间的夹角。

03.138 **行进方向角** course angle
车速(质心处)在路面上的投影与 X 轴(地面固定坐标系)的夹角。它等于方位角(ψ)与侧偏角(β)的代数和。

03.139 **固定控制** fixed control
转向系中的某些操纵点(转向轮、转向垂臂、转向盘)的位置保持固定时的汽车控制。它是位置控制的一个特殊情况。

03.140 **力控制** force control
对转向系施加力输入(或限制)时的汽车控制,与所需的位移无关。

03.141 **自由控制** free control
对转向系不加任何限制的汽车控制。它是力控制的一个特殊情况。

03.142 **人为控制** manual control
由驾驶员操纵汽车按照一定目标行驶的控制方式。

03.143 **开环控制** open-loop control
电子控制器只根据外部输入信息,经逻辑处理后输出给被控对象,而后者的实际状态(被控制量)对控制器输出没有影响的一种控制模式。只有前馈通道。典型的开环控制模式是查 MAP 图的控制。

03.144 **闭环控制** closed-loop control
除了外部输入信息外,被控对象的实际状态(被控制量)也会反过来输入控制器而影响控制器输出的一种控制模式。包括前馈通道和反馈通道。

03.145 **比例控制** proportional control
输出命令与给定输入和反馈输入间的差值成正比的闭环控制算法。

03.146 **比例积分控制** proportional integral

control，PI control

输出命令由一个与输入误差值(给定输入与反馈输入之差值)成正比的部分(P 项)和一个与输入误差值的时间积分成比例的部分(I 项)合成的闭环控制算法。

03.147　比例积分微分控制　proportional integral differential control，PID control

输出命令由比例项、积分项再加一个与输入误差值的变化率成比例的微分项(D 项)合成的闭环控制算法。

03.148　转向响应　steering response

施加在操纵(转向)部件上的输入所引起的汽车运动。包括驾驶员加在制动器、加速踏板上的输入所引起的转向响应。

03.149　扰动响应　disturbance response

由不必要的力或位移作用在汽车上所引起的汽车运动。如风力、路面不平产生的汽车垂直位移等。

03.150　稳态　steady state

加在汽车上的外力(包括道路响应及空气动力)不随时间变化或汽车操纵输入为常数时的汽车运动状态。

03.151　工作点　trim

又称"平衡点"。由稳态汽车响应及控制(或扰动)输入决定的汽车稳定状况。在非线性汽车的操纵分析中，工作点是用来分析汽车稳定性的参考点。

03.152　稳态响应　steady-state response

汽车稳态状况下的运动响应。

03.153　瞬态　transient state

汽车的运动响应及加在汽车上的外力(或操纵)随时间而改变的汽车状况。

03.154　瞬态响应　transient-state response

汽车瞬态状况下的运动响应。

03.155　横摆响应　yaw response

在操纵输入或外部扰动输入时，汽车的横摆运动响应。

03.156　侧倾响应　roll response

在操纵输入或外部扰动输入时，汽车的侧倾运动响应。

03.157　转向敏感性　steering sensitivity

又称"转向增益"。操纵输入增加规定量时，稳态响应增益的增加量。主要指横向加速度、横摆角速度等。

03.158　路面不平敏感性　pavement irregularity sensitivity

路面不平扰动输入时，汽车的响应程度。

03.159　侧风敏感性　crosswind sensitivity

横向风扰动输入时，汽车的响应程度。

03.160　频率响应　frequency response

汽车对正弦波输入的稳态响应。用以求输出对输入的增益及相位特性等。可用转向盘转角、操舵力作为输入。

03.161　频率特性　frequency characteristics

以转向盘正弦波指令输入频率为变量的响应特性。也可由不规则输入响应及瞬态响应求得。

03.162　中性转向　neutral steer

车速一定而改变横向加速度，且名义转向角的斜率等于阿克曼转向角的斜率时的汽车转向特性。该特性大体相当于静态裕度为零值。

03.163　不足转向　understeer

车速一定而改变横向加速度，且名义转向角的斜率大于阿克曼转向角的斜率时的汽车转向特性。该特性相当于静态裕度为正值。

03.164　过度转向　oversteer

车速一定而改变横向加速度，且名义转向角的斜率小于阿克曼转向角的斜率时的汽车转向特性。该特性相当于静态裕度为负值。

03.165 侧倾转向 roll steer
由车厢侧倾产生的前、后轮转向角的变化量。

03.166 柔性转向 compliance steer
由悬架系、转向系的柔性变形产生的前、后轮转向角的变化。

03.167 直线行驶稳定性 straight motion stability
汽车直线行驶状态受到外部干扰后，保持或恢复原来行驶状态的特性。

03.168 回正性 returnability
汽车转弯行驶时，松开转向盘后汽车恢复直线行驶状态的性能。

03.169 发散不稳定性 divergent instability
给汽车一个小而短暂的扰动或控制输入时，汽车的运动响应总是增大，而不是在工作点附近等幅或减幅摆动的汽车响应特性。

03.170 振荡不稳定性 oscillatory instability
给汽车一个小而短暂的扰动或控制输入时，汽车运动状态总在工作点附近来回摆动且振幅总在增大的响应特性。

03.171 渐近稳定性 asymptotic stability
对指定的工作点而言，扰动或控制输入有任何小而短暂的改变后，汽车运动状态将逼近原工作点状态的特性。

03.172 中性稳定性 neutral stability
对指定工作点而言，扰动或控制输入有短暂改变后，汽车运动响应将保持在接近于但又不能达到该工作点所规定的运动状态的特性。

03.173 驾驶员目视距离 driver viewing distance
在行驶中，驾驶员的眼睛到所见到的距离点的水平距离。

03.174 最大向心加速度 maximum centripetal acceleration
汽车在人为控制或固定控制条件下进行曲线运动时，所达到的向心加速度的最大值。

03.175 最大横向加速度 maximum lateral acceleration
汽车在人为控制或固定控制条件下进行曲线运动时，所达到的横向加速度最大值。

03.176 最大指示横向加速度 maximum indicated lateral acceleration
汽车在人为控制或固定控制条件下进行曲线运动时，横向加速度计指示的最大值。

03.177 特征车速 characteristic speed
不足转向汽车产生最大横摆角速度增益的前进车速。

03.178 临界车速 critical speed
过度转向汽车产生无限大横摆角速度增益的前进车速。

03.179 中性转向线 neutral steering line
在 x-y 平面上(汽车坐标系)，作用于簧上质量的侧向力不致产生稳态横摆速度的各点的组合。

03.180 静态裕度 static margin
由质心到中性转向线的距离除以轴距。若质心在中性转向线之前则为正。

03.181 倾斜极限角 overturning limit angle
在整车整备质量状态下，用侧倾台向左或向右倾斜汽车，直到相反侧的全部车轮离开侧倾台面或车轮开始滑移时，侧倾台面与水平面间所夹的锐角。对于悬架系弹性元件采用空气弹簧式的汽车，应在高度控制阀不起作用的状态下进行倾斜。

03.182 侧滑 break away
轮胎接地胎面上的合力大于附着力时车辆产生的侧向滑移。后轮发生侧滑通常称为"甩尾"，会使横摆角速度急增；前轮出现侧滑通常称为"飘出"，会使转弯半径增加、横摆角速度减小。

03.183 卷入 tuck-in
在回转运动中，急收加速踏板或突然分离离合器时的汽车向内转入的现象。

03.184 车轮抬起 wheel lift
在离心力作用下，汽车转向内侧的前轮或后轮离开路面的现象。

03.185 举升 jack-up
在大横向加速度的状态下，车身明显向上的现象。

03.186 折叠 jack-knifing
挂车绕牵引车连接点回转而与牵引车成 V 字形的现象。

03.187 挂车甩摆 trailer swing
挂车绕牵引车连接点横向摆动的现象。

03.188 滑水效应 hydroplaning
由于湿路面流体力学效应，轮胎与路面间摩擦力急剧减小的现象。

03.189 踏步 tramp
左右车轮反相位的跳动现象。

03.190 摆振 shimmy
转向盘与转向轮产生稳定的绕主销轴线(转向轴线)的振动现象。

03.191 转向盘反冲 kick-back
由路面不平产生的冲击力传到转向盘上的现象。

03.192 稳态回转试验 steady-state cornering test
汽车在规定半径的圆周上行驶，不断加速而改变横向加速度，从而对汽车的不足转向及过度转向特性、侧倾特性、最大横向加速度、保舵力等进行评价的试验。

03.193 最小转弯直径试验 minimum turn-ing diameter test
保持转向盘转角在最大位置并以极低车速行驶，测定汽车最小转弯直径的试验。

03.194 功率突变影响试验 test of effect of sudden power change
汽车在转弯行驶中，控制加速踏板，评价汽车突然加速或突然减速时的稳定性的试验。

03.195 弯道制动试验 test of braking on curve
评价汽车在转弯行驶中进行制动时的稳定性的试验。

03.196 回正性能试验 returnability test
评价汽车在转弯行驶中松开转向盘时，保持加速踏板位置不变，考察此后汽车恢复直线行驶过程中车速、转向角和横摆角速度等变量随时间变化的试验。

03.197 低速回正性能试验 low-speed re-turnability test
汽车依规定的 15m 半径转圈行驶而调整车速到侧向加速度为 $4m/s^2$ 时，突然松开转向盘，保持加速踏板位置不变，考察此后汽车恢复直线行驶过程中车速、转向角和横摆角速度等变量随时间变化的试验。

03.198 高速回正性能试验 high-speed re-turnability test
汽车以 70%最高车速转弯到侧向加速度达 $2 m/s^2$ 时突然松开转向盘，保持加速踏板位置不变，考察此后汽车恢复直线行驶过程中车速、转向角和横摆角速度等变量随时间变化的试验。

03.199 急收加速踏板的控制试验 accelera-tor-pedal-quick-releasing control test
采用固定控制，汽车沿圆周行驶，当侧向加速度达到预先指定值时，急收加速踏板，评价此状态下驾驶员控制汽车难易程度的试验。

03.200 横风稳定性试验 crosswind stability

test

由自然风或送风装置产生的横向风作用于行驶的汽车上时，用横向位移、横摆角速度、转向盘转角的修正频度及转向角等参数来评价汽车行驶方向稳定性的试验。

03.201　撒手稳定性试验　steering-wheel-releasing stability test

汽车以一定车速直线行驶时突然转动转向盘并立即撒手，评价汽车运动收敛性的试验。

03.202　制动稳定性试验　braking stability test

汽车直线行驶中进行制动时的稳定性试验。可用横向位移、横摆角速度等参数进行评价。

03.203　反冲试验　kick-back test

评价汽车在坏路或凹凸不平路面上行驶时的保舵力、转向盘反冲大小的试验。

03.204　轮胎爆破响应试验　tire burst response test

评价汽车在行驶中发生轮胎爆破后驾驶员控制汽车难易程度的试验。

03.205　绕过障碍物试验　obstacle avoidance test

汽车在直线行驶中绕过前方障碍物后回到原来行驶路线的试验。用最高车速、横摆角速度响应等参数进行评价。

03.206　移线试验　lane change test

评价汽车从一条行驶路线移到另一条与之平行的行驶路线的试验。

03.207　蛇行试验　slalom test

汽车以标准规定的车速在规定间隔的标桩间蛇行穿行，评价汽车的机动性、响应性和稳定性的试验。可用蛇行通过的操舵力、横向加速度、横摆角速度响应、转向盘转角等参数进行评价。

03.208　转向轻便性试验　steering-effort test

评价汽车低速沿双纽线(近似 8 字形曲线)行驶时操舵力大小的试验。

03.209　J 形转弯试验　test of J turn

评价汽车由直线行驶变为急剧转弯(J 形转弯)行驶时的抗翻倾性、轮辋错动等的试验。

03.210　瞬态响应试验　transient response test

在不同车速下令操纵输入(转向盘转角或力的输入)随时间而变化，用横摆角速度、侧倾角等参数评价汽车过渡过程响应特性的试验。

03.211　频率响应试验　frequency response test

以各种频率进行周期性的转向盘转角操纵输入，用横摆角速度、侧倾角等参数对各种频率输入下的响应特性进行评价的试验。

03.212　阶跃响应试验　step response test

在一定车速下以阶跃形式进行转向盘转角输入，用横摆角速度、侧倾角等参数评价汽车响应特性的试验。

03.213　脉冲响应试验　pulse response test

在一定车速下以脉冲形式进行转向盘转角输入，用横摆角速度、侧倾角等参数评价汽车响应特性的试验。

03.214　静态操舵力试验　static steering-effort test

评价汽车在静止状态下转动转向盘时操舵力大小的试验。

03.215　悬架举升试验　jack-up test of suspension

评价悬架举升特性的试验。

03.216　抗翻倾试验　test of overturning immunity

评价汽车抗翻倾程度的试验。可用 J 形转弯试验、蛇行试验、转弯制动试验代替。

03.217 轮辋错动试验 rim slip test
评价轮辋错动难易程度的试验。可用 J 形转弯试验代替。

03.218 操舵力试验 steering-effort test
评价汽车在静止、极低速、中速、高速和大转弯等状态时的操舵力适宜性的试验。

03.219 路面不平敏感性试验 pavement irregularity sensitivity test
评价汽车对路面不平产生响应的敏感程度的试验。

03.220 风洞试验 wind tunnel test
为评价汽车的空气动力特性,利用风洞进行的试验。

03.221 转向盘相对转动量 relative steering wheel displacement
当汽车以极低车速回转而质心的转弯半径为 10m 时的转向盘转动量。

03.222 向心加速度影响系数 coefficient of centripetal acceleration effect
汽车在定转弯半径回转时,转向盘转角增量与向心加速度增量的比值。

03.223 操舵力的向心加速度影响系数 coefficient of centripetal acceleration effect on steering force
汽车在定转弯半径回转时,操舵力增量与向心加速度增量的比值。

03.224 转弯半径比 ratio of cornering radius
汽车稳态回转试验中,质心瞬时转弯半径与初始转弯半径的比值。

03.225 侧偏角差 difference of sideslip angles
汽车稳态回转试验中,前、后轴综合侧偏角的差值。

03.226 回正时间 restoring time
从松开转向盘的时刻起,到所测变量回复到初始零线的时刻为止的一段时间间隔。

03.227 横摆角速度响应总方差 total square deviation of yaw velocity
汽车横摆角速度响应与转向盘输入(转角或力)的相对平方差之总和。

03.228 不足转向度 degree of understeer
前、后轴侧偏角差值与侧向加速度关系曲线上,侧向加速度值为 $2m/s^2$ 处的平均斜率。

03.229 车身侧倾度 roll rate of autobody
车身侧倾角与侧向加速度关系曲线上,侧向加速度值为 $2m/s^2$ 处的平均斜率。

03.03 平 顺 性

03.230 平顺性 ride comfort
控制汽车在行驶过程中所产生的使人感到不舒适、疲劳甚至损害健康,或使货物损坏的振动和冲击不超过允许界限的性能。

03.231 人体前后振动 back-to-chest vibration applied to human body
沿人体前后方向的直线振动。

03.232 人体侧向振动 side-to-side vibration applied to human body
沿人体左右方向的直线振动。

03.233 人体垂直振动 foot-to-head vibration applied to human body
沿人体脊柱方向的直线振动。

03.234 人体侧倾振动 roll vibration of human body
绕人体 X 轴(沿前后方向的轴线)的角振动。

03.235 人体俯仰振动 pitch vibration of human body
绕人体 Y 轴(沿左右方向的轴线)的角振动。

03.236 人体横摆振动 yaw vibration of human body

绕人体 Z 轴(沿上下方向的轴线)的角振动。

03.237 人体局部振动 vibration applied to particular parts of human body

通过操纵机构的手柄、踏板、转向盘、乘员的扶手和头枕等机件作用于人体个别部位的振动。

03.238 全身振动 whole body vibration

通过地板和座椅传给整个人体的振动。

03.239 摇振 shake

由车轮的失圆、不平衡引起的车身部分垂直振动和侧倾振动的现象。

03.240 晕车 motion sickness

由低于 1 Hz 的振动引起的乘员恶心、呕吐等病理现象。

03.04 制 动 性

03.241 制动力学 braking mechanics

汽车制动时所发生的力学现象。

03.242 制动系滞后 braking system hysteresis

从对制动踏板施加制动力起到汽车开始制动,这之间的时间间隔。

03.243 制动器滞后 brake hysteresis

从制动器接受输入力起到制动器开始制动,这之间的时间间隔。

03.244 制动力 braking force

由制动力矩作用而产生的负的纵向力。

03.245 总制动力 total braking force

作用在车轮与地面之间,并与车辆运动或运动趋势方向相反的全部制动力的总和。

03.246 制动力矩 braking torque

制动器产生的制止车轮运动或运动趋势的力矩。

03.247 制动拖滞 brake drag

在控制装置回到放松位置后,制动力矩仍继续存在的现象。

03.248 制动力分配比 braking distribution ratio

每一车轴上的制动力与总制动力之比,用百分数表示,如前轴 60%,后轴 40%。

03.249 制动距离 stopping distance, braking distance

从驾驶员开始触动车辆控制装置的瞬时至车辆停止瞬时之间车辆驶过的距离。

03.250 有效制动距离 active braking distance

车辆在有效制动期间驶过的距离。

03.251 制动功 braking work

瞬时总制动力和位移微元之乘积在制动期间所驶过的距离范围内的积分值。

03.252 瞬时制动功率 instantaneous braking power

瞬时总制动力和相应的瞬时车速之乘积。

03.253 制动减速度 braking deceleration

车辆在所考核的时间内,通过制动装置使速度减少的量。

03.254 制动强度 rate of braking, braking rate

车辆减速度与重力加速度之比。

03.255 防抱装置 antilock device, antilock braking system, ABS

制动过程中,能自动控制车轮转动时滑移程度的装置。

03.256 单轮控制 individual wheel control

防抱装置(ABS)中,对每个车轮上的制动压力进行的独立调节控制。

03.257　多轮控制　multi-wheel control
防抱装置(ABS)中，对一个车轮以上制动压力用同一指令进行的调节控制。

03.258　轴控制　axle control
防抱装置(ABS)中，用同一指令来控制同一轴上车轮的多轮控制。

03.259　边控制　side control
防抱装置(ABS)中，用同一指令来控制车辆同一边车轮的多轮控制。

03.260　对角控制　diagonal control
防抱装置(ABS)中，用同一指令来控制车辆对角车轮的多轮控制。

03.261　组合式多轴控制　combined multi-axle control
防抱装置(ABS)中，用同一指令来控制多轴组合的所有车轮的多轮控制。

03.262　低选　select-low
在多轮控制中，以首先趋向抱死的车轮信号来控制该组车轮的控制方式。

03.263　高选　select-high
在多轮控制中，以最后趋向抱死的车轮信号来控制该组车轮的控制方式。

03.264　最低控制速度　minimum control speed
防抱系统开始控制由驾驶员向制动器传递的控制力时的最低车速。

03.265　脉冲式车轮速度传感器的分辨率　resolution of impulse wheel speed sensor
车轮旋转一圈期间车轮速度传感器所发出的脉冲数。

03.266　控制周期　control cycle
从车轮一次临近抱死至下一次临近抱死的工作周期。

03.267　控制频率　control frequency
在同一性质的路面上，每秒钟所产生的控制周期数。

03.268　制动衬片冷态试验　cold lining test
为评价制动衬片在制动初始温度低于某一预定值时的制动效能，按给定程序进行的试验。

03.269　制动衬片热态试验　hot lining test
为评价制动衬片在制动初始温度高于预设值但低于一给定最大值时的制动效能，按给定程序进行的试验。

03.270　制动衬片衰退试验　lining fade test
为评价制动衬片多次连续制动后的制动效能，按给定程序所进行的试验。

03.271　制动衬片恢复试验　lining recovery test
为评价制动衬片通过热衰退试验的升温影响后的恢复能力，按包括一系列制动作用的给定程序进行的试验。

03.272　衰退和恢复后的衬片效能试验　lining effectiveness test after fade and recovery
为评价制动衬片在热衰退和恢复试验后的冷态制动效能，按给定程序进行的试验。

03.273　衬片磨损试验　lining wear test
为评价制动衬片的耐磨性，按给定程序进行的试验。

03.274　跑偏　pulling
制动过程中，车辆或左或右偏离直线行驶路线的现象。

03.275　发哨　grabbing
突发的、未必能听到声音的、呈现出不规则制动力矩的现象。

03.276　制动噪声　brake noise
制动过程中，制动器产生的噪声。它包括尖叫声、鸟叫声、喊喳声、隆隆声。

03.05　通　过　性

03.277　通过性　mobility over unprepared terrain

车辆在额定载荷下能以足够高的平均车速通过各种坏路和无路地带(如松软的土壤、沙漠、雪地、沼泽等)及各种障碍(如陡坡、侧坡、壕沟、台阶等)的能力。

03.278　最大越障高度　maximum height of surmountable obstacle

车辆低速行驶能爬越的最大障碍高度。

03.279　最大越沟宽度　maximum width of trench-crossing

车辆低速行驶能越过的最大横沟宽度。

03.280　最小离地间隙　minimum ground clearance

在与纵向中心面等距离的两平面之间,车辆最低点至支撑面的距离。此两平面的距离为同一轴上左右车轮内缘间最小距离的80%。

03.281　纵向通过角　ramp angle

汽车静置于直行位置时,通过前后轮中间车辆底部最低点所作的分别切于车辆前后轮胎外缘下半边且垂直于车辆纵向对称平面的两个切面之间所夹的锐角。

03.282　牵引性能　tractive performance

车辆在规定地面条件下所发挥的牵引工作能力及其效率。

03.283　挂钩牵引力　drawbar pull

在车辆牵引装置上的平行于地面的用于牵引的力。

03.284　最大挂钩牵引力　maximum drawbar pull

车辆受发动机最大转矩或地面附着条件限制所能发出的挂钩牵引力。

03.285　挂钩牵引功率　drawbar power

车辆发出的用于牵引的功率。

03.286　牵引效率　traction efficiency

车辆的牵引(输出)功率与相应的发动机(输入)功率的比值。

03.287　驱动效率　drive efficiency

驱动轮输出功率与输入功率的比值。

03.288　牵引力系数　coefficient for drawbar pull

牵引力与附着载荷之比。

03.289　理论速度　theoretical travel speed

按驱动轮无滑转计算出的车辆行驶速度。

03.290　实际速度　travel speed

在驱动轮有滑转的实际工况下的车辆行驶速度。

03.291　滑转率　slip

驱动轮或履带行走装置在驱动力为零时的理论速度与有驱动力时的实际速度之差与理论速度之比。

03.292　比压　specific pressure

车辆最大使用质量(重力)与接地面积的比值。

03.293　附着载荷　adhesion weight

驱动轮或履带行走装置对地面的垂直载荷。

03.294　下陷量　sinkage

车轮或履带行走装置的最低点(不计抓土齿部分)与未被压过的地面间的垂直距离。

03.295　土壤推力　soil propelling force

车辆在松软地面上行驶时,驱动轮对地面施加向后的水平力,使地面发生剪切变形,相应的剪切变形所构成的地面水平反作用力。

03.296　土壤阻力　soil resistance

轮胎对土壤的压实作用和推移作用所产生的压实阻力和推土阻力的统称。

03.297 压实阻力 compression resistance
刚性车轮在松软地面滚动,土壤垂直变形消耗的功所产生的阻力。

03.298 推土阻力 soil pushing resistance
刚性车轮在松软地面滚动,车轮的前缘推移隆起的土壤消耗的功所产生的阻力。

04. 发 动 机

04.01 一 般 名 词

04.001 内燃机 internal combustion engine
将液体或气体燃料与空气混合后,直接输入机器内部燃烧,产生热能再转化为机械能的一种热力发动机。

04.002 往复式内燃机 reciprocating internal combustion engine
燃料在一个或多个气缸内燃烧,经活塞和曲柄连杆机构将燃料的化学能转化为机械功而输出轴功率的动力机械。其中的活塞做往复运动。

04.003 工质 working medium
内燃机工作时其气缸中所包容的,由空气或空气与燃料和(或)燃烧产物所组成的混合气。

04.004 工作循环 working cycle
在往复式内燃机的每一气缸内,工质参数(质量、体积、压力和温度等)发生周期性重复变化的整个过程。

04.005 四冲程循环 four-stroke cycle
往复式内燃机的工作活塞经过进气、压缩、做功和排气等四个连续行程所完成的一个工作循环。

04.006 二冲程循环 two-stroke cycle
往复式内燃机的工作活塞经过两个连续行程才能完成的一个工作循环。

04.007 缸径 cylinder bore diameter
往复式内燃机工作气缸的公称内径。

04.008 行程 stroke
往复运动的活塞在其任一单向运动期间所经过的公称距离。

04.009 止点 dead center
往复运动活塞每一单向行程的端点,即其往复运动的转向点。

04.010 下止点 bottom dead center
离曲轴旋转中心线最近的活塞止点。

04.011 上止点 top dead center
离曲轴旋转中心线最远的活塞止点。

04.012 公称容积 nominal volume
由公称尺寸计算出的容积。

04.013 公称余隙容积 nominal clearance volume
活塞处于上止点位置时的缸内封闭空间的公称容积。缸内封闭空间系由活塞、缸筒、缸盖等零件所围成,其大小随活塞位置而变化,上止点时的缸内封闭空间最小。

04.014 公称气缸容积 nominal cylinder volume
活塞在下止点时的缸内封闭空间的公称容积。它等于活塞排量与余隙容积之和。

04.015 活塞排量 piston displacement, piston swept volume
又称"气缸工作容积"。活塞从一个止点运动到另一个止点期间缸内封闭空间容积的变化量,即活塞面积与活塞行程的乘积。

04.016 发动机排量 engine displacement, engine swept volume

发动机所有气缸的活塞排量之和。

04.017 **[公称]压缩比** nominal compression ratio，compression ratio
公称气缸容积与公称余隙容积之比。

04.018 **防撞间隙** anti-bumping clearance
活塞在上止点时，缸盖底面与活塞顶面之间的距离。

04.019 **自然吸气** natural aspiration
仅靠活塞下行时气缸内形成的真空度吸入空气或空气-燃料混合气的进气方式。

04.020 **增压** pressure charging，supercharging
利用压气机或其他方法使空气或空气-燃料混合气进入工作气缸之前压力升高而增加充气密度的进气方式。

04.021 **谐波增压** harmonic supercharging
利用进气管系内调谐共振所形成的压力波，使得气缸进气终了前恰有密波到达气缸而提高进气压力的增压方法。

04.022 **机械增压** mechanical supercharging
由增压发动机自身通过机械传动来驱动压气机(机械增压器)使新鲜充气增压的方法。

04.023 **涡轮增压** turbocharging
利用发动机自身的排气能量，通过涡轮机驱动压气机而使新鲜充气增压的方法。

04.024 **气波增压** pressure-wave supercharging
利用发动机排气压力波，在曲轴带动的气波增压器的转子槽道内直接使新鲜充气增压的方法。

04.025 **两级增压** two-stage supercharging
用两个压气机依次对新鲜充气进行压缩，使其压力高过单用一个压气机所能达到的压力值的增压方式。

04.026 **增压比** supercharging ratio
增压后与增压前进气门或进气口前的空气平均压力之比。

04.027 **喘振** surge
离心式压气机中，气流从叶轮分离，产生强烈脉动甚至倒流，使压气机强烈振动并发出异响的一种不稳定工作状态。任一离心式压气机都有一个发生喘振的压比-流量界限。

04.028 **增压中冷** supercharging intercooling
对经增压器压缩后尚未进入工作气缸的新鲜充气进行冷却以进一步提高充气密度的过程。

04.029 **扫气** scavenging
在进气门或进气口已打开而排气门或排气口尚未关闭时，由进气门或进气口进入的新鲜空气将缸内气体排出工作气缸的现象。

04.030 **曲轴箱扫气** crankcase scavenging
二冲程发动机中利用活塞面向曲轴箱的一端压缩曲轴箱内的气体，使之进入气缸的方法。

04.031 **排气脉动扫气** exhaust pulse scavenging
借助排气歧管内的压力波动，使得排气终了前管内的低压疏波到达排气门外，从而加速缸内气体排出的方法。

04.032 **新气利用系数** trapping coefficient
排气结束后留在气缸内的新鲜充气质量与经过进气门或进气口流进该气缸的新鲜充气质量之比。

04.033 **涡流** swirl
围绕某一轴线的旋转气流。

04.034 **涡流比** swirl ratio
在气道试验台上测得的绕气缸中心线涡流每分钟转数与试验所模拟的发动机每分钟转数之比。

04.035 挤流 squish
活塞向上运动时，燃气挤向活塞中心并转而向下进入活塞顶部凹坑形成旋流的流动现象。

04.036 滚流 tumble flow
又称"横轴涡流"。在某些特别设计的汽油机中，吸入气缸的空气在压缩过程中所形成的绕垂直于气缸中心线的轴线旋转的大尺度旋流。

04.037 进气压力 inlet pressure
发动机气缸进气过程中其进气门前的平均绝对压力。

04.038 增压压力 boost pressure
在增压器空气出口处的平均增压空气压力。

04.039 排气背压 exhaust back pressure
在排气总管内或涡轮增压器涡轮后的平均排气压力。

04.040 总空燃比 overall air-fuel ratio
进入发动机的空气量与同一时间内供给发动机的燃料量之质量比。

04.041 实际空燃比 trapped air-fuel ratio
燃烧前留在气缸内的空气量，与在一个工作循环中供给该气缸的燃料量之质量比。

04.042 理论空燃比 stoichiometric air-fuel ratio
又称"化学计量空燃比"。根据化学反应关系式所确定的燃料完全燃烧所需的空气量与燃料量之比。

04.043 理论混合气 stoichiometric mixture
空气量与燃料量之比恰为理论空燃比的空气燃料混合气。

04.044 稀混合气 lean mixture
空气量与燃料量之比大于理论空燃比的空气燃料混合气。

04.045 浓混合气 rich mixture
空气量与燃料量之比小于理论空燃比的空气燃料混合气。

04.046 过量空气系数 excess air ratio
空气燃料混合气中的空气量与其中燃料完全燃烧所需的空气量(理论空燃比乘以燃料量)之比值。此比值为 1 的混合气即理论混合气，大于 1 的为稀混合气，小于 1 的为浓混合气。

04.047 可燃混合气 combustible mixture
空燃比或过量空气系数处于能让混合气着火燃烧的上下限范围之内的混合气。

04.048 点燃 spark ignition
缸内均质混合气靠外源点火而开始的燃烧。

04.049 压燃 compression ignition
在高压缩比发动机压缩行程末期的缸内高温高压作用下，混合气自行着火的燃烧。一般是非均质混合气局部先着火开始燃烧。

04.050 焰前反应 pre-flame reaction
可燃混合气在缸内温度和压力的促进作用下，碳、氢分子与氧分子间产生一系列氧化反应，经过冷焰、蓝焰到热焰的全部化学反应过程。

04.051 预混合燃烧 premixing combustion
在着火或点火之前燃料已与空气混合成气相均匀的可燃混合气的燃烧。

04.052 扩散燃烧 diffusion combustion
燃料与空气在燃烧开始前没有完成混合而是边混合边燃烧的燃烧。

04.053 稀薄燃烧 lean mixture combustion
汽油机为节能减排而采用的空燃比为 25 以上的稀混合气的燃烧。

04.054 分层充气燃烧 stratified charge combustion
汽油机中通过特别设计的气流运动和供油方法使燃烧室中的空气燃料混合气分层而

进行的燃烧。

04.055　均质充量压缩自燃　homogeneous charge compression ignition

预混均匀的燃料−空气混合气在压缩行程末期缸内高温、高压作用下自行着火的燃烧。

04.056　速燃期　rapid combustion period

从着火开始到缸内压力达到峰值时为止的一段时间，以曲轴转角度数表示。

04.057　主燃期　main combustion period

从着火开始到缸内出现最高温度时为止的一段时间，以曲轴转角度数表示。

04.058　燃料低热值　lower calorific value of fuel

每千克燃料完全燃烧时所释放的热量（不包含燃烧生成物中水蒸气的汽化潜热）。

04.059　放热率　heat release rate

每度曲轴转角或每单位时间内的燃烧放热量。

04.060　放热规律曲线　heat release rate curve

放热率随曲轴转角或时间变化的关系曲线。

04.061　燃料喷射　fuel injection

使燃料经节流的小孔以较大的压力差喷入气缸或进气道的过程。

04.062　直接喷射　direct injection

将燃料喷入汽油机气缸或柴油机开式燃烧室的过程。

04.063　间接喷射　indirect injection

将燃料喷入柴油机分隔式燃烧室的副室（涡流燃烧室或预燃室）的过程。

04.064　预喷射　pilot injection

在主喷射之前的某一时刻精确地喷入少量的预喷油量，使燃烧室被加热，缩短随后进行的主喷射的着火延迟期，使燃烧过程柔和，降低柴油机噪声和氮氧化物（NO_x）排放的喷射方法。

04.065　引燃喷射　pilot injection

在以天然气或醇类燃料等代用燃料为主燃料的双燃料发动机中，喷入不多于占每循环总发热量 20% 的柴油，依靠柴油的首先着火来引起主燃料燃烧的喷射方法。

04.066　燃烧室　combustion chamber

活塞处于做功行程上止点时，活塞顶部或缸盖底部的凹坑、缸盖内的预燃室或涡流室、活塞顶平面与缸盖底平面之间的气缸内空间，即整个气缸余隙空间。

04.067　开式燃烧室　open combustion chamber

空间完整、不分隔的柴油机燃烧室。活塞顶部或缸盖底部的凹坑占燃烧室的绝大部分，有蝶形、ω 形、球形、方坑形等多种形式。

04.068　分隔式燃烧室　divided combustion chamber

被分隔成主室和副室两部分的柴油机燃烧室。其两部分之间有气流通道相通，燃料喷入副室并在其中开始燃烧。

04.069　预燃室　pre-combustion chamber

一种分隔式燃烧室的副室，有一个或多个较窄通道与燃烧室的主室相通。开始燃烧后预燃室内形成强烈的无组织湍流。

04.070　涡流燃烧室　swirl combustion chamber

一种分隔式燃烧室的副室，有一个较大的通道与燃烧室的主室相通。开始燃烧后涡流室内形成强烈的涡流。

04.071　燃烧室容积比　volume ratio of combustion

（1）分隔式燃烧室的副室容积与燃烧室总容积之比。（2）开式燃烧室的活塞处于做功行程上止点时活塞顶部的容积或缸盖底部凹坑容积与燃烧室总容积之比。

04.072　柴油机敲缸　diesel knock

又称"粗暴燃烧"。当柴油机燃烧过程初期压力升高率过高时，出现强烈噪声甚至敲缸声的现象。

04.073   爆震   detonation
又称"爆燃"。汽油机燃烧室末端混合气在火焰尚未传到之前，自行发火燃烧，因而引起缸内高频压力冲击并产生金属敲击声的一种不正常燃烧现象。

04.074   工况   operating condition
发动机的运转或工作状态。通常以其负荷（有效功率或转矩）和转速为标志。

04.075   标定工况   declared operating condition
发动机以制造厂规定的标定功率及对应的标定转速工作的工况。

04.076   稳态工况   steady-state condition
在稳定的环境条件下，发动机的转速和负荷不随时间变化的一种工况。

04.077   标定功率   declared power，rated power
制造厂公布的在标定转速时发动机能发出的有效功率。

04.078   升功率   power per liter
标定功率除以发动机排量所得的值。

04.079   发动机转速   engine speed
曲轴在每分钟内所完成的旋转一周的次数。

04.080   标定转速   declared speed，rated speed
制造厂确定的发动机发出标定功率时的转速。

04.081   怠速   idling
发动机空转，以最低转速正常运转时的工作状态。

04.082   最低空载转速   minimum idling speed
发动机空载时能稳定运转的最低转速。

04.083   最高空载转速   maximum idling speed
由调速器或发动机管理系统限制的发动机空负荷运转时的最高转速。

04.084   活塞平均速度   mean piston speed
在标定转速下活塞的平均运动速度。

04.085   负荷   load
从动机械要求发动机输出的功率或转矩的大小。它可以用功率或转矩的绝对值或相对值（相对于标定功率或最大转矩的百分比）来表示。

04.086   有效转矩   brake torque
曾称"有效扭矩"。发动机曲轴输出的平均转矩（转动力矩）。

04.087   最大转矩   maximum torque
发动机所能输出的有效转矩的最大值。一般是某一中间转速下的满负荷转矩。

04.088   示功图   indicator diagram
表示整个工作循环中气缸内工质压力随缸内容积或随曲轴转角变化的图形。

04.089   指示功   indicated work
全称"循环指示功"。每一工作循环中缸内工质对活塞所做的功。

04.090   平均指示压力   mean indicated pressure
将循环指示功除以活塞排量所得的一个能表征发动机强化程度的假想的平均压力。

04.091   平均有效压力   brake mean effective pressure
对应于发动机有效功率的每缸每工作循环有效功（即有效功率除以气缸数和单位时间内的工作循环数）与发动机排量之比。

04.092   指示功率   indicated power
单位时间内发动机各气缸工质对活塞所做的指示功之总和。

04.093   有效功率   brake power

由发动机曲轴或与曲轴联动的一根或多根传动轴向从动机械输出的可测得的功率或功率之和。

04.094 修正功率 corrected power
利用规定的功率修正公式，由某种大气状态下测得的有效功率换算得出的标准大气状态下的功率。

04.095 摩擦功率 friction power
为克服发动机自身的机械摩擦和向所有附属设备提供能量所需的功率。

04.096 指示热效率 indicated thermal efficiency
指示功率与单位时间供给发动机的燃料热能之比。

04.097 有效热效率 brake thermal efficiency
有效功率与单位时间供给发动机的燃料热能之比。

04.098 机械效率 mechanical efficiency
有效效率与指示效率之比。

04.099 燃料消耗量 fuel consumption
发动机每单位时间所消耗的燃料量。

04.100 燃料消耗率 specific fuel consumption
发动机每单位功率在单位时间内所消耗的燃料量。

04.101 机油消耗量 lubricating oil consumption
发动机每单位时间所消耗的润滑油量。

04.102 机油消耗率 specific lubricating oil consumption
发动机每单位有效功率在单位时间内所消耗的润滑油量。

04.103 气缸压缩压力 compression pressure in a cylinder
在切断燃料供给或断开点火的条件下反拖发动机时，气缸内工质的最高压力。

04.104 最高气缸压力 maximum cylinder pressure
气缸内工质在一个工作循环内所达到的最高压力。

04.105 环境压力 ambient pressure
发动机运转现场的大气压力值。

04.106 环境温度 ambient temperature
发动机运转现场中在发动机进气系入口附近的大气温度。

04.107 进气温度 inlet temperature
在进气管内一定位置处(尽量靠近进气门)测得的新鲜充量进入气缸前的温度。

04.108 排气温度 exhaust tcmpcraturc
排气在离开气缸不远处(缸盖排气道出口附近)的平均温度。

04.109 发动机最低起动温度 minimum engine starting temperature
在规定的起动条件下，能在起动装置起动后的一定时间内使发动机达到自主运行的最低现场温度。

04.110 起动辅助措施 starting aid
诸如预热、喷油或喷气、阻风、卸压等使发动机容易起动的方法。

04.111 负荷特性 load characteristic
在转速不变时，发动机燃料消耗率和排气温度等性能参数随负荷(功率、转矩)改变而变化的关系。

04.112 速度特性 fixed throttle characteristic
当燃料供给调节机构位置固定不变时，发动机功率、转矩和燃料消耗率等性能参数随转速改变而变化的关系。

04.113 外特性 external characteristic, full load characteristic
燃料供给调节机构处于最大供给量位置时，

发动机功率、转矩和燃料消耗率等性能参数随转速改变而变化的关系。即发动机满载荷时的速度特性。

04.114　全特性　total external characteristic
又称"万有特性"。发动机载荷转速都变化时的性能指标和特性参数的变化规律。

04.115　调速特性　speed governor characteristic
装有调速器的发动机，在其调速器起自动调节作用的狭窄转速范围内，其功率、转矩等参数随转速改变而变化的关系。

04.116　调节特性　regulation characteristic
发动机功率、转矩、燃油消耗率等性能参数随某一具体调节参数(如空燃比、点火提前角、喷油提前角等)改变而变化的关系。

04.117　发动机型式　engine type
规定的、能据以将发动机分类的发动机基本特性。基本特性上无差别的发动机同属一种发动机型式。

04.118　标准试验环境　standard test environment
为使不同时同地测出的功率、燃油消耗率具有可比性，而采用的国家标准规定的试验环境。它包括环境温度、环境压力、相对湿度等。

04.119　试验台架　test bench
配备有测功机、各种参数测量仪表、试验数据采集系统等装备的试验台。

04.120　台架试验　bench test
在试验台架上进行的各种性能试验、热平衡试验、耐久性试验等。

04.121　性能试验　performance test
测定发动机负荷特性、速度特性、调速特性、调节特性等的试验。

04.122　起动试验　starting test
检验内燃机起动转速、起动时间、最低起动温度、耗电量等起动性能的试验。

04.123　热平衡试验　heat balance test
测定燃料热能中转化为有效功的部分及各项损失部分(排气带走热量、冷却液带走热量等)所占比例的试验。

04.124　耐久性试验　endurance test
使发动机按国家标准规定工况长时间运转，以考核其零部件的可靠性、耐久性及其动力性和经济性指标稳定性的试验。

04.125　热冲击试验　thermo-shock test
使发动机反复突加或突卸负荷，并相应改变冷却液温度，使零件经受剧烈冷热交变以考验其抗热疲劳能力的试验。

04.126　特殊环境试验　special ambient test
针对高原、高温、高寒等特殊环境进行的试验。

04.127　定型试验　type test
新设计发动机或经过重大改进的发动机为获准投产按规定必须进行的一系列性能试验、耐久性试验和配套试验等。

04.128　出厂试验　delivery test
为保证产品质量在每台发动机出厂前进行的主要性能检测。

04.129　暖机　warming-up
发动机带负荷运转前先进行一段时间空转或低负荷运转，使冷却液温度和机油温度达到规定值的过程。

04.02　发动机分类

04.130　四冲程发动机　four-stroke engine
往复运动的活塞每连续四个行程完成一个工作循环的发动机。

04.131　二冲程发动机　two-stroke engine
活塞每连续两个行程完成一个工作循环的发动机。

04.132 汽油机 gasoline engine
以汽油做燃料的点燃式发动机。

04.133 化油器式发动机 carburetor engine
空气流经化油器喉管将汽油吸出并与之混合一起进入气缸的发动机。

04.134 汽油喷射式发动机 gasoline-injection engine
将汽油喷入进气歧管或缸盖进气道，或直接喷入气缸，与空气混合后用外源点火的发动机。

04.135 缸内直喷式汽油机 direct-injection gasoline engine
将汽油直接喷入气缸的发动机。

04.136 柴油机 diesel engine
由狄塞尔首创的、在压缩行程末期将柴油喷入缸内热空气中产生着火燃烧的压燃式内燃机。

04.137 直接喷射式柴油机 direct-injection diesel engine
简称"直喷式柴油机"。燃油被直接喷入开式或半开式燃烧室的柴油机。

04.138 间接喷射式柴油机 indirect-injection diesel engine
燃油被喷入分隔式燃烧室的副室（预燃室、涡流室）的柴油机。

04.139 燃气发动机 gas engine
曾称"煤气机"。完全或主要燃用气体燃料的发动机。

04.140 多种燃料发动机 multi-fuel engine
能燃用两种或更多种具有不同着火特性燃料的发动机。

04.141 双燃料发动机 dual-fuel engine
又称"喷油引燃式燃气发动机(pilot injection gas engine)"。主燃料为气体燃料，与空气预混后被吸进气缸，通过压缩行程末期喷入

少量柴油的自行着火将气体燃料空气混合气引燃的发动机。

04.142 天然气发动机 natural gas engine
以天然气做为燃料的发动机。

04.143 液化石油气发动机 liquefied petroleum gas engine
以液化石油气作为燃料的发动机。

04.144 二甲醚发动机 dimethyl ether engine
以二甲醚作为燃料的发动机。

04.145 燃氢发动机 hydrogen-fueled engine
以氢气作为燃料的发动机。

04.146 压燃式发动机 compression ignition engine
在接近压缩行程终了时，向气缸内喷入燃料，与缸内空气混合并在缸内高温下自行着火燃烧的发动机。

04.147 均质充气压燃式发动机 homogeneous charge compression ignition engine
采用均匀混合的可燃混合气压缩自燃的发动机。

04.148 点燃式发动机 spark ignition engine
用电火花点燃预混均匀的可燃混合气的发动机。

04.149 非增压发动机 non-supercharged engine
又称"自然吸气式发动机(naturally aspiration engine)"。空气或可燃混合气在进入气缸前未经过压气机压缩的发动机。利用谐波效应提高进气密度的发动机也属非增压发动机。

04.150 增压发动机 supercharged engine
空气或可燃混合气在进入气缸前已经过压气机压缩的发动机。

04.151 废气涡轮增压发动机 turbocharged engine

利用废气涡轮增压器使进入发动机的空气或可燃混合气增压的发动机。

04.152　涡轮增压中冷发动机　turbocharged and intercooled engine
采用废气涡轮增压，并且增压后的空气要经过冷却才进入气缸的发动机。

04.153　涡轮复合发动机　turbocompound engine
具有利用排气能量的涡轮，此涡轮与曲轴间有机械传动，共同对外输出动力的发动机。

04.154　水冷发动机　water-cooled engine
用水或水基冷却液（水加乙二醇防冻剂）冷却气缸和气缸盖的发动机。

04.155　风冷发动机　air-cooled engine
直接用风扇吹气冷却气缸和气缸盖的发动机。

04.156　油冷发动机　oil-cooled engine
用机油冷却气缸和气缸盖的发动机。

04.157　低散热发动机　low heat rejection engine
曾称"绝热发动机(adiabatic engine)"。用燃烧室表面隔热方法将散热损失降得较低的发动机。

04.158　直列式发动机　in-line engine
又称"单列式发动机"。只有一列气缸的发动机。

04.159　卧式发动机　horizontal engine
有一列或多列气缸，每列气缸的中心线位于同一水平面内的发动机。

04.160　斜置式发动机　inclined engine
有一列气缸，其各缸中心线所在平面为介于垂直与水平平面之间的一个倾斜平面的发

动机。

04.161　V 型发动机　V-engine
两列气缸的中心线平面相交成 V 形而共用一根曲轴的发动机。

04.162　水平对置发动机　horizontally opposed engine
有两列水平布置的气缸分置于曲轴两侧的发动机。

04.163　对动活塞式发动机　opposed-piston engine
每个气缸内有两个相对运动（指方向总相反）的往复活塞而工质位于两个活塞之间的发动机。两活塞分别经过连杆、摇臂等中间件与同一曲轴相连。

04.164　顶置气门发动机　overhead-valve engine
气门安装在气缸体上方的气缸盖内的发动机。

04.165　侧置气门发动机　side-valve engine
气门安装在气缸体中各气缸的旁侧的发动机。

04.166　重载发动机　heavy-duty engine
用以驱动重型车辆的发动机。

04.167　旋转活塞式发动机　rotary piston engine
工作活塞在缸体内做行星运动的一种内燃机。其活塞的中心线绕发动机输出轴中心线旋转，同时活塞又绕自身中心线旋转，而活塞的三个弧形侧面则与缸体的外旋轮线形内壁表面及左、右端盖表面构成三个容积周期性变化的空腔，用于实现内燃机工作循环。

04.168　燃气轮机　gas turbine
来自燃烧室的高温高速燃气流经涡轮，推动涡轮旋转并向外输出机械功的一种旋转式动力机械。

04.03　机体和主运动系

04.169　曲轴箱　crankcase
包围曲轴运动空间，具有带曲轴主轴承座的

横隔板，上面可装单个气缸或气缸体，侧面可装若干附件的箱体式零件。

04.170　曲轴箱检查孔盖　crankcase door
开在曲轴箱侧壁上的检视孔的可拆卸盖板。

04.171　曲轴箱端盖　crankcase end cover
用以封闭曲轴箱一端的盖板。

04.172　机体　engine block
发动机中用来安装曲柄连杆机构各零件和其他附属机构与系统的一些零部件的箱体。

04.173　主轴承盖　main bearing cap
装在气缸体或曲轴箱的主轴承支承横隔板上并作为半个主轴承座使用的零件。

04.174　气缸体　cylinder block
内有若干个气缸、冷却水套，可装入若干运动件和安装若干附件的箱体式零件。

04.175　气缸体端盖　cylinder block end cover
封盖气缸体端部的零件。

04.176　气缸　cylinder
气缸体中供活塞在其中往复运动的筒形体部分。可镶有或不镶有单独的气缸套。

04.177　气缸套　cylinder liner
装在气缸体内，为活塞提供滑动表面的零件。

04.178　湿缸套　wet liner
其外壁有一部分与冷却液接触的气缸套。

04.179　干缸套　dry liner
只与气缸体中被水套包围的筒形孔壁接触，需经过该孔壁传导才能向冷却液散热的气缸套。

04.180　水套　water jacket
气缸体内在无缸套或有干缸套的缸筒周围或在湿缸套与气缸体外壁之间所形成的以及在气缸盖内的，供冷却液流通的空腔。

04.181　气缸盖　cylinder head, cylinder cover
用以封盖气缸体顶端的、装有或不装有换气部件的零件。

04.182　气缸盖螺栓　cylinder head bolt, cylinder head stud
把气缸盖紧固在气缸体上的螺栓或螺柱。

04.183　配气机构箱　valve mechanism casing
安装在气缸盖上，用以支承和(或)围住气门机构的箱体。

04.184　气缸盖罩　valve mechanism cover
用以遮盖凸出于气缸盖顶面外的气门、气门弹簧、摇臂等运动件的零件。

04.185　气缸盖垫片　cylinder head gasket
放在气缸盖与气缸体之间，用以密封气缸和冷却液、润滑油通道的零件。

04.186　气缸盖密封环　cylinder head ring gasket
嵌放在气缸盖与气缸或气缸套之间，用以密封气缸的环形零件。

04.187　油底壳　oil pan, oil sump
装在曲轴箱或气缸体的下面起储油箱作用的零件。

04.188　正时齿轮室盖　timing gear cover
气缸体一端的正时齿轮室的封盖。

04.189　曲轴箱呼吸器　crankcase breather
安装在机体上，使蒸气和燃气排出曲轴箱的装置。

04.190　曲轴箱强制通风装置　positive crankcase ventilation device
将完全封闭的曲轴箱内的气体(空气和来自气缸的漏气)强制送入发动机进气系统的装置。

04.191　曲轴箱强制通风阀　positive crankcase ventilation valve
能自动调节曲轴箱内气体进入发动机进气系统流量的阀门。

04.192 隔声罩 acoustic hood
用以将发动机罩住或围住，通过全部或部分隔声以降低噪声级的装置。

04.193 活塞 piston
受气缸内燃气压力作用，在气缸内做往复运动的零件。它与连杆和曲柄构成一个曲柄连杆机构以实现运动形式的转换和动力传递。

04.194 可控热膨胀活塞 piston with controlled thermal expansion
在活塞中铸入用线膨胀系数很低的材料制成的元件，以控制活塞裙部热膨胀的活塞。

04.195 活塞头部 piston crown
又称"活塞上部(piston upper part)"。由活塞顶和活塞环带组成，承受气缸内燃气压力作用，并装有全部或部分活塞环的部分。

04.196 活塞裙部 piston skirt
又称"活塞下部(piston bottom part)"。活塞上用以对活塞进行导向并设有活塞销销座的部分。可有或可无活塞环槽。

04.197 活塞销衬套 piston pin bushing
镶入活塞的销座孔中，作为活塞销支承的零件。

04.198 活塞销 piston pin, gudgeon pin
活塞和连杆的铰接销。

04.199 挡圈 retaining ring, circlip
嵌在轴上或座孔内的环槽中，可以防止装在轴上或座孔中的其他零件轴向窜动的零件。

04.200 活塞顶 piston top
活塞面向燃烧室的顶面。可能有燃烧室凹坑或避阀坑。

04.201 活塞顶凹腔 piston bowl
用作燃烧室或燃烧室一部分的活塞顶的内凹空腔。

04.202 活塞顶镶圈 piston top insert
镶入铝合金活塞顶以提高其热强度的零件。

04.203 活塞环带 piston ring belt
由活塞顶到最低的一个活塞环槽底面之间，用以安装活塞环的活塞侧面部分。

04.204 顶岸 top land, piston junk
第一道活塞环槽上方的活塞侧面部分。

04.205 活塞环岸 piston ring land
两相邻活塞环槽间的活塞侧面部分。

04.206 活塞环槽 piston ring groove
活塞上为安装活塞环而开的槽。

04.207 活塞环槽镶圈 ring groove insert
作为安装一个或数个活塞环用的镶圈而铸入活塞中的耐磨零件。

04.208 活塞环 piston ring
安装在活塞环槽内，可向外撑开以贴紧气缸壁的金属弹性环。

04.209 气环 compression ring
主要用来防止气体泄漏的活塞环。

04.210 油环 oil control ring
具有回油孔或等效结构，能从缸壁上刮下机油的活塞环。

04.211 活塞压缩高度 piston compression height
活塞销中心线至活塞顶岸上边缘的距离。

04.212 活塞冷却通道 piston cooling gallery
活塞内部供冷却液(通常为发动机润滑油)流动的空腔。

04.213 连杆 connecting rod
连接活塞销和曲轴曲柄销的中间件。

04.214 连杆长度 connecting-rod length
连杆大头孔中心线至小头孔中心线的距离。

04.215 连杆小头 connecting-rod small end, connecting-rod top end
内装减摩耐磨轴承的、连杆与活塞销连接的

部分。

04.216 连杆大头 connecting-rod big end，connecting-rod bottom end
内装减摩耐磨轴承的、连杆与曲轴曲柄销连接的部分。

04.217 连杆大头盖 connecting-rod cap
用螺栓紧固在连杆上，成为连杆大头的一部分，起半个大头轴承座作用的零件。

04.218 连杆杆身 connecting-rod shank
介于连杆小头和连杆大头之间的连杆中段部分。

04.219 水平切口连杆 horizontally split connecting-rod
连杆大头剖分面垂直于连杆轴线的连杆。

04.220 斜切口连杆 obliquely split connecting-rod
连杆大头剖分面不垂直于连杆轴线的连杆。

04.221 主副连杆 articulated connecting-rod
一个主连杆带有一个或数个副连杆的总成。它用于 V 型、W 型等多列式发动机。

04.222 主连杆 master connecting-rod
其大头部分连接曲柄销，并装有与副连杆连接的销子的连杆。

04.223 副连杆 slave connecting-rod
一端套在活塞销上，另一端套在固定于主连杆大头的连接销上，两端尺寸差不多大的连杆。

04.224 并列连杆 side-by-side connecting-rod
V 形或对置气缸发动机中，大头并列地装在同一曲柄销上，而小头分别与左、右列气缸中一个活塞相连的两个连杆。

04.225 连杆大头轴承 connecting rod big end bearing，connecting rod bottom end bearing
固装在连杆大头孔中而与曲柄销有相对运动的轴承。

04.226 连杆小头轴承 connecting-rod small end bearing，connecting-rod top end bearing
固装在连杆小头孔中而与活塞销有相对运动的轴承。最常用青铜衬套。

04.227 曲轴 crankshaft
带有若干个曲柄，通过连杆与各缸活塞发生运动及动力传递关系，向外部机械输出动力的发动机旋转轴。

04.228 整体式曲轴 one-piece crankshaft
由整块材料制成的曲轴。但平衡重不一定与轴成一整体，可单另加工后安装到轴上。

04.229 组合式曲轴 built-up crankshaft
由各个单独部分组合而成，但不能拆卸的曲轴。

04.230 装配式曲轴 assembled crankshaft
由各个单独部分组合而成，并且可以拆卸的曲轴。

04.231 主轴颈 crank journal
曲轴上支承在机体主轴承座中的部分。各主轴颈中心线即曲轴的旋转轴线。

04.232 曲柄 crank
曲轴上由曲柄销和相连的两个曲柄臂组成的部分。

04.233 曲柄半径 crank radius
曲轴的主轴颈中心线到曲柄销中心线的垂直距离。

04.234 曲柄连杆比 crank connecting-rod ratio
曲柄半径与连杆长度之比。

04.235 曲柄销 crank pin
曲轴上安装有一个或数个连杆大头的部分。

04.236 错开曲柄销式曲轴 split-pin crank-

shaft

同一曲柄销连接左缸连杆的一段与连接右缸连杆的一段相互错开一定角度的曲轴,用于一些夹角小于90°的 V 型发动机中。

04.237　曲柄臂　crank web
曲轴上连接主轴颈和曲柄销的部分。

04.238　主轴承　main bearing
固装在机体的主轴承座孔中,用来支承曲轴主轴颈在其中旋转的轴承。

04.239　三层减摩合金轴瓦　three-layer bearing bush
由钢背、减磨合金层和表面镀层组成,常用作主轴承和连杆大头轴承,并分成上、下两半的半环形薄壁零件。

04.240　止推轴承　thrust bearing
用以承载曲轴受到的轴向力和防止曲轴轴向窜动的轴承。

04.241　平衡重　balance weight
安装在曲轴上或与曲轴制成一体的,用来降低往复和旋转质量不平衡影响的质量。

04.242　曲轴带轮　crankshaft pulley
装在曲轴一端,用来驱动水泵、发电机等发动机和汽车附属装置的带传动主动轮。

04.243　飞轮　flywheel
装在曲轴上,具有足够大的转动惯量,能通过储存及释放动能来降低工作循环内曲轴回转不均匀程度的零件。

04.244　扭转振动　torsional vibration
曲轴、凸轮轴等旋转件由于各截面所受扭力矩周期性变化而产生的角振动。

04.245　扭振减振器　torsional vibration damper
安装在曲轴前端,用以防止曲轴扭转振动振幅过大的减振器。

04.246　动平衡机构　dynamic balancer
带有若干旋转的偏心质量,且偏心质量的转速等于或二倍于曲轴转速,其离心力所形成的合力或合力矩能够完全或部分地抵消发动机轴系原有的一次或二次不平衡力或力矩的机构。

04.247　整体式传动齿轮系　integral gear train
安装在发动机内,用以在曲轴与发动机功率输出轴之间提供一定速比的齿轮系。

04.04　配　气　系

04.248　气门驱动机构　valve drive mechanism
又称"气门驱动系(valve train)"。由凸轮驱动的、经过凸轮从动件和(或)其他中间件使气门运动的机构。

04.249　可变气门驱动机构　variable valve actuating mechanism
气门正时可变或气门正时与升程均可变的气门驱动机构。它分为电控机械式、电液式和电磁式三类。

04.250　有凸轮轴的可变气门机构　variable valve actuating mechanism with camshaft
采用切换不同凸轮、变摇臂比、变凸轮轴与曲轴的相位关系等机械方式,实现可变气门正时或可变气门正时与升程,并由电子控制器控制的气门驱动机构。

04.251　电液气门驱动机构　electrohydraulic valve actuating mechanism
利用液力驱动气门,而液力决定于电磁阀控制油路的通与断的可变气门机构。

04.252　电磁气门驱动机构　electromagnetic

valve actuating mechanism

用电磁力驱动气门，而电磁力决定于电路的通与断的可变气门驱动机构。

04.253　凸轮　cam
旋转时能使其从动件往复移动或摆动以驱动气门、喷油泵、泵喷嘴柱塞运动的零件。

04.254　发动机凸轮轴　engine camshaft
用来在发动机工作循环中的预定时刻驱动气门或驱动气门与单体喷油泵或泵喷嘴柱塞运动的、装有若干个凸轮的轴。

04.255　整体式凸轮轴　one-piece camshaft
将凸轮和轴制成一体的凸轮轴。

04.256　组合式凸轮轴　assembled camshaft
将各凸轮单件组装在轴上的凸轮轴。

04.257　顶置凸轮轴　overhead camshaft
支承在气缸盖上，通过摆动式或移动式从动件驱动气门、泵喷嘴柱塞的凸轮轴。

04.258　下置凸轮轴　in-block camshaft
装在气缸体内的凸轮轴。

04.259　气门旋转机构　valve rotator
能使气门在每次启闭过程中转动一定角度的一种特殊结构的气门弹簧座组件。

04.260　凸轮轴传动机构　camshaft drive mechanism
用来使发动机凸轮轴旋转的传动机构。

04.261　齿轮传动　gear drive
通过一系列齿轮实施的由主动轴（曲轴）至各从动轴（凸轮轴、喷油泵驱动轴、机油泵驱动轴等）的传动。

04.262　链传动　chain drive
通过链轮和链条而实施的、由曲轴至配气凸轮轴及其他附件转轴（如喷油泵凸轮轴、机油泵轴等）的传动。

04.263　链轮　sprocket wheel
链传动中的主动轮和从动轮。

04.264　正时链条　timing chain
曲轴与凸轮轴之间的传动链条。

04.265　链条总成张紧调节装置　chain-assembly tension adjuster
利用弹簧或液压机构推动张紧轮或张紧滑轨，以补偿因使用中磨损而使链条伸长的装置。

04.266　张紧轮　tensioning wheel
紧压在链条上，用以调节和保持链条张紧度的轮子。

04.267　张紧滑轨　slide rail
紧压在链条上，用以调节和保持链条张紧度的导轨。

04.268　滑动导杆　slide bars
用以吸收链条振动并对链条进行导向的成对零件。

04.269　导向轮　guide wheel
用以对链条导向的轮子。

04.270　同步带　synchronous belt
有弹性的、环状的且有内齿的皮带。

04.271　同步带传动　synchronous belt drive
通过有齿的皮带轮和皮带而实施的由曲轴至凸轮轴的传动。

04.272　皮带张紧装置　belt tensioner
用以调节和保持皮带张紧度的装置。

04.273　张紧带轮　tensioning pulley
紧压在皮带上，用以调节和保持皮带张紧度的轮子。

04.274　气门　valve
由阀杆和阀盘组成的、用于控制新鲜充气进入或燃烧后废气排出气缸的蕈形零件。

04.275　进气门　air inlet valve

控制新鲜充气进入气缸通路的启闭和流通
面积的阀门。

04.276 排气门 exhaust valve
控制废气从气缸排出通路的启闭和流通面
积的阀门。

04.277 气门弹簧 valve spring
用来保证气门能关闭严密并能正常跟随凸
轮动作的弹簧。

04.278 气门弹簧座 valve spring retainer
用于固定气门弹簧，并将弹簧作用力传递到
阀杆上的零件。

04.279 气门锁夹 valve collet，valve key
用以将气门弹簧座固紧在阀杆上的成对零
件。

04.280 气门弹簧垫圈 valve spring washer
装在气门弹簧与气缸盖之间，用以防止气缸
盖损坏的垫圈。

04.281 气门导管 valve guide
用于气门导向的零件。

04.282 气门座圈 valve seat insert
安装在侧置气门发动机的气缸体上和顶置
气门发动机的气缸盖或无缸盖机体上的可
更换阀座。

04.283 阀杆油封圈 valve stem seal
安装在气门导管上部而将阀杆束住以防机
油过多漏入气道的橡胶密封件。

04.284 阀壳 valve cage
与气缸盖或机体分离，内部装有气门的零
件。

04.285 挺柱 tappet
一种与凸轮表面接触并随着凸轮的旋转在
导向套内往复移动的凸轮从动件。

04.286 滑动挺柱 sliding tappet
以其底部的平面或球面与凸轮做滑动接触
的挺柱。

04.287 滚轮挺柱 roller tappet
由挺柱体、销和滚轮等零件组合而成的挺
柱。销固定于挺柱体，其中心线与挺柱体中
心线垂直相交；滚轮以销为轴而以外圆与凸
轮做滚动接触。

04.288 挺柱滚轮 tappet roller
滚轮挺柱中与凸轮接触的滚动零件。

04.289 挺柱导套 tappet guide
为挺柱运动导向的零件。

04.290 凸轮从动件 cam follower
接触凸轮并随着凸轮转动而产生往复移动
或往复摆动的零件。

04.291 从动摆臂 side pivoted rocker
支承点(摆动中心)在一端的凸轮从动件。

**04.292 从动摆臂销轴 side pivoted rocker
pin**
从动摆臂绕其摆动的支承轴。

**04.293 从动摆臂支座 side pivoted rocker
bracket**
用以支撑从动摆臂销轴及轴上摆臂的支座。

04.294 止推座 thrust cup
凸轮轴下置的气门驱动机构中，凸轮从动件
(挺柱或摆臂)和摇臂中与推杆接触的受力
的部分。

04.295 推杆 push-rod
在凸轮轴下置的气门驱动机构中用来将凸
轮从动件(挺柱或摆臂)的运动传递到摇臂
的杆状零件。

04.296 摇臂 rocker arm，rocker
支承轴在中间的摆动式凸轮从动件。在凸
轮轴下置的气门驱动机构中，其两端分别与推
杆和气门接触。在凸轮轴顶置的气门驱动机
构中，其两端分别与凸轮和气门接触。

04.297 气门间隙 valve lash

在气门关闭时，用以确保气门总能落座而不受气门自身及相关的各驱动与支承零件热胀冷缩的影响，气门顶端与摇臂或摆臂触头之间，或气门顶上挺柱与顶置凸轮之间应有的间隙。

04.298 气门间隙调整螺钉 valve lash adjuster

装在摇臂或摆臂的一端，作为接触推杆或气门的触头，且能用来调整气门间隙的螺钉。

04.299 液压间隙调节器 hydraulic lash adjuster

可作为移动式从动件装在下置凸轮与推杆之间，或顶置凸轮与气门之间，也可代替气门间隙调整螺钉装在顶置凸轮从动摆臂或摇臂的一端，能在气门关闭时自动消除气门间隙的液压部件。

04.300 摇臂座 rocker arm bracket

用以支承摇臂轴及轴上摇臂的零件。

04.301 摇臂轴 rocker arm shaft

摇臂绕其摆动的支承轴。

04.302 阀桥 valve bridge

用来同时驱动两个或多个气门的零件。

04.303 气门升程 valve lift

气门离座升起的高度。在气门启闭过程中气门升程是一个随时间变化的变量。但在不涉及气门运动规律问题的场合提到气门升程，指的是气门最大升程。

04.304 可变气门升程 variable valve lift

气门离座升起高度可变化的气门升程。它采用机械、电磁或液压控制等方式实现。

04.305 气门定时 valve timing

发动机工作循环中气门开始开启和关闭的时刻。一般用与活塞到达某个行程止点的时刻之间曲柄所转过的角度来表示。

04.306 可变气门正时 variable valve timing

通过机械、电磁或液压控制等方式，可以改变气门开始开启和关闭时刻的气门正时。

04.307 气门重叠 valve overlap

进、排气门同时开启的时间。一般以此期间曲柄所转过的角度来表示。

04.05 进 排 气 系

04.308 机械增压器 engine-driven supercharger

由发动机曲轴机械驱动的增压器。

04.309 气波增压器 pressure-wave supercharger

利用管道内压力波传播特性，在一个两端各与排气进出口和空气进出口相通且由曲轴带动的转子的槽道内，将废气能量直接传递给进入的空气，使其压力升高并输入发动机的增压器。

04.310 废气涡轮增压器 turbocharger

由涡轮、压气机叶轮、轴以及供排气、空气进出和导向的壳体等零件组成，利用发动机排气的能量使涡轮旋转并带动与之同轴的压气机叶轮旋转，把提高了压力的新鲜空气供入气缸的增压器。

04.311 低压涡轮增压器 low-pressure turbocharger

用来把新鲜空气压缩后送至第二级增压器的压气机叶轮前的二级涡轮增压系统中的第一级增压器。

04.312 高压涡轮增压器 high-pressure turbocharger

用来把低压涡轮增压器输出的空气压缩至最终的增压压力的二级涡轮增压系统中的第二级增压器。

04.313　可变几何截面涡轮增压器　variable geometry turbocharger
涡轮喷嘴环或压气机叶轮扩压环的通道型线和截面可改变的废气涡轮增压器。

04.314　涡轮进气壳　turbine inlet casing
具有一个或几个进气口，并带有涡轮喷嘴环的涡轮增压器壳体中构成废气流入涡轮通道的部分。

04.315　涡轮排气壳　turbine outlet casing
涡轮增压器壳体中构成废气流出涡轮通道的部分。

04.316　压气机壳　compressor casing
涡轮增压器壳体中为压气机叶轮提供输气通道的部分。

04.317　轴承体　bearing housing
涡轮增压器壳体中用以安置转子轴承的部分。

04.318　涡轮增压器转子　turbocharger rotor
主要由涡轮工作轮、压气机叶轮和公共轴所组成的旋转部件。

04.319　轴流式涡轮　axial-flow turbine
曾称"轴流式透平"。工质轴向流过涡轮工作轮的涡轮。

04.320　径流式涡轮　radial-flow turbine
废气径向流入、轴向流出涡轮工作轮的涡轮。

04.321　动力涡轮　power turbine
由发动机废气驱动，并与曲轴或其他功率输出轴有机械连接及液力耦合的涡轮。

04.322　涡轮工作轮　turbine wheel
上有若干叶片分隔出废气流通通道的旋转件。

04.323　涡轮叶片　turbine blade
其轮廓使废气流过涡轮时的进、出口焓差和动能差转化为机械功，使涡轮旋转并输出功

的涡轮工作轮的叶片。

04.324　涡轮喷嘴环　turbine nozzle ring
可以将废气的部分压力能转变为动能的、位于涡轮入口处的一种固定式或可调式通道结构。

04.325　离心式叶轮　centrifugal impeller
空气轴向流入、径向流出的压气机叶轮。

04.326　扩压器　diffuser
可以将流出空气的部分动能转变为压力能的、位于压气机叶轮出口处的一种通道结构。

04.327　叶轮导流部分　impeller inducer
其叶片入口倾斜角按进气相对速度方向设计的离心式压气机叶轮的空气入口部分。

04.328　罗茨式压气机　Roots compressor
依靠壳体内两个三叶转子的旋转实现空气的压缩和输送的机械增压器。

04.329　废气旁通控制系统　exhaust bypass control system
在废气涡轮增压系统中用废气旁通阀改变流经涡轮的废气流量以控制增压空气压力的系统。

04.330　废气旁通阀　waste gate
调节通过涡轮的废气流量的旁通阀。

04.331　增压空气旁通控制系统　charge air bypass control system
用旁通阀在发动机高速工况下，将部分增压空气直接排入大气或排气管，以控制增压空气压力的系统。

04.332　进气总管　inlet pipe
将新鲜空气输入进气歧管或气缸的管道。

04.333　进气歧管　inlet manifold
将流过进气总管的新鲜空气分配给发动机各气缸的管道。

04.334 可变长度进气歧管 variable length intake manifold
根据工况改变新鲜空气流到气缸的距离，从而改变管内谐振特性的进气歧管。

04.335 速热式进气歧管 quick-heat intake manifold
利用排气加热的化油器式汽油机歧管。它有相当长的一段与排气歧管的管壁相连，其中还有一段只用金属薄片将进气通道和排气通道隔开，因而可使进气迅速加热以利汽油蒸发。

04.336 排气总管 exhaust pipe
废气从涡轮增压器或非增压发动机的排气歧管排出后所通过的管道。

04.337 排气歧管 exhaust manifold
有多个进口与多缸机气缸盖中多个气缸排气道对接而出口只有一个的管道。

04.338 定压排气歧管 constant-pressure exhaust manifold
用以将若干气缸排出的废气汇集排出的容积较大的排气歧管。其管内废气压力基本均匀。

04.339 脉动排气歧管 pulse exhaust manifold
用以将几个气缸排出的废气汇集排出的容积较小的排气歧管。其管内废气压力是脉动的。

04.340 脉冲转换器 pulse converter
可安装在排气歧管末端，用以将气缸排出废气的脉动压力部分或全部转变为近似恒压的装置。

04.341 空气滤清器 air filter，air cleaner
装在发动机或增压器进气管入口处，用以滤除进入发动机的新鲜空气中悬浮颗粒的滤清器。

04.342 调温式空气滤清器 temperature-modulated air cleaner
可使进入化油器式发动机的空气温度控制在规定范围内，以利于汽油蒸发和空燃比控制的一种有加热装置和控制阀的空气滤清器。

04.343 滤芯 filter element
用以滤除杂质的、由滤清材料和骨架组成的可更换的滤清器零件。

04.344 节气门 throttle
装在汽油发动机或气体燃料发动机进气歧管前的进气总管内，用来控制进气量的片状阀门。

04.345 电子节气门 electronic-controlled throttle
根据发动机管理系统电子控制器的控制信号，由直流电动机驱动的节气门。

04.346 加热装置 stove
用于化油器式汽油机进气歧管或化油器自动阻风门的、利用排气加热的装置。

04.347 进气节流阀 inlet air throttle
限制空气进入柴油机，从而提升排气温度，促使颗粒物在捕集器内氧化的装置

04.348 消声器 silencer
装在发动机整个排气管系的尾端，通常是接在一些排气净化装置(如催化转化器、颗粒捕集器等)之后，用以降低发动机排气噪声的装置。

04.349 排气再循环 exhaust gas recirculation，EGR
将一部分排气通过进气系统返回燃烧室，以降低最高燃烧温度，从而减少氮氧化物形成的方法。

04.350 再循环排气 EGR gas
在排气再循环系统中再循环的排气。

04.351 孔口真空度控制式排气再循环系统 ported vacuum control EGR system
由节气门处真空口的真空度作用在排气再循环阀上以控制再循环排气量的系统。

04.352 排气背压控制式排气再循环系统

exhaust back pressure control EGR system
以排气背压作为控制信号来控制再循环排气量的排气再循环系统。

04.353 节气门控制式排气再循环系统 throttle control EGR system
通过与节气门联动的排气再循环阀来控制再循环排气量的排气再循环系统。

04.354 音控式排气再循环系统 sound control EGR system
以音速喷嘴控制再循环排气量的排气再循环系统。

04.355 电子控制式排气再循环系统 electronically controlled EGR system
由电子控制器根据发动机的运转工况来控制再循环排气量的排气再循环系统。

04.356 排气再循环调压阀 EGR pressure regulator
根据排气压力或进气歧管真空度，调节作用在排气再循环阀上的控制压力的装置。

04.357 排气再循环控制阀 EGR control valve
电控排气再循环系统中控制进入发动机进气系统的排气再循环量的电磁阀。

04.358 排气再循环率 EGR rate
再循环排气量与进入发动机的新气量或总进气量(新气量加上再循环排气量)的质量比。

04.359 排气再循环冷却器 EGR cooler
将再循环排气的温度控制在一定范围内的冷却器。

04.360 排气再循环过滤器 EGR filter
防止再循环排气中的杂质，特别是固态物质进入进气系统的过滤器。

04.06 燃料供给系

04.361 柴油机燃油系统 diesel fuel system
用于储存、输送、加压喷射柴油及调节喷油量与喷油正时的所有设备组成的系统。它可分为低压输油系统和高压喷油系统。

04.362 汽油机电控燃油喷射系统 electronically controlled fuel injection system of gasoline engine
将汽油喷入发动机进气总管或缸盖进气道，或直接喷入气缸，而喷油量和喷油正时均由发动机管理系统控制的燃油喷射设备及附属输油设备的总称。

04.363 位置控制式电控燃油喷射系统 position based electronically controlled fuel injection system
将传统机械式燃油喷射系统的离心机械式调速器取消，改用电子调速器来实现调速功能的一种柴油喷射系统。

04.364 时间控制式燃油喷射系统 time based electronically controlled fuel injection system
又称"电控燃油喷射系统"、"电喷系统"。采用高速强力电磁阀通断高压电路的方法实现喷油开始时刻和喷油延续时间的控制(即喷油正时和喷油量的控制)的电控燃油喷射系统。

04.365 共轨式喷油系统 common-rail fuel injection system
经由一个被称为燃油轨的油压可控的高压蓄油腔向各个喷油器供油，喷油量和喷油起止时刻均由发动机管理系统控制的柴油喷射系统。

04.366 化油器式发动机燃油系统 fuel system of carburetor engine
由燃油箱、汽油泵、汽油滤清器、化油器和油

管组成的汽油供给系统。它不仅要供油，还要
使汽油雾化并与空气按合适的比例混合。

04.367　喷油泵　fuel injection pump
装有柱塞偶件，能使燃油加压后通过喷油器
喷孔以高压喷出的机械装置。

04.368　机械式喷油泵　mechanical fuel injection pump
又称"机械控制式喷油泵"、"传统喷油泵"。
以机械方法驱动泵油柱塞并且控制供油量
及供油开始时刻的喷油泵。

04.369　直列式喷油泵　in-line fuel injection pump
各泵油偶件轴线互相平行，且位于同一平面
内的合成式喷油泵。

04.370　合成式直列喷油泵　in-line fuel injection pump with camshaft
内有凸轮轴，有排成一列的多副泵油柱塞偶
件和多个出油口，每一柱塞偶件向一个气缸
的喷油器供油的喷油泵。

04.371　电控直列泵　electronically controlled in-line pump
在每一个出油口都装有喷射控制电磁阀的
直列式喷油泵。

04.372　V型喷油泵　V-type fuel injection pump
两列柱塞偶件的中心线平面相交成V形，并
共用一根内置凸轮轴的合成式喷油泵。

04.373　单缸喷油泵　single-cylinder fuel injection pump
又称"单体泵"。只有一副柱塞偶件和一个
出油口，向一个气缸的喷油器供油的喷油
泵。通常以凸缘固定在发动机机体上，而驱
动其柱塞的凸轮与发动机进排气凸轮同轴。

04.374　电控单体泵　electronically controlled unit pump
泵体上装有喷射控制电磁阀的单体泵。

04.375　多缸无凸轮轴式喷油泵　multi-cylinder camshaftless fuel injection pump
有排成一列的2~4副泵油柱塞偶件和相应数
目的出油口，但没有内置凸轮轴，需由发动
机凸轮轴驱动的喷油泵。

04.376　分配式喷油泵　distributor fuel injection pump
通过至少一个分配装置，向相应喷油器定时
定量地供油的喷油泵。

04.377　轴向柱塞式分配泵　axial-plunger distributor injection pump
又称"单柱塞式分配泵"。与端面凸轮盘连
成一体的轴向柱塞被驱动轴带动旋转，完成
向多缸轮流供油的分配泵。

04.378　径向柱塞式分配泵　radial-plunger distributor injection pump
又称"转子式分配泵(rotary distributor injection pump)"。转子里有一对或几个径向柱塞被
驱动轴带动，完成向各缸轮流供油的分配
泵。

04.379　电控分配泵　electronically controlled distributor pump
泵体上装有一个喷射控制电磁阀，用来承担
多个气缸的喷油定时和喷油量控制任务的
分配泵。它分为电控轴向柱塞分配泵和电控
径向柱塞分配泵两种。

04.380　端面法兰安装式喷油泵　end-flange-mounted fuel injection pump
以驱动端的一个垂直于其凸轮轴或驱动轴
的法兰(凸缘)固定在发动机气缸体端盖或
正时齿轮室壳上的合成式直列喷油泵或分
配式喷油泵。

04.381　弧形底安装式喷油泵　cradle-mounted fuel injection pump
安装在发动机机体上，而安装结合面为其底
部的两段以凸轮轴轴线为中心线的弧形表
面的合成式直列喷油泵或V型喷油泵。

04.382 平底安装式喷油泵 base-mounted fuel injection pump

安装在发动机机体上，而安装结合面为平行于凸轮轴轴线的底平面的合成式直列喷油泵或 V 型喷油泵。

04.383 喷油泵总成 injection pump assembly

合成式多缸喷油泵或分配式喷油泵与调速器、输油泵及其他辅助装置(如喷油提前器、最大油量限制器等)组装在一起的总成。

04.384 喷油泵体 injection pump housing

用来装入喷油泵所有零部件，且内有低压油进、出油道(低压油腔)的壳体。

04.385 柱塞偶件 plunger and barrel assembly，plunger matching parts

喷油泵中由柱塞和柱塞套筒组成的一对精密偶件。

04.386 滚轮挺柱组件 roller tappet

直列式喷油泵或单体喷油泵中，由挺柱体、销及内外双层滚轮组成，随着内置或外置凸轮的旋转而在泵体的导孔中往复运动并带动柱塞往复运动的组件。

04.387 柱塞回位弹簧 plunger return spring

使柱塞与挺柱、挺柱与凸轮始终保持接触，从而能正常往复运动的弹簧。

04.388 柱塞全行程 plunger stroke

由凸轮型线所决定的柱塞往复运动时两止点之间的距离。

04.389 柱塞预行程 plunger pre-stroke

柱塞由其下止点位置向上行至刚能遮闭套筒进出油孔的位置时所移动的距离。

04.390 预行程调整 pre-stroke adjustment

直列式喷油泵为使各柱塞预行程一致(几何供油正时一致)而在油泵试验台上进行的调整。

04.391 几何供油行程 geometric fuel delivery stroke

由柱塞刚遮住套筒进回油孔时(几何供油开始时刻)起到柱塞上的螺旋油槽刚与进回油孔相通时(几何供油终止时刻)止，柱塞移动的距离。

04.392 油量调节机构 delivery control mechanism

喷油泵中通过转动柱塞改变其几何供油行程，从而调节每循环供油量的机构。

04.393 油量调节齿杆 fuel control rack

又称"油量调节拉杆(fuel control rod)"。通过一个中介的油量调节套带动柱塞转动来调节油量的、由调速器或人力控制的有齿的(有槽的)杆件。

04.394 油量调节套 fuel control sleeve

套在柱塞套筒外面，上端安装的齿圈(或带有凸珠)与齿杆(或拉杆槽)啮合，下端开有长槽供柱塞下端的扁形法兰嵌入，因此能将齿杆(或拉杆)的移动转换为柱塞的转动来调节油量的零件。

04.395 供油均量调整 fuel delivery evenness adjustment

直列式喷油泵为使各缸供油量不均匀度不超出规定值而在油泵试验台上进行的调整。

04.396 最大油量限制器 maximum fuel stop

限制油量调节齿杆或拉杆的最大油量位置的装置。

04.397 出油阀偶件 delivery valve assembly

由出油阀和阀座组成的一对精密偶件。装在泵体内柱塞套筒上方，柱塞压油时，出油阀开启使泵室中燃油流向高压油管，泵室卸压时出油阀落座，切断泵室与高压油管的通路。

04.398 等容出油阀 constant-volume delivery valve

能在落座过程中使泵外高压油路容积有一定的扩大而压力迅速降低到残余压力水平

的出油阀。

04.399 等压出油阀 constant-pressure delivery valve

没有减压带，而有一个被单向球阀封闭的回油节流孔，从而使管内残余压力维持一定水平的出油阀。

04.400 阻尼出油阀 delivery valve with return-flow restriction

等容出油阀和一个带回油节流孔的阻尼阀串接而成的出油阀。它能延缓等容阀的落座时间和高压油管内压力下降速度，有助于避免二次喷油和出现气泡。

04.401 减容器 volume reducer

装在出油阀弹簧室内以减少喷油泵内有害高压容积的零件。

04.402 内凸轮环 cam ring

转子式分配泵中，其上有与发动机气缸数相同的几个成型凸起块，使转子中的径向柱塞产生往复运动的位置固定的环形带凸起的零件。

04.403 端面凸轮 cam disk

轴向柱塞式分配泵中与旋转的柱塞连成一体并具有同一轴线，而在其背向柱塞的端面沿外环均布着几个成型凸起块的盘形零件。

04.404 计量滑套 metering sleeve

在轴向柱塞式分配泵的柱塞上滑动，可改变泵室内高压油通过柱塞内油道泄油的时刻，从而改变供油终点而调节供油量的零件。

04.405 发动机调速器 engine speed governor

能在发动机负荷增减引起转速变化时自动增减每循环燃油供给量，从而使发动机转速变化不至于过大的装置。

04.406 离心机械式调速器 centrifugal mechanical governor

内有随轴旋转并承受调速弹簧力的飞锤或飞球，由于其离心力随转速变化而又应与调速弹簧力保持平衡，其质心位置就随转速变化并通过杠杆机构拉动喷油泵油量调节拉杆的调速器。

04.407 气动调速器 pneumatic governor

利用随转速变化的进气喉管内真空度（需在柴油机进气管内装一喉管）使得由气压力与弹簧力平衡关系所决定的气压室膜片位置发生变化，进而带动喷油泵油量调节齿杆的调速器。

04.408 单极式调速器 single-speed governor

只能从一个确定的转速开始起自动调节作用的调速器。

04.409 全程式调速器 all-speed governor, variable speed governor

可以从发动机外特性上任意一个转速开始起自动调节作用的调速器。

04.410 两极式调速器 maximum-minimum speed governor

只能从一个确定的最低转速和一个确定的最高转速开始自动调节供油量，而在中间转速范围内供油量全凭人力操纵其控制手柄位置来决定的机械式调速器。

04.411 电子/电气调速器 electronic/electric speed governor

由传感器、电子控制器和执行器组成，具有电子/电气控制功能的调速器。

04.412 电-液调速器 electrohydraulic speed governor

采用电子液压式执行器的电子调速器。其输出信号经过电子-液压转换元件进行功率放大后驱动喷油泵的油量调节机构。

04.413 电-气调速器 electropneumatic speed governor

采用电子-气压式执行器的电子调速器。其输出信号经过电子-气动元件进行功率放大后驱动喷油泵的油量调节机构。

04.414 调速率 speed governing rate
在调速器起调节作用的调速段内，其开始起作用时的发动机转速与发动机空转转速之差除以开始起作用转速而得到的百分比。若对开始起作用转速未予说明，则特指从标定功率工况转速开始调节时的调速率。

04.415 调速器控制手柄 speed governor control lever
又称"调速手柄"（对于全程式调速器而言）、"油门手柄"（对于两极式调速器而言）。由人力通过汽车加速踏板操纵其位置以改变调速器的开始起作用转速或开始起作用负荷的杆件。

04.416 调速器壳体 speed governor housing
用于安装调速器零部件，并固定于喷油泵的壳体。一般由前壳和后盖两部分组成。

04.417 飞锤 flyweight
离心机械式调速器中以其离心力与调速弹簧力相平衡的零件。

04.418 飞锤支架 flyweight cage
固定于油泵凸轮轴尾端并带着飞锤销和飞锤一起旋转的零件。

04.419 调速弹簧 speed governor spring
在机械式调速器中提供与飞锤离心力（支持力）相平衡的"恢复力"的弹簧。通常包括一个主要的弹簧和若干个附加弹簧。

04.420 起动弹簧 start spring
调速器中只在发动机起动转速范围内起作用的弹簧。

04.421 怠速弹簧 idle spring
（1）两极调速器中在低速范围内起作用的弹簧。（2）全程调速器中为提高发动机空载和小负荷工况的动态稳定性而附加的弹簧。

04.422 校正弹簧 torque control spring

调速器中为实现发动机外特性转矩校正而附加的弹簧。

04.423 转矩校正 torque control
为使柴油机的转矩外特性具有理想的形状而在调速器设计上采取校正措施，使其控制手柄处于最大油量位置（两极式调速器）或最大转速位置（全程式调速器）时，能在某些转速范围改变喷油泵油量调节齿杆的位置以影响供油量，从而影响转矩外特性曲线形状的校正。

04.424 转矩正校正 positive torque control
从最大功率转速或稍低的一个转速开始，随着转速降低使油量调节齿杆向加油方向移动的校正。

04.425 转矩负校正 negative torque control
为避免中低速范围外特性工况出现冒烟，随转矩降低使油量调节齿杆向减油方向移动的校正。

04.426 起动加浓装置 starting excess fuel device
为便于冷机起动，在机械调速器设计上采取措施，使起动转速范围内油量调节齿杆处于供油量比标定工况供油量更多位置的装置。

04.427 增压补偿器 boost compensator
根据增压压力改变对喷油量调节齿杆最大油量位置限制的装置。随着增压压力降低，增压补偿器将油量调节齿杆的最大油量限位向减油方向调整。

04.428 海拔高度补偿器 altitude compensator
根据发动机所处的海拔高度改变对油量调节齿杆最大油量位置限制的装置。随着海拔高度增加，将油量调节齿杆的最大油量限位向减油方向调整。

04.429 机械式喷油提前器 mechanical fuel injection timing advance device

随着发动机转速的升高改变喷油泵凸轮轴或驱动轴与发动机曲轴的相位关系，使喷油正时自动提前的离心机械装置。

04.430　液压式喷油提前器　hydraulic fuel injection timing advance device
分配式喷油泵中利用输油泵后燃油压力随转速升高而升高的特性改变喷油泵驱动轴与内凸轮环或与滚轮支架的相位关系，使喷油正时自动提前的装置。

04.431　喷油器　fuel injector
由喷油嘴和喷油器体组成的部件。由喷油泵经高压油管送来的燃油通过喷油嘴的喷孔喷入发动机气缸。

04.432　常规喷油器　conventional fuel injector
依靠燃油压力顶开针阀的喷油器。

04.433　电动喷油器　electric fuel injector
内有一个在发动机管理系统电子控制器发出喷油控制脉冲信号时通电的电磁线圈，靠电磁力吸起针阀而开启喷口的喷油器。

04.434　孔式电动喷油器　electric hole fuel injector
喷口是圆孔的电动喷油器。它分为单孔、双孔和多孔等类型。

04.435　轴针式电动喷油器　electric pintle fuel injector
针阀头部有一凸起深入喷孔中的电动喷油器。它不易堵塞。

04.436　片阀式电动喷油器　electric flat fuel injector
用一个片阀盖住喷口的电动喷油器。因片阀比针阀质量轻，它作为电磁衔铁的启闭响应快，故这种喷油器的动态流量范围大，应用广泛。

04.437　共轨式喷油器　common-rail fuel injector
进油来自高压油轨的电控喷油器。

04.438　电磁阀式喷油器　solenoid-valve-type fuel injector
采用电磁阀作为控制针阀启闭执行器的共轨系统的喷油器。

04.439　压电晶体式喷油器　piezo crystal fuel injector
利用压电晶体在受到外电场作用时会伸长的效应来执行控制的喷油器。

04.440　液压伺服压电晶体式喷油器　hydraulic servo piezo crystal fuel injector
压电晶体只起控制高压燃油和低压燃油间通断的作用，而喷油器针阀的启闭由上下承压面的压力差和针阀弹簧共同决定的一种压电晶体式喷油器。

04.441　直接驱动压电晶体式喷油器　direct drive piezo crystal fuel injector
压电晶体通过传递和放大环节直接与喷油器针阀连接的喷油器。压电晶体变形的大小决定针阀升程的大小，从而实现了针阀升程可调的喷射控制，其喷射响应更快。

04.442　调压弹簧上置式喷油器　upper-spring injector
调压弹簧位于喷油器体的上部，须经过一个顶杆才能压住针阀的喷油器。调压弹簧的安装预紧力可通过调压螺钉来调整。

04.443　调压弹簧下置式喷油器　lower-spring injector
调压弹簧直接压在针阀上的低惯量喷油器。弹簧的安装预紧力靠改变弹簧与喷油器体之间的垫片的厚度来调整。

04.444　双弹簧喷油器　two-spring injector
可使针阀升程分为两段，因此每循环喷油可分两段完成以降低噪声和氮氧化物（NO_x）排放的有两个调压弹簧的喷油器。

04.445　笔式喷油器　pencil injector
形如铅笔、针阀细长的低惯量喷油器。

04.446 法兰安装式喷油器 flange-mounted injector
喷油器体上有凸缘，借以紧固在气缸盖上的喷油器。

04.447 压板安装式喷油器 clamp-mounted injector
被压板压在气缸盖座孔中并靠压板定位固紧的喷油器。

04.448 螺套安装式喷油器 screw-mounted fuel injector
靠一个压紧螺套固紧于气缸盖中的喷油器。

04.449 PT 喷油器 PT fuel injector
有一个针阀柱塞，由发动机凸轮轴直接或经中间传动机构驱动，起加压和定时喷射的作用，喷油量决定于喷油器前的油压力和针阀柱塞移动中开启计量孔的时间的喷油器。

04.450 喷油器体 nozzle holder
用来装入喷油嘴及其他喷油器零件，并有燃油油道的零件。

04.451 调压弹簧 pressure adjusting spring
将针阀压紧在针阀体的阀座上，而其安装预紧力可以调整的弹簧。

04.452 喷油泵安装高度 fuel pump mounting height
从喷油嘴紧帽下端面到喷油器体上某一安装基准点的距离。该基准点由喷油器安装方式规定。

04.453 喷油器体外径 fuel injector shank diameter
喷油器装入缸盖的一段与装入孔的配合直径。

04.454 缝隙式滤清器 edge-type filter
又称"滤清针"。装在喷油器体进油道前端，利用其外圆与油道孔的配合间隙及油槽对高压燃油进行滤清的滤清器。

04.455 回油 back leakage，leak-off
通过针阀和针阀体之间的间隙泄漏的燃油。它经过连接在喷油器体上的回油管流回低压输油泵进口。

04.456 喷油嘴 injection nozzle
又称"针阀偶件"。由针阀和针阀体组成的一对精密配合偶件。针阀体内有油道，有与针阀研配的导向孔及锥形密封座面，座面下方有喷孔，针阀离座升起时燃油喷出。

04.457 轴针式喷油嘴 pintle nozzle
针阀头部有一个与针阀同一中心线的成型突起（轴针）伸入针阀体头部喷孔中的喷油嘴。

04.458 标准轴针式喷油嘴 standard pintle nozzle
重叠度小于 0.1 mm 的轴针式喷油嘴。

04.459 节流轴针式喷油嘴 throttling pintle nozzle
重叠度大于 0.3 mm 的轴针式喷油嘴。

04.460 分流轴针式喷油嘴 pintaux nozzle
又称"品陶式喷油嘴"。其中央主喷孔旁开有一个斜向小孔的轴针式喷油嘴。

04.461 孔式喷油嘴 hole-type nozzle
具有一个或多个喷孔，而针阀不影响喷孔面积的喷油嘴。它分为单孔喷油嘴和多孔喷油嘴。

04.462 无压力室喷油嘴 valve-needle-covered orifice nozzle
喷孔将针阀体的锥形座面钻穿，针阀落座时即将喷孔遮住的多孔式喷油嘴。

04.463 电控泵喷油嘴 electronically controlled nozzle
装有喷射控制电磁阀的泵喷嘴。

04.464 电控液压式泵喷油嘴 electronically controlled hydraulic nozzle

其柱塞在液力作用下使泵室中燃油压力升高而喷出，喷油正时和喷油量则由电子控制器通过电磁三通阀控制的泵喷嘴。

04.465　喷油嘴紧帽　nozzle retaining nut
将喷油嘴和可能有的垫块固紧在喷油器体上的紧帽。

04.466　喷孔夹角　angle between spray orifices
多孔喷嘴各喷孔中心线所在的一个锥面的锥顶角。一个多孔喷嘴有可能不只有一个喷孔夹角。

04.467　针阀升程　needle lift
由针阀离座到针阀上部台肩面碰到喷油泵体或垫块为止，针阀所移动的距离。

04.468　喷雾锥角　spray angle
又称"喷雾扩散角（spray dispersal angle）"。燃油从单个喷孔喷出后所形成的一束油雾在喷孔附近成近似的锥形，通过喷口边缘与该锥形油雾束相切的圆锥面的顶角。

04.469　雾化　atomization
在高压下高速喷出的液态燃油在高密度空气阻力作用下破碎成大量的细小油滴，散布于空气中成雾状的现象。

04.470　喷油器开启压力　fuel injector opening pressure
又称"启喷压力"。针阀离座升起时喷油嘴腔中的油压。

04.471　喷油压力　injection pressure
喷油过程中喷油嘴腔内的油压。

04.472　残余压力　residual pressure
在下一循环喷油泵开始供油之前，在出油阀室、高压油管、喷油器油道和油腔等高压容积内的燃油压力。

04.473　每循环喷油量　fuel injection quantity per cycle
每循环喷入气缸的燃油量。

04.474　喷油速率　fuel injection rate
每单位凸轮轴转角内喷出的燃油量。

04.475　喷油规律　law of injection
喷油率随凸轮轴转角变化的规律。

04.476　二次喷射　secondary injection
在一个工作循环中当针阀落座之后由于高压油管内压力波动而使针阀再次升起喷油的一种不正常现象。

04.477　气泡　cavity pocket
喷油过程中，由于管内每一处的压力决定于来自泵端和喷嘴两个方向的压力波的合成，并随时间变化，在某些条件下若某处出现压力过低，原来融入燃油的微量空气会析出，燃油本身也会气化，从而在高压油路某一局部出现的密集的泡。

04.478　输油泵　fuel supply pump
将燃油由油箱吸出，并经过滤清器不断输入喷油泵低压油腔的装置。它分为活塞式、齿轮式、滑片式等多种类型。

04.479　柴油滤清器　diesel fuel filter
滤除柴油中杂质的装置。它通常分为粗滤器和精滤器。

04.480　PT 燃油系统　PT fuel system
通过 PT 燃油泵改变流向喷油器的燃油流量，从而改变喷油器前油压力的燃油系统。

04.481　PT 燃油泵　PT fuel pump
由一个齿轮式输油泵和一个机械-液力复合式两极调速器组成的燃油泵。

04.482　位置传感器　fuel rack position sensor
用来反馈直列式及单体喷油泵油量调节齿杆位置或反馈分配式喷油泵油量调节零件（如计量滑套、油量控制阀）位置的传感器。

04.483　线性位置传感器　linear position sensor

用来检测线性位置的传感器。如电阻器、电磁式线性位置传感器等。

04.484 角度位置传感器 angular position sensor

用来检测角度位置的传感器。如薄膜电阻等。

04.485 电子/电气执行器 electronic/electric actuator

按照电子控制器的输出信号控制喷油泵调节机构（如齿杆、计量滑套、油量控制阀等）的执行器件。它分为电子电气式、电子液压式和电子气压式等类型。

04.486 线性位置执行器 linear position actuator

用来控制线性位置的电子/电气执行器。如线性电磁铁等。

04.487 角度位置执行器 angular position actuator

用来控制角度位置的电子/电气执行器。如步进电动机、直流电动机等。

04.488 喷射控制电磁阀 injection control solenoid valve

根据柴油机管理系统中电子控制器发出的喷油电脉冲信号而完成开关动作的高速强力电磁阀。

04.489 喷油脉宽 injection pulse width

管理系统中电子控制器发出的喷油电脉冲信号的延续时间。

04.490 电磁阀关闭响应时间 solenoid valve responsive time

从喷射控制电磁阀的线圈开始通电到电磁阀关闭溢流口所经过的时间。

04.491 高压供油泵 high-pressure supply pump

将来自输油泵的低压燃油送到高压的公共油轨的机械驱动泵。它分为活塞泵、齿轮泵

等多种类型。

04.492 燃油轨 fuel rail

共轨式喷油系统中处于高压供油泵和各喷油器之间的高压储油室。

04.493 压力控制阀 pressure control valve

装在高压供油泵内，由电子控制器指令控制，通过改变旁通回油量的多少来调节油轨内燃油压力的阀门。

04.494 进油流量控制阀 inlet flow control valve

装在共轨系统高压供油泵进油口，随着发动机负荷的变化相应地改变进入高压供油泵的燃油流量的阀门。

04.495 流量限制器 flow limiter

装在燃油轨通向各喷油器的各出油口处，用来防止燃油超量供给的装置。它还能在出现燃油大量泄漏的故障时自动停止供油。

04.496 燃油阻尼器 fuel damper

位于燃油轨和每一喷油器之间，用来减缓油管内燃油压力脉动的装置。

04.497 轨压限制器 rail pressure limiter

用来保证燃油轨中油压力不超过最大许用压力的安全阀。

04.498 高压油管部件 high-pressure fuel pipe assembly

由一根小孔厚壁钢管和套在管子两端的各一个管接螺母组成，且两个管端有与锥孔管座相配的成型端头，位于喷油泵出油口和喷油器进油口之间的连接油管。

04.499 化油器 carburetor

汽油在其中被吸出并与空气混合的装置。

04.500 化油器浮子室 carburetor float chamber, carburetor bowl

化油器的进油口由浮子机构控制，保持室内油面基本不变的储油室。

04.501　化油器空气道　carburetor air tunnel
化油器中设有喉管、节气门和阻风门的，供进入发动机的空气流过的通道。

04.502　化油器喉管　carburetor venturi，carburetor choke tube
化油器中口径收缩的一段，形状如文丘里管。空气流经此处时流速升高，压力降低，产生的真空度将汽油从浮子室吸出。

04.503　主油系　main fuel system
化油器中由浮子室到空气道的主要供油通道。其出油口设在喉管最窄处，油道中有控制供油量的主量孔、空气量孔等。

04.504　怠速油系　idle fuel system
化油器中只在怠速和小负荷时供油的油路。其出油口设在化油器空气道旁接近于丌度（怠速开度）最小的节气门边缘之处。

04.505　化油器阻风门　carburetor choke
设在化油器喉管前方的一个片状阀门。发动机起动时关闭此阀门，可提高喉管处的真空度，使主油系和怠速油系同时出油以加浓混合气，便利起动。

04.506　快动阻风门　quick-acting choke
在化油器式发动机起动后通过电动或机动方式迅速开启的阻风门。

04.507　阻风门开启器　choke opener
能随着暖机过程中排温的升高自动加大阻风门开度的装置。

04.508　节气门定位器　throttle positioner
使减速时化油器节气门最小开度大于节气门怠速开度（正常最小开度）的装置。

04.509　节气门缓冲装置　throttle buffering device
为避免化油器式发动机减速时混合气过浓而使节气门缓慢关闭的空气阻尼装置。

04.510　防继燃装置　anti-diesel device
一种在切断点火时切断化油器怠速油系的装置。

04.511　电控化油器　electronically controlled carburetor
用电子控制系统控制空燃比及起动加浓、加速加浓、减速减稀等补偿功能的化油器。

04.512　喷油正时　injection timing
又称"喷油提前角(injection advance angle)"。发动机工作循环中，开始喷入燃油的时刻。以该时刻到做功上止点时刻之间曲柄转过的角度来表示。

04.513　单点喷射　single-point injection
又称"节气门体喷射(throttle body injection)"。喷油器置于节气门体内，只用一个喷油器向进气总管中节气门前方喷油的喷射。

04.514　多点喷射　multipoint injection
每个气缸有一个喷油器向进气门外或直接向气缸内喷油的喷射。

04.515　同步喷射　synchronous injection
发动机所有工况均采用同步正时喷射，喷油时刻与发动机的曲轴转角有一定对应关系的喷射。

04.516　异步喷射　asynchronous injection
喷油时刻与曲轴转角无对应关系的喷射。它仅在发动机起动、加速和汽车起步时采用。

04.517　同时喷射　simultaneously injection
各喷油器在同一时刻向各缸进气道进行的喷射。控制算法简单，但发动机性能较差。

04.518　分组喷射　group injection
将喷油器分组，每组二三个喷油器同时进行的喷射。

04.519　顺序喷射　sequence injection
各喷油器按照各缸的发火顺序依次正时的喷射。

04.520　汽油泵　gasoline pump

将汽油从油箱吸出，经汽油滤清器送入化油器浮子室，或经汽油滤清器送入汽油喷射发动机各喷油器前的油轨(燃油总管)的输油泵。

04.521 膜片式燃油泵 diaphragm-type fuel pump
由发动机配气凸轮轴上的偏心轮驱动，靠橡胶膜片的反复上下拱曲而吸油、泵油的燃油泵。

04.522 电动燃油泵 electric fuel pump
由泵油组件、永磁电动机、卸压阀、残留压力单向阀等组成，靠电动机驱动的燃油泵。

04.523 外置式燃油泵 external fuel pump
置于油箱外面的电动燃油泵。

04.524 内置式燃油泵 built-in fuel pump
置于油箱内的电动燃油泵。

04.525 卸压阀 relief valve
当电动燃油泵输出油压超过限值时使燃油分流返回油箱的安全阀。

04.526 残留压力单向阀 residual pressure check valve
电动燃油泵停止工作后，使油路成为一个封闭体系，因此在油轨压力调节器的作用下能使油路保持一定的残留压力，以避免产生"气阻"和便于再次起动的单向阀。

04.527 油轨压力调节器 fuel rail pressure regulator
装在油轨下游端，使输油泵送来的多余燃油回流，并且能通过调节回油量的多少使油轨中的燃油压力随着进气歧管压力的增减而增减，从而保持喷孔内外压力差一定的装置。

04.528 电控电动汽油泵 electronically controlled electric fuel pump
接受汽油机管理系统电子控制器的控制信号而改变电动机工作电压，在大负荷工况以高速运转，中小负荷和怠速工况以低速运转，从而节能、降噪的电动汽油泵。

04.529 车用气瓶 cylinder for vehicle
安装在车辆上用于储存供给车辆自身使用的天然气或液化石油气，可反复充装的气瓶。

04.530 金属气瓶 metallic cylinder
完全由金属材料制成的气瓶。如钢瓶、铝瓶等。

04.531 复合材料气瓶 composite cylinder
由两种或两种以上材料制造的气瓶。

04.532 车用液化石油气气瓶 cylinder for LPG vehicle
安装在车辆上，用于储存供给车辆自身使用的液化石油气，可反复充装的气瓶。

04.533 车用压缩天然气气瓶 cylinder for CNG vehicle
安装在车辆上，用于储存供给车辆自身使用的压缩天然气，可反复充装的气瓶。

04.534 气瓶附件 cylinder accessory
为安全、控制和操作目的安装在气瓶口上的部件的总称。

04.535 气密盒 gas-tight housing
用于聚集气瓶附件可能泄漏出的气体，将这些泄漏气体导流到汽车外部，并排放至大气的液化石油气气瓶附件周围的封闭部件。

04.536 限量充装阀 filling limit valve
当液化气气瓶内的液体达到预定容积时，能自动停止充装的阀门。

04.537 带有过流阀的供给阀 supply valve with over flow valve
由电子控制器控制，向蒸发减压器供给或中断供给液化石油气并装有过流阀的阀门。

04.538 滤清器 filter
用来过滤液化石油气或天然气的部件。

04.539 燃料转换开关 fuel shift switch
两用燃料汽车中用来控制压缩天然气或液化石油气电磁阀和汽油电磁阀的通、断电，以切断一种燃料的供给而同时接通另一种燃料的供给的手动开关。

04.540　汽油电磁阀　gasoline solenoid valve
根据燃料转换开关的指令，控制汽油通路开、关的电磁阀。

04.541　液化石油气电磁阀　LPG solenoid valve
根据燃料转换开关的指令，控制液化石油气通路开、关的电磁阀。

04.542　压缩天然气电磁阀　CNG solenoid valve
根据燃料转换开关的指令，控制压缩天然气通路开、关的电磁阀。

04.543　压缩天然气管路　CNG fuel line
汽车上输送压缩天然气的所有管件及相关件的总称。

04.544　液化石油气管路　LPG fuel line
汽车上安装的、输送液化石油气的所有管件及相关件的总称。

04.545　液化石油气管路卸压阀　LPG-tube pressure relief valve
限制液化石油气管路中压力，使其不超过预设压力的阀门。

04.546　蒸发减压器　vaporizer pressure regulator
将蒸发器和减压器功能组合在一起，使液化石油气气化并将其压力降低到适合汽车发动机使用的低压范围的减压器。

04.547　压缩天然气减压器　CNG pressure regulator
将压缩天然气压力由储气瓶中的高压经过两、三级减压降到适合使用的低压的减压器。

04.548　混合器　mixer
经过减压的天然气或液化石油气与空气在其中混合而后一起进入发动机的部件。常用的有文丘里式混合器和比例调节式混合器。

04.549　气体燃料喷射器　gas fuel injector
将液态或已蒸发气化的液化石油气或压缩天然气喷入内燃机进气歧管内或内燃机气缸内的喷射器。

04.07　点　火　系

04.550　传统点火系统　conventional ignition system
由蓄电池、点火开关、点火线圈、带触点的断电器、配电器、火花塞等组成的点火系统。

04.551　半导体辅助点火系　semiconductor-assisted ignition system
以传统点火系为基础，在点火线圈的初级绕组和点火开关之间加一个晶体三极管，触点的打开只中断比初级绕组电路小得多的基极电流，而三极管随之切断初级电流的点火系。

04.552　无触点点火系　breakerless ignition system
采用点火信号发生器和点火控制器取代传统点火系分电器中的断电器执行适时通、断点火线圈初级电路的任务，没有断电触点的点火系。

04.553　电容放电式点火系　capacitor discharge ignition system
由一个电容器向点火线圈初级电路适时放电而使次级绕组感应出高压电的点火系统。

04.554　电子控制的点火系　electronically controlled ignition system
由电子控制器根据各种传感器发来的信息(转速、负荷、点火控制基准角、水温、爆震等)和控制器中预存的最佳点火正时图表

和算法及时令点火线圈初级绕组断电的点
火系统。

04.555 无分电器点火系 distributorless ignition system
每个火花塞配一个笔式点火线圈，因而完全
取消了分电器的电子控制的点火系统。

04.556 点火线圈 ignition coil
点火系统中能产生高压电的感应线圈。

04.557 分电器 ignition distributor
能使点火线圈初级电路适时通、断，并将点
火线圈产生的高压电按发动机各气缸发火
顺序分配给相应的火花塞的部件。

04.558 传统点火系统分电器 distributor of conventional ignition system
由曲轴经传动齿轮驱动，由断电器、配电器、
电容器及各种点火提前机构集成于一体的
分电器。

04.559 断电器 contact breaker
分电器中通过凸轮将串接在初级电路中的
一对白金触点分开，使点火线圈初级绕组电
路适时切断的装置。

04.560 分电器盖 distributor cap
由高绝缘性能材料制成的、带有若干高压插
座的盖子。其中央插座孔插入从点火线圈来
的高压导线，周边各插座孔插入与各缸火花
塞相连的高压导线。

04.561 分火头 distributor rotor
装在分电器轴端的上嵌铜片的绝缘旋转零
件。它每转一圈就使分电器中央插座孔中的
电极与各周边插座孔中的电极轮流接通一
次，向各火花塞依次传出高压电。

04.562 离心提前机构 centrifugal advance mechanism
又称"离心式点火提前装置"。分电器中根
据发动机转速自动地改变点火正时的机构。

04.563 真空提前机构 vacuum advance mechanism
又称"真空式点火提前装置"。分电器中根
据发动机负荷(节气门后真空度)自动地改
变点火正时的机构。

04.564 触点间隙 point gap
又称"白金间隙"。串接于点火线圈初级绕
组电路中的一对白金触点被断电凸轮分开
期间的最大间隙。

04.565 分电器电容器 capacitor of ignition distributor
与断电器的白金触点并联，用来吸收点火线
圈初级绕组断电时的自感能量，减小触点间
火花并加速初级电路衰减的电容器。

04.566 高压阻尼线 anti-interference ignition cable
为抑制火花对周围无线电设备的干扰而采
用的高阻抗的高压导线。

04.567 阻尼电阻 suppressor resistor
串接在点火线圈与火花塞之间以抑制火花
对周围无线电设备干扰的电阻。

04.568 火花塞 spark plug
中央电极接高压线圈的输出导线，侧电极接
地，两电极间的空气间隙能被高压电击穿而
产生火花的器件。

04.569 冷型火花塞 cold spark plug
绝缘体头部较短，受热面积较小而传热路径
较短的火花塞。

04.570 热型火花塞 hot spark plug
绝缘体头部较长，受热面积较大而传热路径
较长的火花塞。

04.571 火花间隙 spark air gap
火花塞中央电极与侧电极之间的空气隙。

04.572 点火线圈初级供电电压 primary supply voltage of ignition coil

在规定的条件下，点火线圈初级接线端的直流电压。

04.573　励磁时间间隔　energizing interval
又称"［触点］闭合角"。分电器白金触点在相邻两次断开之间的闭合时间，即点火线圈初级绕组充电的时间。它用曲轴或分电器轴的旋转角度来表示。

04.574　平均输入电流　average input current
在规定的条件下，用直流电流表测得的由蓄电池输入点火系统的电流。

04.575　断电电流　interruption current
点火线圈初级绕组断电时刻的电流。

04.576　断电触点电流　contact breaker current
在规定的条件下，触点断开瞬间流经断电触发装置的触点电流。

04.577　次级电压上升时间　secondary voltage rise time
在规定的条件下，次级电压从某一规定值上升到另一规定值所需的时间。

04.578　次级输出电压　secondary output voltage
在规定的条件下，点火线圈输出端可利用的电压。

04.579　次级有效电压　secondary available voltage
在规定的条件下，在火花塞接线处可以利用的电压。

04.580　火花塞需要电压　required spark plug voltage
又称"击穿电压"。在规定的条件下，为使火花塞电极间隙跳火所必须加在火花塞接线柱上的电压下限值。

04.581　点火电压储备　ignition voltage reserve
在规定的条件下，次级有效电压与火花塞需要电压之差。

04.582　火花持续时间　spark duration
在规定的条件下，火花跳越火花电极间隙的时间间隔，或电流流经火花电极间隙的时间间隔。

04.583　点火系统最低工作转速　minimum operating speed of ignition system
在规定的条件下点火系统正常工作的最低发动机转速。

04.584　最高连续发火转速　maximum continued sparking speed
在规定的条件下，标准三极针状放电器上能连续发火的分电器最高转速。

04.585　定时转子　timing rotor
无触点点火系采用磁脉冲式点火信号发生器时，装在分电器轴上的带有若干凸齿的起正时作用的转子。其凸齿数等于发动机气缸数。

04.586　点火正时　ignition timing
又称"点火提前角(ignition advance angle)"。点燃式发动机工作循环中火花塞开始点火的时刻。以该时刻到做功上止点时刻之间曲柄所转过的角度来表示。

04.587　一体化点火线圈-火花塞点火控制模块　coil-on-plug ignition module
无分电器点火系统的电子控制器中用来控制一体化点火线圈-火花塞的初级线圈开始充电时刻和断电时刻(点火正时)的模块。

04.08　冷却系和润滑系

04.588　水冷　water cooling
以水或水基冷却液(水中加防冻液和防腐蚀

剂)作为冷却介质的一种冷却方式。

04.589 气冷 air cooling
又称"风冷"。以空气作为冷却介质的一种
冷却方式。

04.590 循环冷却 circulative cooling
发动机加热的冷却水流过散热器,向空气散
热降温后再回到发动机水套循环使用的冷
却方式。

04.591 强制冷却 force-feed cooling
水泵使冷却水强制循环和用风扇强制空气
流过热机件周围或热交换器的冷却方式。

04.592 冷却系统 cooling system
与实现发动机冷却有关的所有零部件或环
节的总称。

04.593 机油冷却器 oil cooler
用于冷却润滑油的热交换器。

**04.594 水冷式机油冷却器 water-cooled oil
cooler**
将润滑油的热量传给冷却水的冷却器。

**04.595 风冷式机油冷却器 air-cooled oil
cooler**
将润滑油的热量传给空气的冷却器。

04.596 增压空气冷却器 charge air cooler
又称"中冷器(inter-cooler)"。用来冷却增
压器后方增压空气的热交换器。

**04.597 水冷式增压空气冷却器 water-
cooled charge air cooler**
利用发动机水散热器后的冷却水来冷却增
压空气的热交换器。

**04.598 风冷式增压空气冷却器 air-cooled
charge air cooler**
用空气作为冷却介质的增压空气冷却器。

04.599 水泵 water pump
把原动机的机械能变为液体能量从而达到

抽送液体目的的机械。

04.600 水泵壳 water pump housing
围住水泵叶轮并形成渐扩的出水通道的壳
体。

04.601 水泵叶轮 water pump impeller
作为水泵中将机械能转换成水能的主要部
件的装有叶片的轮子。

04.602 冷却水套 water jacket
气缸体和气缸盖中的冷却水流动空间。

04.603 散热器 radiator
俗称"冷却水箱"。由上、下或左、右两集
水箱和中间换热芯子组成的,冷却水与空气
的热交换器。

04.604 横流式散热器 cross-flow radiator
由左、右两侧集水箱和散热器芯子组成,冷
却水在散热器芯子中横向流动的高度较小
的散热器。

**04.605 散热器上水箱 radiator top tank,
radiator header**
位于散热器上部、有注水口和与气缸盖出水
口以水管相连的进水口的集水箱。

04.606 散热器下水箱 radiator bottom tank
位于散热器下部、出水口与水泵进水口以水
管相连的集水箱。

04.607 辅助水箱 additional tank
又称"膨胀水箱(expansion tank)"。装在冷
却水路最高处,有注水口并与散热器水箱相
通的一个透明塑料容器。当散热器中冷却水
随温度变化而胀缩时能由辅助水箱收纳或
补偿,从而减少溢出损失,还可消除气泡。

04.608 散热器芯子 radiator core
由许多薄黄铜水管和钎焊在管外的散热片
或散热带组成,空气在管间流过的散热器的
热交换部分。

04.609 散热器压力盖 radiator pressure cap

装在散热器注水口，内有一个靠弹簧力关闭注水口的阀门，可使冷却系维持较高压力从而提高水的沸点的盖子。

04.610　散热器风扇　radiator fan
置于散热器芯子正后方，由曲轴通过传动带驱动或由电动机驱动，能吸引空气加速流过散热器芯子以加强冷却水散热的风扇。

04.611　散热器百叶窗　radiator shutter
装在散热器前面，用来在水温过低时遮挡散热器芯子以减少冷空气流量的百叶窗。

04.612　电动风扇　electric fan
由直流永磁电动机驱动的风扇。通常将电动机和风扇组装在一起，并由电子控制器根据冷却水温控制电动机的起动和转速。

04.613　风冷发动机风扇　air-cooled engine fan
用来强制冷却风冷发动机各单体气缸及缸盖、机油冷却器和增压中冷器的风扇。

04.614　风扇离合器　fan clutch
能根据散热器冷却液温度的高低，使风扇处于被曲轴驱动或不被驱动状态的离合器。它分为机械式、电磁式和硅油式等多种类型。

04.615　风扇罩　fan shroud
散热器与风扇间的冷却空气导流罩。

04.616　节温器　thermostat
根据冷却水温度的高低自动开闭从而调节进入散热器的水量，改变水的循环范围，以调节冷却系的散热能力，保证发动机在合适的温度范围内工作的装置。

04.617　电控节温器　electronically controlled thermostat
由电子控制器根据发动机工况和冷却水温度，通过加热电阻对节温器的石蜡芯子加热以控制冷却水流通路的节温器。

04.618　导风罩　cooling airduct
用来构成气流通道，引导冷却气流沿着最有效的途径流过需要冷却的发动机机件和各种热交换器的薄壳组件。

04.619　散热片　cooling fin
俗称"肋片"。风冷发动机各单体气缸和缸盖上为扩大换热表面而做出来的成排片状突起。

04.620　润滑系统　lubrication system
由机油泵、滤清器、机体中的润滑油道、各种限压阀和旁通阀等组成，将润滑油不断供给发动机各摩擦副表面的整个润滑油供应系统。

04.621　强制润滑　forced feed lubrication
又称"压力润滑（pressurized lubrication）"。由一个或几个机油泵将润滑油送达摩擦副表面的润滑方式。

04.622　非压力润滑　non-pressurized lubrication
不是靠泵压提供润滑油，而是靠飞溅、滴油或油雾使机油附着于摩擦副表面的润滑方式。

04.623　飞溅润滑　splash lubrication
依靠被发动机运动件飞溅出来的润滑油进行的润滑方式。

04.624　辅助润滑　supplementary lubrication
任何增加润滑油供给量，以辅助方式润滑发动机零件的润滑方式。

04.625　主油道　main oil gallery
能将滤清的润滑油分流到曲柄连杆机构各轴承、凸轮轴各轴承、气门驱动机构和传动机构各润滑部位的发动机气缸体内的纵向总油道。

04.626　机油泵　lubricating oil pump
将润滑油由油底壳强行输送到发动机各润滑部位的泵。它分为齿轮泵、内齿轮泵、转子泵等类型。

04.627 机油集滤器 lubricating oil suction strainer
接在机油泵吸油管进口处并置于油底壳油面以下的过滤器。

04.628 机油滤清器 lubricating oil filter
用来滤除润滑油中机械杂质的部件。

04.629 单级机油滤清器 single-stage lubricating oil filter
只有一个滤芯的机油滤清器。它分为粗滤器和细滤（精滤）器。

04.630 二级机油滤清器 two-stage lubricating oil filter
由粗、细两种滤芯进行串联滤清的复合机油滤清器。

04.631 离心式机油滤清器 centrifugal oil filter
利用离心力分离杂质的细滤器。

04.632 全流式机油滤清器 full-flow lubricating oil filter
机油泵送出的润滑油全部经其滤清后进入发动机主油道的机油滤清器。

04.633 分流式机油滤清器 bypass lubricating oil filter
只滤清机油泵送出润滑油的一小部分，且经其滤清后的润滑油不进入发动机主油道而流回油底壳的机油滤清器。

04.634 旋装式机油滤清器 spin-on cartridge lubricating oil filter
由外壳、滤芯、旁通元件和止回阀等组成，直接旋装在机体上的可整体更换的滤清器。

04.635 滤清器外壳 filter housing
内装滤芯或滤芯总成的滤清器壳体。

04.636 滤清器座 filter base
用以封闭滤清器壳体和夹住滤芯，并固定在机体上的零件。

04.637 滤芯总成 filter element assembly
由滤芯及其支承件构成的组合件。

04.638 机油滤清器转子 oil filter rotor
俗称"转鼓"。离心式机油滤清器中靠喷出油流的反作用力高速旋转从而能甩出杂质的零件。

04.639 机油安全阀 oil relief valve
装在机油泵上，防止润滑系统机油压力超过预定值的安全阀门。

04.640 机油调压阀 oil pressure regulating valve
将发动机主油道进口和离心式滤清器进口的油压限制在各自的预定值的阀门。

04.641 旁通阀 bypass valve
与单级粗滤器或复合式滤清器并联，当滤芯堵塞时使润滑油绕过滤清器直接进主油道的阀门。

04.642 润滑器 lubricator
定时将一定量的润滑油供给发动机特定零件的装置。

04.643 油面指示器 oil level indicator
指示润滑油液面的元器件或装置。

04.644 油标尺 dipstick
用以检查油底壳中的润滑油量（油面），插在机体或油底壳导孔中的带刻度的尺。

04.09 发动机排放

04.645 排放污染物 emission pollutant
汽车排放物中污染环境的各种物质。它主要包括一氧化碳、碳氢化合物、氮氧化物、微粒等。

04.646　排气排放物　exhaust emission
俗称"尾气"。从汽车或发动机排气管排出的气态、液态和固态物质。

04.647　蒸发排放物　evaporative emission
从车辆的燃油系统各部件通风处排放到大气中的燃油蒸气,以及整车涂料、橡胶件和塑料件的碳氢化合物蒸发物。

04.648　曲轴箱排放物　crankcase emission
从曲轴箱通气孔或润滑系的开口处排放到大气中的物质。

04.649　加油排放物　refueling emission
汽车加油过程中产生的碳氢排放物。它包括从燃油箱中被置换的燃油蒸气、蒸气带出的油滴、溢出的燃油和加油枪进出加油口时加油枪上的油滴等。

04.650　氮氧化物　nitrogen oxide,NO$_x$
排气排放物中一氧化氮(NO)和二氧化氮(NO$_2$)的总和。

04.651　一氧化碳　carbon monoxide,CO
燃料中的碳在不完全燃烧时所产生的一种无色、无臭、有毒、分子式为CO的气体。

04.652　碳氢化合物　hydrocarbon,HC
仅由碳和氢两种元素形成的化合物的总称。

04.653　总碳氢　total hydrocarbon,THC
排气排放物中各种碳氢化合物的总和。

04.654　甲烷　methane
分子式为CH$_4$的碳氢化合物。

04.655　非甲烷有机气体　non-methane organic gas
汽车排放物中除甲烷外的所有气体碳氢化合物及其氧化物。

04.656　非甲烷碳氢化合物　non-methane hydrocarbon
排气排放物中除甲烷以外的所有有机碳

化合物。

04.657　光化学活性碳氢化合物　photochemically reactive hydrocarbon
散布在大气中具有光化学活性的碳氢化合物。它是形成光化学烟雾的主要物质之一。

04.658　光化学烟雾　photochemical smog
碳氢化合物和氮氧化物在太阳光紫外线照射及低温条件下,发生光化学反应所产生的烟雾状物。它刺激人们的眼睛、鼻腔和咽喉,损害农作物。

04.659　挥发性有机化合物　volatile organic compound
碳氢化合物中易蒸发的部分。

04.660　颗粒物　particulate matter,PM
排气中各种固体或液体颗粒的总称。通常包括铅氧化物等重金属化合物、硫酸盐、有机物、烟灰和碳颗粒等。

04.661　悬浮颗粒　aerosol
悬浮在排气中,细微分散的非凝结液体和固体。

04.662　柴油机颗粒　diesel particulate
柴油机排放物测定中,在涂有碳氟化合物的玻璃纤维滤纸或以碳氟化合物为基体的薄膜滤纸上收集到的具有不同成分的颗粒物质。

04.663　颗粒总质量　total particulate mass
根据滤纸上收集到的所有物质的质量计算出来的颗粒排放量。

04.664　残留碳颗粒　residual carbon particulate
滤纸上收集到的颗粒总质量减去总有机物、硫酸盐和水的质量而得到的颗粒质量。它可能包含少量硫和微量金属。

04.665　可溶萃取成分　solvent extractable fraction
滤纸上收集到的颗粒排放物中可被各种溶剂萃取的物质。它既包括有机物也包括被溶剂萃取的无机物。

04.666　可溶性有机物成分 soluble organic fraction
滤纸上收集到的颗粒排放物的可溶萃取成分中能被二氯甲基物萃取的物质。

04.667　总有机物被萃取成分 total organic extract fraction
滤纸上收集到的颗粒排放物中能被甲苯/乙醇(32/68(w/w))混合溶剂萃取的部分。

04.668　硫酸盐 sulfate
金属元素阳离子和硫酸根相化合而成的盐类。它是排放颗粒中可萃取的主要无机物，由水/异丙醇(60/40(w/w))溶剂萃取。

04.669　苯并芘 benzopyrene
由三个或多个稠环组成的、具有较大分子量的芳香烃。常在燃烧过程中形成，并以碳烟颗粒组分排出，是一种很强的人体致癌物。

04.670　结合水 combined water
水与硫酸以及排放颗粒总质量中亲水性金属盐酸盐的化学组合。

04.671　柴油机排烟 diesel smoke
悬浮在柴油机排气流中能反射、折射和散射光线并使光线变暗的微粒和雾状物。

04.672　黑烟 black smoke
主要由燃烧过程中生成的尺寸通常小于1μm 的碳颗粒所组成的一种柴油机黑色排烟。

04.673　蓝烟 blue smoke
由未完全燃烧的尺寸一般小于 0.4 μm 的燃油和润滑油微滴所组成的一种柴油机蓝色排烟。

04.674　白烟 white smoke
由凝结的尺寸一般大于 1μm 的水蒸气和液体燃油微滴所组成的一种柴油机白色排烟。

04.675　碳烟 soot
排气中由燃烧产生的、能使滤纸变黑的所有固体颗粒。

04.676　二氧化硫 sulfur dioxide，SO_2
燃料中的硫燃烧后生成的分子式为 SO_2 的无色、有强烈刺激性气味的气体。

04.677　二氧化碳 carbon dioxide，CO_2
燃料中的碳完全燃烧后生成的分子式为 CO_2 的无色气体。它是造成全球温室效应的主要成分。

04.678　氯氟化碳 chlorofluorocarbon，CFC
一种化学性质稳定的，用于电冰箱、空调机、冷冻机等制冷装置的制冷剂。它会造成高空臭氧层的破坏。

04.679　臭味 odor
柴油机排气散发出的特殊刺激性气味。臭味强度和性质与燃料种类、燃烧中间产物及运转工况有关。

04.680　排放系数 emission factor
又称"排放因子"。某种排放物在排放源的排放量中所占的比例。

04.681　排放指数 emission index
燃烧每单位质量燃料所排出的污染物的质量。

04.682　质量排放量 mass emission
单位时间、每公里或每次试验期内排放出的污染物的质量。

04.683　比排放量 specific emission
发动机每单位有效功率所排放的污染物质量。

04.684　净化 purifying
使排气排放物中的污染物减少的过程。

04.685　净化率 purifying rate
安装排气净化装置后，某种排放物浓度或排放量相对于安装前排放物浓度或排放量降低的百分比。

04.686　排气后处理装置　exhaust aftertreatment device
俗称"排气净化装置"。安装在发动机排气系统中，能通过各种理化作用来降低排气中污染物排放量的装置。

04.687　催化转化器　catalytic converter, catalyst converter
主要由壳体、催化剂载体和催化剂等组成，采用催化剂促使排气中碳氢化合物、一氧化碳氧化和(或)氮氧化物还原的装置。

04.688　单床式转化器　single-bed converter
容器中只装一个催化床的催化转化器。

04.689　双床式转化器　dual-bed converter
还原或三效催化床和氧化催化床分别装在各自容器内，排气经过还原或三效催化床流入氧化催化床，在氧化催化床的前方设有供给二次空气装置的催化转化器。

04.690　原装催化转化器　originally equipped catalytic converter
进行车辆型式认证时所装的催化转化器或催化转化器总成。

04.691　替代用催化转化器　replacement catalytic converter
经过认证可以替代原装催化转化器的催化转化器或催化转化器总成。

04.692　双床催化系统　dual-catalyst system
又称"双重催化系统"。一种使用氧化和还原两种催化床，以降低发动机排气中碳氢化合物(HC)、一氧化碳(CO)、氮氧化物(NO$_x$)污染物的系统。这两种催化床可封装在一起或放置在两个单独的容器内。

04.693　催化剂　catalyst
加速化学反应，但本身并不参与化学反应的物质。

04.694　氧化型催化剂　oxidation catalyst
加速碳氢化合物和一氧化碳氧化为水蒸气和二氧化碳的催化剂。

04.695　还原型催化剂　reduction catalyst
加速氮氧化物与一氧化碳、游离氢或碳氢化合物起还原反应的催化剂。化学反应的理想生成物为氮气、二氧化碳和水。

04.696　三效催化剂　three-way catalyst
既能促使碳氢化合物和一氧化碳氧化，又能促使氮氧化物还原的催化剂。在发动机空燃比接近理论空燃比时催化转化效果最佳。

04.697　贵金属催化剂　noble metal catalyst
活性催化材料由铂、钯、铑或钌等贵金属组成的催化剂。

04.698　普通金属催化剂　base metal catalyst
活性催化材料由诸如铜或铬等一种或多种非贵金属组成的催化剂。

04.699　稀土催化剂　rare earth catalyst
活性催化材料由诸如镧或铈等稀土元素组成的催化剂。

04.700　催化剂中毒　catalyst poisoning
铅、磷或硫等有害物质进入催化转化器，削弱或消除了催化剂对排气污染物的催化转化能力，使转化效率降低的现象。

04.701　催化剂老化　catalyst aging
随着使用时间的加长，催化剂效能衰退的现象。

04.702　氮氧化物选择催化还原　nitrogen oxide selective catalytic reduction
向稀燃富氧排气中喷射尿素、氨气或燃油等还原剂，利用合适的催化剂，促进氮氧化物(NO$_x$)与还原剂有选择地进行还原反应，转化为无害的氮气(N$_2$)和水(H$_2$O)的一种氮氧化物(NO$_x$)后处理技术。

04.703　稀燃氮氧化物吸附还原　lean NO$_x$ trap

基于发动机周期性进行稀混合气和浓混合气交替工作的一种氮氧化物(NO$_x$)后处理技术。

04.704　三效催化剂高效窗口　high efficiency window of three-way catalyst
三效催化剂对一氧化碳(CO)、总碳氢化合物(THC)和氮氧化物(NO$_x$)的转化效率都很高的一段发动机空燃比范围。大体上在理论空燃比附近。

04.705　空速　space velocity
在规定的条件下,单位时间、单位体积催化剂处理的气体量。它等于将标准压力和温度(100 kPa 和 25℃)状态下测得的排气流量(单位为 m^3/s)除以催化器体积(单位为 m^3)所得的值。

04.706　载体　substrate
由无催化作用的热稳定材料组成,用于黏结、镶嵌催化剂活性材料的催化器组成部分。

04.707　整体式载体　monolithic substrate
一种通常为蜂窝状结构的用堇青石制成的催化剂载体。由催化器进口端进入的排气,只能进入载体中占半数的出口端被封闭的通道,然后横向透过通道壁转入相邻的进口端被封闭而出口端敞开的通道才能流出催化器。

04.708　颗粒状载体　pelleted substrate
一种由诸如卵石、念珠、小圆柱或小圆球等形状的颗粒组成的催化剂载体。

04.709　载体涂层　washcoat
为增加催化剂涂覆表面积而加在载体上的材料。

04.710　转化效率　conversion efficiency
在催化剂作用下,某一有害排气成分发生化学反应,转化为无害成分的百分率。

04.711　起燃温度　light-off temperature
转化器转化效率达到 50%时催化入口处的气体温度。

04.712　电加热催化器　electrically heated catalyst
冷机起动时为使催化器入口处排气温度快速达到起燃温度而用电进行加热的催化器。

04.713　后燃器　after burner
装有喷油、供气和点火机构,为净化排气而在排气管中再次燃烧排气中的碳氢化合物和一氧化碳的装置。

04.714　热反应器　thermal reactor
又称"反应式排气歧管(reactive exhaust manifold)"。一种容积加大的、内有可使排气转折几次才能流出的套管、有隔热层的、可减少一氧化碳(CO)和碳氢化合物(HC)排放量的汽油机排气歧管。

04.715　二次空气喷射装置　secondary air injection device
为了提高排气热反应器或氧化催化器对一氧化碳(CO)和碳氢化合物(HC)的净化效率而在其前方排气歧管中喷入二次空气的整套装置。

04.716　颗粒捕集器　particulate trap
又称"颗粒过滤器"。收集柴油机排气中颗粒物的装置。

04.717　整体式柴油机颗粒捕集器　monolithic diesel particulate filter
挤压成型、通道孔径较粗、壁厚较大的蜂窝状陶瓷柴油机颗粒捕集器。

04.718　网式捕集器　mesh filter
使排气流经金属纤维编织物或陶瓷纤维编织物的曲折通道的捕集器。

04.719　催化捕集器　catalytic trap
利用催化剂和排气余热加速化学反应来进行连续再生的、捕集和氧化排气中颗粒的捕集器。

04.720 油气分离器 fuel and vapor separator
装在燃油箱和炭罐之间，用以防止液体燃油进入炭罐的一种捕集器。

04.721 捕集器氧化装置 trap oxidizer
为了防止捕集器堵塞，在一定条件下重新燃烧捕集器捕集到的颗粒物的装置。

04.722 再生 regeneration
将沉积的柴油机排放颗粒物烧掉，使捕集器清洁的过程。

04.723 捕集氧化系统 trap oxidation system
由柴油机颗粒捕集器和氧化其中沉积颗粒的装置所组成的系统。

04.724 捕集器再生循环 trap regeneration cycle
带捕集器再生装置的柴油机颗粒捕集器所用的再生循环。

04.725 再生触发信号 trigger to regeneration
来自排气背压、发动机总转数或行驶里程的起动再生过程的信号。

04.726 再生间隔期 regeneration interval
柴油机颗粒捕集器从本次再生开始到下次再生开始的间隔时间。

04.727 连续再生装置 continuous regeneration device
在发动机运行时不断将捕集到的颗粒物烧去的颗粒采集装置。

04.728 周期性再生捕集氧化装置 periodical regeneration trap oxidizer
采用诸如加热器、燃烧器等外部热源或通过临时调整发动机，使排气温度提高到足以点燃沉积颗粒的装置。

04.729 再生失控 regeneration runaway
柴油机排放颗粒迅速氧化，造成温度失控升高，使捕集器损坏的现象。

04.730 捕集器旁通阀 trap bypass valve
在捕集器再生过程中将排气转到另一收集器或排至大气的阀门。

04.731 吹除 blow-off
利用气流或背压去除捕集器内的颗粒物的过程。

04.732 曲轴箱排放物控制系统 crankcase emission control system
将漏入曲轴箱的气体排出或送入发动机进气系统的通风系统。可包括或不包括调节流量的装置。

04.733 蒸发排放物控制系统 evaporative emission control system
由电子控制器控制的、能在停车时收集燃油蒸发排放物而在发动机工作时将燃油蒸发排放物放回进气管的所有相关部件构成的系统。

04.734 炭罐储存装置 carbon canister storage device
利用炭罐中的活性炭吸附停车时来自燃油箱和（或）化油器的蒸发排放物的蒸发控制系统的主要装置。

04.735 炭罐 carbon canister
炭罐储存装置中用来储存活性炭的容器。

04.736 炭罐通气阀 carbon canister vent valve
为了监控蒸发系统的泄漏，设在炭罐通大气口的阀门。

04.737 清除阀 purge valve
蒸发排放物控制系统中用以将炭罐吸附的碳氢化合物释放到发动机的进气系统中的阀门。

04.738 蒸发系统泄漏监控器 evaporative system leak monitor
蒸发排放物控制系统中对泄漏进行自诊断检验的装置。

04.739 蒸发物控制阀 evaporant control valve

在加油和非加油期间控制燃油箱的蒸气通向蒸气储存装置的阀门。

04.740 燃油箱正常蒸气通风道 tank normal vapor vent

燃油箱与蒸气储存装置之间的，在非加油期间打开、在加油期间关闭的蒸气通风道。

04.741 燃油箱加油蒸气通风道 tank refueling vapor vent

燃油箱与蒸气储存装置之间只在加油期间打开的蒸气通风道。

04.742 不分光红外线分析仪 nondispersive infrared analyzer

一种利用气体对红外线吸收特性的响应而选择性测量排气中某一特定组分的仪器。它主要供型式认证和开发时测定一氧化碳和二氧化碳使用。

04.743 样气室 sample cell

不分光红外线分析仪的组成部分，用以充入待分析气样。

04.744 组合气室 stacked cell

由几个样气室叠置而成，用于对特定排气成分进行多量程测定的空间。

04.745 参比室 reference cell

其中充入空气或氮气，为检测提供参比信号的不分光红外线分析仪的组成部分。

04.746 滤光室 filter cell

内部充有特种气体，以减少干扰信号的不分光红外线分析仪的组成部分。

04.747 检测器 detector

不分光红外线分析仪内对某一排气组分做出响应的元器件。

04.748 氢火焰离子化检测器分析仪 flame ionization detector analyzer

在氢-空气火焰中通入样气，产生的离子电流信号与每单位时间进入火焰的碳氢化合物的碳质量流量成正比，通过测量此电流来确定碳氢化合物浓度的分析仪。

04.749 加热式氢火焰离子化检测器分析仪 heated flame ionization detector analyzer

为了防止水分或碳氢化合物在取样系统内凝结或吸附，而对检测器和检测器前的取样系统进行加热的氢火焰离子化检测器分析仪。

04.750 总碳氢分析仪 total hydrocarbon analyzer

测定样气中碳氢化合物总量的分析仪。

04.751 气相色谱仪 gas chromatograph

用于分离和检测复杂混合气中各种气体的仪器。

04.752 化学发光检测器分析仪 chemiluminescent detector analyzer

利用被分析成分中一氧化氮和臭氧反应时产生的激发态二氧化氮转变到稳态时会发光而且发光强度与氮氧化物（NO_x）浓度成正比的原理制成的分析仪。

04.753 催化燃烧分析仪 catalytic combustion analyzer

对样气中的一氧化碳等气体进行催化氧化时所产生的反应热进行电测定，以求出排放物浓度的分析仪。

04.754 百万分率碳 parts per million carbon

以甲烷为换算基础测定的碳氢化合物的摩尔数乘以 10^{-6}。

04.755 [分析]干扰 analysis interference, interference

因存在非检测组分而使分析仪器产生的一种错误响应。

04.756 拖尾 hang-up, tailing

样品各组分(主要为高分子量的碳氢化合物)在取样系统表面的吸附和脱附作用所造成的分析仪响应滞后会使检测器开始时的浓度读数偏低,而在随后的试验中又使计数偏高的现象。

04.757 零气 zero gas
一种用以确定分析仪响应曲线零点的纯净气体。如氮气或纯空气。

04.758 零点气 zero grade air
所含以甲烷为换算基础的碳氢化合物少于 1×10^{-6}、一氧化碳少于 1×10^{-6}、二氧化碳少于 400×10^{-6} 和一氧化氮少于 0.1×10^{-6} 的空气。

04.759 标定气 calibration gas
用以确定某一组分的仪器响应值的一种已知该组分浓度的混合气。通常与其他不同浓度的同类标定气一起使用,以定出分析仪的响应曲线。

04.760 量距气 span gas
一种已知浓度的、用于日常校正分析仪的校正气。

04.761 分辨率 resolution
使仪器输出产生明显变化而需要的最小输入浓度。

04.762 烟度计 smokemeter
测定柴油机排烟浓度的仪器。有消光式和滤纸式两种。

04.763 全流式烟度计 full-flow smokemeter
发动机所有气缸或部分气缸排出的全部排气均通过测量部位的烟度计。

04.764 部分流式烟度计 partial-flow smokemeter
发动机所有气缸或部分气缸排出的排气流中具有代表性的一部分通过测量部位的烟度计。

04.765 全流管端式烟度计 full-flow end-of-line smokemeter
测量尾管端全部排气柱的不透光度的烟度计。

04.766 光学式烟度计 optical smokemeter
使用光学手段直接测定排烟特性的烟度计。

04.767 消光烟度计 smoke opacimeter
又称"不透光烟度计"。测定柴油机排气光吸收系数的仪器。

04.768 滤纸式烟度计 filter-type smokemeter
用一适当装置将一定量的排气通过一张一定规格的白色滤纸,根据滤纸的染黑程度,用光学手段评定其染黑度的适于测量黑烟的烟度计。

04.769 烟度照相测量 photographic smoke measurement
一种依靠仪器或目测,将烟柱的摄影图像与规定的黑度或消光度的标样进行比较,以确定原烟柱消光度的测量技术。

04.770 比尔-朗伯定律 Beer-Lambert law
为测量柴油机烟度而使用的、通过烟柱的光通道长度与每单位光通道长度烟柱的消光度之间的近似关系式。

04.771 消光度 opacity
又称"不透光度"。经遮挡未能到达观察者或仪器受光元器件的光线分量。

04.772 透射比 transmittance
透过充满烟气通道的光能与透过同一通道但无烟气存在的光能之百分比。

04.773 取样 sampling
采集有代表性的样物以供分析使用的过程。取样可非连续、连续或按比例进行。

04.774 全流取样法 full-flow sampling
全部排气流过测定仪器的取样方法。此方法

最能反映排气的实际状况。

04.775　部分流取样法　partial-flow sampling
从排气中取出一定量的样气流过测定仪器的取样方法。所测定的样气必须反映全部排气的状态。

04.776　比例取样　proportional sampling
根据气流流量按一定比例采集样气的取样方法。

04.777　变比率取样　variable rate sampling
从每个试验工况的总排气流中抽取一定比例（如 1/1000）的排气气样，但在分析其摩尔组成时要与全试验循环的平均流量相比进行加权的取样方法。

04.778　连续取样法　continuous sampling
又称"动态取样法（dynamic sampling）"。一种连续抽取部分排气并将其泵入分析系统的取样方法。

04.779　定容取样器　constant-volume sam-pler
用变量的稀释空气稀释全部排气流，使稀释排气的总体积流量（在恒定温度下）在试验中保持不变并为已知值的取样器。

04.780　取样袋　sampling bag
定容取样器法和全袋取样法中由不吸附材料制成的用以收集样气或环境空气的袋子。

04.781　取样探头　sampling probe
插入发动机或汽车排气流中，用来获得具有代表性的气体或颗粒样品的取样管道的最前一部分。

04.782　稀释空气　dilution air
用来稀释汽车发动机排气的外界空气。它通过滤清器以稳定背景气体中碳氢化合物的浓度。

04.783　稀释通道　dilution tunnel
一种用空气稀释并混合发动机排气的装置。

04.784　再生排放试验　regeneration emission test
包括柴油机颗粒捕集器再生过程的整个排放试验。

04.785　无再生排放试验　non-regeneration emission test
不包括柴油机颗粒捕集器再生过程的整个排放试验。

04.786　排放物校正方法　emission correction method
将再生排放试验结果与不再生排放试验结果进行加权计算的一种排气排放物计算方法。

04.787　试验燃料　test fuel
用于某一规定试验并具有该试验所要求的特定化学和物理性质的燃料。

04.10　发动机管理系统

04.788　发动机管理系统　engine manage-ment system
由传感器、电子控制器、执行器以及连接这三部分的线束组成，对发动机的进气、增压、供油、点火、冷却、排气再循环等各方面进行管理（控制），使发动机的动力性、经济性及排放情况处于综合最优状态的发动机电子控制系统。

04.789　传感器　sensor
感知并向电子控制器提供发动机工作状况和汽车行驶状况信息的器件。

04.790　曲轴位置传感器　crankshaft position sensor
又称"曲轴转速与位置传感器"。能给出曲轴一转中的转角分度信号（如从某缸上止点起每隔 6°曲轴转角产生一个电压脉冲信号）

的传感器。

04.791 磁电式曲轴位置传感器 magnetic crankshaft position sensor

基于磁电感应原理的曲轴位置传感器。

04.792 霍尔式曲轴位置传感器 Hall crankshaft position sensor

利用霍尔效应的曲轴位置传感器。

04.793 凸轮轴位置传感器 camshaft position sensor

能给出发动机配气凸轮轴转到了某一特定位置(如第1缸压缩上止点前某度转角)的信号的传感器。

04.794 加速踏板位置传感器 accelerator pedal position sensor

感知加速踏板行程的传感器。它通常采用电位器(即可变电阻)将踏板行程变为电压信号传给电子控制器。

04.795 节气门位置传感器 throttle position sensor

感知节气门开度的传感器。它通常采用可变电阻将开度转变为电压信号。

04.796 进气歧管绝对压力传感器 intake manifold absolute pressure sensor

感知汽油机进气歧管中绝对压力的传感器。一般为半导体压敏电阻式传感器。

04.797 冷却液温度传感器 coolant temperature sensor

感知冷却水温度的传感器。它通常采用热敏电阻作为检测元件。

04.798 进气温度传感器 intake air temperature sensor

感知进气温度的传感器。通常采用热敏电阻作为检测元件。

04.799 进气歧管绝对压力/进气温度传感器 manifold absolute pressure/intake air temperature sensor

将进气歧管绝对压力传感器和进气温度传感器二者组装在一起的传感器。

04.800 共轨压力传感器 common-rail pressure sensor

感知共轨喷油系统的燃油轨内燃油压力,以电压信号输出的传感器。它通常用印制在薄钢片上的应变片作为检测元件,其电阻随薄钢片受力变形而改变。

04.801 增压压力传感器 boost pressure sensor

感知增压器后空气压力并输出相应的电压信号的传感器。

04.802 氧传感器 oxygen sensor

装在三元催化转化器之前,检测汽油机排气的含氧浓度并输出电压信号的传感器。

04.803 加热型氧传感器 heated oxygen sensor

内有加热棒,能在发动机起动后迅速给周围气体加热,促使其能很快准确输出的氧传感器。

04.804 宽域氧传感器 wide-range oxygen sensor

可测很宽范围空燃比(10~35)的氧传感器。

04.805 爆震传感器 knock sensor

装在缸体侧壁上感知振动强度,从而判断是否有爆震发生的传感器。

04.806 电子控制单元 electronic control unit,ECU

又称"电子控制器"。由微型计算机、数字电路、功率输出级电路、电源管理电路等组成,接受来自各传感器及各种开关的信号,按照预定的控制策略及算法进行处理,并向相关的执行器发出相应的动作指令的管理系统中的核心软硬件总成。

04.807　执行器　actuator
执行电子控制器发出的信号，完成相应的控制动作的器件。

04.808　怠速执行器　idle speed actuator
根据电子控制器的指令，控制一个绕过节气门的旁通空气道的通路面积，或直接控制节气门最小开度的器件。它分为平动电磁式和旋转电磁式两种。

04.809　前馈通道　feed forward path
由给定输入–控制器–输出驱动组成的通道。

04.810　反馈通道　feedback path
由被控对象–传感器–控制器组成的通道。

04.811　控制算法　control algorithm
由输入得到输出的算法。

04.812　查表算法　lookup table algorithm
开环控制中将输入和输出的关系转化为二维或多维的数据表格图（MAP），根据输入查表插值得到输出的算法。

04.813　神经网络算法　neural network algorithm
开环控制中，将输入和输出的关系转化为神经网络描述，根据输入得到输出的算法。

04.814　模糊控制算法　fuzzy control algorithm
基于模糊数学理论，通过模拟人的直觉或经验规则对输入进行近似推理和综合决策而得到输出的算法。

04.815　开关信号　ON/OFF signal
由点火开关、空调开关等传送给电子控制器的，只有通和断两种状态的信号。

04.816　模拟量信号　analog signal
以电压、电流等形式表示的传感器信号。

04.817　脉冲量信号　pulse signal
脉动的、断续的传感器信号。

04.818　热线式空气质量流量计　hot-wire air mass flowmeter
以热敏电阻丝作为测量元件的一种空气流量计。被加热到一定温度的铂丝作为惠斯顿电桥的一臂，在气流中被冷却而令电桥失去平衡，为使电桥恢复平衡而需增加的通过该铂丝的电流值与空气流量有函数关系。

04.819　热膜式空气质量流量计　hot-film air mass flowmeter
工作原理与热线式空气质量流量计相似，但将热线电阻、补偿电阻及桥路电阻用厚膜工艺制作在同一陶瓷基片上的空气质量流量计。

04.820　卡门涡街式空气流量计　Karman vortex air flow sensor
利用气流绕过一个锥状物时会在下游产生两列旋涡，而旋涡频率与进气流量有函数关系，通过光学或超声方法检测旋涡频率来确定空气流量的仪器。

04.821　汽油机空燃比控制　air-fuel ratio control of gasoline engine
根据汽油机的工况，对汽油机混合气空燃比进行的控制。

04.822　加速加浓　acceleration enrichment
发动机在加速期间为避免混合气过稀导致排放恶化而多供燃油的过程。它通常采用异步喷射增加喷射量。

04.823　减速减稀　deceleration dilution
发动机减速时为避免混合气过浓导致排放恶化而减少喷油量的过程。

04.824　减速断油　deceleration fuel cutoff, DFCO
当发动机的减速速率超过限值时停止喷油。

04.825　汽油机超速断油　overspeed fuel cutoff of gasoline engine
当汽油机转速超过限值时停止喷油。

04.826　汽车超速断油　overspeed fuel cutoff of vehicle
当车速超过限定车速时停止喷油。

04.827　失速补救　stall remedy
为防止当发动机转速低于一个限值(比稳定怠速转速低的一个值)时产生失速停机而采取的增加喷油量的措施。

04.828　淹缸控制　flood control
当发动机起动失败时,气缸内聚集过多未蒸发汽油(淹缸),会造成再次起动时混合气过浓而又一次起动失败,此时所采取的将节气门开度加大的措施。

04.829　汽油机怠速稳定性控制　idle speed stability control of gasoline engine
为保持怠速转速稳定,通过怠速执行器调整怠速进气量,使实际怠速转速跟随目标怠速转速的闭环比例积分微分控制。

04.830　点火控制　ignition control
根据发动机的转速和负荷(进气流量或进气歧管绝对压力)对点火时刻进行的控制。它包括点火提前角控制、闭合角控制和爆震控制。

04.831　点火提前角控制　ignition advance angle control
根据发动机的转速和负荷(进气流量或进气歧管绝对压力)对点火提前角进行的控制。它要使点火提前角随着发动机转速的升高而加大;随着负荷的加大而减小。

04.832　闭合角控制　closed angle control
为保证次级电压一定,当蓄电池电压降低时使闭合角加大的控制。所谓闭合角只是沿用了传统点火系统中触点闭合角的概念,实际上指的是点火线圈的初级通电时间。

04.833　爆震闭环控制　knock closed-loop control
将爆震传感器的输出作为反馈信号,出现爆震时迅速减小点火提前角,爆震消失时逐步增加点火提前角,直到再出现爆震为止,如此反复进行的控制。

04.834　爆震分级控制　knock classification control
根据爆震强度的等级进行的控制。根据爆震的强度将点火提前角的改变分为3~5级,当爆震的强度大时点火推迟的角度大且推迟的速度快,爆震强度小时点火推迟的角度小且推迟的速度慢。

04.835　爆震模糊控制　knock fuzzy control
将爆震的强度和频度作为论域上的模糊集,对爆震强度大、频度也大的作为正大(PB),爆震强度小、频度也小的作为负大(NB),共分7级,所进行的模糊运算控制。

04.836　爆震分缸控制　knock individual control
为了得到较好的发动机性能,通常在出现爆震时不是整机都推迟点火,而是只对产生爆震的气缸进行的爆震控制。

04.837　汽油蒸发污染物控制　gasoline evaporative emission control
以蒸发排放物控制系统中的脱附阀(清除阀)作为执行器,由电子控制器输出脉冲信号控制,在发动机转速超过怠速时将脱附阀开启,使吸附于炭罐中的汽油蒸发物释放到进气系统中去的控制。

04.838　增压压力的闭环控制　closed-loop control of boost pressure
用增压压力传感器反馈实际压力信号,以可变截面涡轮为执行器所进行的增压压力闭环控制。

04.839　爆震窗　knock window
通常出现爆震的、压缩上止点后的曲轴转角范围(窗口)。在此窗口内检测到缸体的振动强度超过限值时才确定为出现爆震。

04.840　增压压力控制基本 MAP 图　basic

control MAP of boost pressure

一个在指定标准状态下（如 25℃、标准大气压、热机稳态运行），经过发动机台架试验标定和优化而得的增压压力随发动机转速和转矩改变的 MAP 图。

04.841 柴油机喷油量控制基本 MAP 图 basic control MAP of injected fuel quantity of diesel engine

一个在指定标准状态下，经过发动机台架试验指标和优化而得出的每循环喷油量随转速和负荷率（以加速踏板行程百分比表示）改变的 MAP 图。

04.842 喷油脉宽控制基本 MAP 图 basic MAP of injection duration control

为将时间控制式喷油系统的喷油量转换成可执行的喷油脉宽，在油泵实验台上测出喷油量与转速、喷油脉宽的关系，所制成的基本 MAP 图。

04.843 共轨系统喷油脉宽控制基本 MAP 图 basic MAP of injection duration control for CR system

在油泵实验台上测得的喷油脉宽与共轨压力、喷油量的基本关系 MAP 图。

04.844 喷油正时控制基本 MAP 图 basic MAP of injection timing control

一个在指定标准状态下经过发动机台架试验标定和优化而得的、喷油正时随转速和负荷率改变的 MAP 图。

04.845 喷油量修正和限制 fuel quantity modification and limitation

对发动机基本喷油量进行的修正（温度修正、大气压力修正、空调负荷修正等）和限制（排气温度限制、冒烟限制、燃烧压力限制、转速限制、噪声限制等）。

04.846 排气温度限制 exhaust gas temperature limitation

为避免发动机排气温度过高致使排气管和

排放后处理系统损坏而对发动机的喷油量进行的限制。

04.847 冒烟限制 smoke limitation

为避免混合气过浓导致发动机排烟增加而对喷油量进行的限制。

04.848 燃烧压力限制 combustion pressure limitation

为避免发动机的燃烧压力过大使零件的机械负荷过大而对喷油量进行的限制。

04.849 转速超速限制 overspeed limitation

为避免发动机转速超过允许的上限值而限制喷油量，以避免发动机飞车的限制。

04.850 噪声限制 noise limitation

为避免发动机噪声过高而限制喷油量，保证发动机的噪声指标满足要求的限制。

04.851 温度修正 temperature compensation

又称"温度补偿"。根据冷却水温度对燃油密度的变化进行的修正。

04.852 海拔高度修正 altitude compensation

又称"海拔高度补偿"。根据大气压力对喷油量进行的修正。

04.853 空调开关修正 air-condition switch compensation

又称"空调开关补偿"。空调开启时对喷油量进行的修正。

04.854 工况监测 condition monitoring

在发动机运行时对其工作状态变量进行的监测。

04.855 报警监测 alarm monitoring

当被监测变量超过限值时以显示视频和（或）发出声响的方式报警。

04.856 自动保护监测 automatic protection monitoring

依靠监测系统所检测到的故障触发某一保护性功能，使发动机及时停机或卸载，或以缺省值替代方式使发动机保持安全运行的监测方法。

04.857 故障诊断 fault diagnosis
在发动机运行过程中或在发动机工况模拟器中采集数据并进行分析,判断是否存在控制功能故障的诊断。

04.858 测试诊断 test diagnosis
需要通过特殊试验实行的故障诊断。

04.859 在线故障诊断 on-board fault diagnosis
在发动机工作时,通过实时监测发动机管理系统中的传感器、执行器和电子控制器的各种信号,判断发动机管理系统中的相关器件是否出现故障。

05. 底　盘

05.01　离　合　器

05.001 离合器 clutch
主、从动部分在同一轴线上传递动力,并具有接合、分离功能的装置。

05.002 摩擦式离合器 friction clutch
利用摩擦来传递动力的离合器。

05.003 单盘离合器 single-plate clutch
俗称"单片离合器"。具有一个从动盘的离合器。

05.004 双盘离合器 twin-plate clutch
俗称"双片离合器"。具有两个从动盘的离合器。

05.005 多盘离合器 multi-plate clutch
从动盘为两个以上的离合器。

05.006 膜片弹簧离合器 diaphragm spring clutch
采用膜片弹簧作为压紧弹簧的离合器。

05.007 湿式离合器 wet clutch
摩擦副的摩擦接触表面表现为液体和半液体界面摩擦的摩擦式离合器。

05.008 自动离合器 automatic clutch
能根据汽车工作需要自动进行分离、接合的离合器。

05.009 离心式自动离合器 centrifugal automatic clutch
靠离心力作用的自动离合器。

05.010 电磁离合器 electromagnetic clutch
由电磁力产生压紧力的摩擦式离合器。

05.011 磁粉离合器 magnetic powder clutch
主、从动部分间隙中充填磁粉,主动件上装有电磁线线圈,通电时,借助于磁粉构成"磁链",由此来传递动力或运动的离合器。

05.012 离合器操纵机构 clutch operation mechanism
操纵离合器接合与分离的机构。

05.013 机械式操纵机构 mechanical operation mechanism
用机械方式传力的操纵机构。

05.014 液压式操纵机构 hydraulic operation mechanism
用液压传力的操纵机构。

05.015 离合器转矩容量 torque capacity of clutch
摩擦式离合器所能传递的最大转矩。

05.016 滑摩功 slip energy
离合器主、从动件在接合过程中消耗于摩擦的功。

05.017　从动盘　clutch plate，driven plate
由压盘压紧，依靠摩擦接受并输出转矩（传递动力）的盘形元件。

05.018　压盘　pressure plate
对从动盘施加压紧力的圆盘形构件。

05.019　中间压盘　intermediate disk，center plate
双盘离合器中在两从动盘之间的压盘。

05.020　飞轮壳　flywheel casing
俗称"离合器壳"。罩在飞轮及离合器外面的壳形零件。

05.021　从动盘摩擦衬片　clutch plate lining，driven plate lining
装在从动盘的从动片上，起增加对偶件摩擦系数兼具耐磨耗作用的零件。

05.022　分离杆　release lever
俗称"分离杠杆"。在外力作用下能绕离合器盖上的支点转动，使压盘分离的杠杆。

05.023　分离杆支座　release lever support
在离合器盖上安装分离杆的支座。

05.024　分离杆轴　release lever axle
离合器分离杆上的轴。

05.025　分离杆铰销　release lever pin
离合器分离杆的转动销。

05.026　分离杆调整螺钉　release lever adjusting screw
用以调整分离杆末端处位置，确保分离杆和分离轴承有良好接触的螺钉。

05.027　分离轴承　release thrust bearing
装在分离套筒上，推动离合器分离杆使压盘离开从动盘的轴承。

05.028　分离套筒　release sleeve
套在变速器轴承盖管状延伸部分，对分离轴承的轴向移动起导向作用的零件。

05.029　分离轴承和分离套筒总成　release bearing and sleeve assembly
离合器分离轴承与分离套筒组成的装置。

05.030　离合器轴　clutch shaft
通过从动盘毂传递发动机动力至变速器的轴。

05.031　离合器盖　clutch cover
支承并安装离合器压盘、压紧弹簧及分离杆机构的壳形基础件。

05.032　从动盘内扭转减振器　torsional damper in clutch disk
简称"扭转减振器"。装于从动盘中用以降低传动系扭转刚度并能消耗传动系扭转振动能量的部件。

05.033　双质量飞轮　dual-mass flywheel
将发动机飞轮一分为二，两者之间通过减振弹簧联系而构成的汽车发动机飞轮。

05.034　离合器踏板　clutch pedal
驾驶员操纵离合器时脚部接触的踏板。

05.035　离合器踏板轴　clutch pedal shaft
离合器踏板运动时绕其转动的轴。

05.036　离合器踏板臂　clutch pedal lever
传递踏板力的杠杆零件。

05.037　离合器踏板支座　clutch pedal mounting bracket
离合器踏板、踏板臂与踏板轴的安装支座。

05.038　离合器踏板回位弹簧　clutch pedal return spring
离合器使踏板回到原始位置的弹簧。

05.039　离合器分离拉索　clutch release cable
传递离合器踏板运动的钢制绳索。

05.040　离合器踏板密封套　clutch pedal lever seal
防止灰尘水分沿着踏板装置进入驾驶室的

密封零件。

05.041 分离推杆 release rod
离合器操纵机构中传递推力，推动分离拨叉运动的杆件。

05.042 分离推杆调整螺杆 release rod adjusting screw
设在分离推杆上，用以调整离合器踏板自由行程的螺杆。

05.043 分离拨叉 push-rod fork
靠分离推杆的推力，由球头支座作为支撑点，直接推动分离轴承运动的长臂叉形冲压件。

05.044 分离[拨]叉球头支座 operating fork ball-end
安装并能使分离拨叉绕其摆动的球形支座。

05.045 分离叉 withdrawal fork，operating fork
驱动分离轴承运动的叉形零件。

05.046 离合器分离轴 clutch release shaft
离合器上安装分离叉的支承轴。

05.047 分离叉回位弹簧 operating fork return spring
使分离叉回到原始位置的弹簧。

05.048 离合器操纵[机构]液压主缸 clutch release master cylinder
由离合器踏板直接驱动，将机械运动变成液压的油缸。

05.049 主缸活塞 master cylinder piston
主缸内将液体压送出工作油缸的零件。

05.050 主缸推杆 master cylinder push rod
直接驱动主缸活塞的杆件。

05.051 主缸活塞回位弹簧 master cylinder piston return spring
使主缸活塞恢复到原始位置的弹簧。

05.052 工作缸 slave cylinder
将液压变成机械推力的液压缸。

05.053 同心式工作缸 concentric slave cylinder
工作缸和分离轴承集成在一起，其轴线和变速器第一轴同轴。

05.054 工作缸推杆 slave cylinder push rod
直接传递工作缸活塞推力的杆件。

05.055 工作缸活塞回位弹簧 slave cylinder piston return spring
使工作缸活塞恢复到原始位置的弹簧。

05.056 工作缸活塞 slave cylinder piston
将工作缸内液力传至工作缸推杆的零件。

05.02 手动变速器

05.057 变速器 gear box，transmission
能提供多个传动比的齿轮传动装置。

05.058 固定轴式变速器 fixed shaft gearbox，fixed shaft transmission
所有齿轮轴的旋转轴线固定不动的变速器。

05.059 三轴式变速器 double-stage gearbox，double-stage transmission
通过两级齿轮传动实现变速，有中间轴，可获得直接档的固定轴式变速器。

05.060 单中间轴变速器 single countershaft gearbox，single countershaft transmission
只有一根中间轴的固定轴式变速器。

05.061 双中间轴变速器 twin-countershaft gearbox，twin-countershaft transmission
有两根中间轴的固定轴式变速器。

05.062 多中间轴变速器 multi-countershaft

gearbox，multi-countershaft transmission

有三根或三根以上中间轴的固定轴式变速器。

05.063 两轴式变速器 twin-shaft gearbox，twin-shaft transmission
通过单级齿轮传动实现变速，无中间轴的固定轴式变速器。

05.064 行星齿轮变速器 planetary gearbox，planetary transmission
用行星齿轮传动的变速器。

05.065 滑动齿轮变速器 sliding gear gearbox，sliding gear transmission
多数档位通过齿轮轴向滑动与另一齿轮相啮合来获得不同传动比的变速器。

05.066 常啮式变速器 constant mesh gearbox，constant mesh transmission
多数档位的齿轮常啮合，通过齿套或同步器轴向移动与相应齿轮的结合齿接合来获得不同传动比的变速器。

05.067 同步器式变速器 synchromesh gearbox，synchromesh transmission
装有同步器，使啮合元件间的转速迅速同步的变速器。

05.068 手动换档变速器 manually shifted gearbox，manually shifted transmission
靠手力换档的变速器。

05.069 直接操纵变速器 direct control gearbox，direct control transmission
用手力通过变速器外部的一根杠杆直接实现换档功能的手动换档变速器。

05.070 远距离操纵变速器 remote control gearbox，remote control transmission
需手力通过杆系操纵机构才能实现换档功能的手动换档变速器。

05.071 动力助力换档变速器 power-assisted shift gearbox，power-assisted shift transmission
靠液力、气力或电力来帮助手力实现换档功能的变速器。

05.072 组合式变速器 combinatory gearbox，combinatory transmission
由主变速器与副变速器组合而成的多档位变速器。

05.073 插入式组合变速器 splitter change gearbox，splitter change transmission
副变速器附装于主变速器前端，换档时要对主、副变速器轮流交替操作的多档变速器。

05.074 分段式组合变速器 range change gearbox，range change transmission
副变速器附装于主变速器后端，换档时主要对主变速器操作，分成低、高两段工作的多档变速器。

05.075 主变速器 basic gearbox，basic transmission
组合式变速器中对常用变速器的称谓。

05.076 副变速器 auxiliary gearbox，auxiliary transmission
具有 1~3 个档位，附装于变速器的后端或前端，用来增加主变速器的档位，扩大主变速器传动比范围的传动装置。

05.077 分动箱 transfer case
使变速箱输出的动力分别向前、后桥传递的传动装置。

05.078 同步器 synchronizer
使相啮合元件的转速趋于一致的装置。

05.079 啮合套 sliding sleeve
能轴向移动和相邻零件形成刚性连接的器件。

05.080 换档 shift

变换工作的齿轮副从而改变传动比的操作。

05.081　滑动齿轮换档　sliding gear shift
通过齿轮的轴向滑动实现的换档。

05.082　啮合套换档　collar shift
通过移动啮合套实现的换档。

05.083　同步器换档　synchronized shift
通过同步器实现的换档。

05.084　直接档　direct drive
变速器中输出转速等于输入转速的档位。

05.085　超速档　over drive
变速器中输出转速高于输入转速的档位。

05.086　第一轴　primary shaft
变速器的输入轴。它的前端花键插入离合器
从动盘毂花键孔内。

05.087　第二轴　main shaft
三轴式变速器中的功率输出轴。其与第一轴
的轴线同轴。

05.088　中间轴　countershaft
完成从第一轴齿轮输入到第二轴齿轮输出

的中间过渡齿轮的安装轴。

05.089　拨叉　shift fork
拨动滑动齿轮、啮合套已实现换档的叉形件。

05.090　换档锁定机构　shift detent mechanism
使拨叉或拨叉轴锁定在挂档或空档位置的
机构。

05.091　换档互锁机构　shift interlock mechanism
换档时避免同时移动两个拨叉或拨叉轴的
机构。

05.092　有级变速　step speed changing
在若干固定速度级内，不连续的变换速度。

05.093　无级变速　stcplcss spccd changing
在一定速度范围内，能连续、任意的变换速度。

05.094　传动比　gear ratio
输入轴转速和输出轴转速之比。

05.095　速比　speed ratio
输出轴转速和输入轴转速之比，它是传动比
的倒数。

05.03　自动传动系统

05.096　液力变速器　hydrodynamic transmission
采用液力偶合器或液力变矩器的变速器。

05.097　自动液力变速器　automatic transmission，AT
带有液力变矩器的自动变速器。

05.098　分流式液力变速器　split torque drive transmission
从输入端到输出端具有两条或两条以上功
率流的液力变速器。

05.099　机械式变速器　mechanical transmission

用齿轮及其他机械元件来获得多种传动比，
使汽车实现前进与倒退功能的传动装置。

05.100　半自动换档机械式变速器　semi-automatic mechanical transmission
换档的部分功能是自动实现的机械式变速器。

05.101　机械式自动变速器　automatic mechanical transmission，AMT
离合器及变速器操作完全由电控自动完成
的机械式传动装置。

05.102　双离合器变速器　dual-clutch transmission，DCT
具有两个独立作用离合器，换档时不中断动

力传递的机械式自动变速器。

05.103　机械无级变速器　continuously variable transmission，CVT
采用带轮传动，主动轮和从动轮的工作直径在一定范围内能做无级自动调整的变速器。

05.104　液力传动　hydrodynamic drive
以液体为工作介质，通过液体来传递能量的传动。

05.105　液力偶合器　fluid coupling
依靠液力元件直接将输入转矩输出的液力机械。只能传递动力，不能改变转矩。

05.106　液力变矩器　hydrodynamic torque converter
依靠液力元件能将输入转矩的大小改变后输出的液力机械。

05.107　锁止式液力变矩器　lock-up torque converter
能使涡轮和泵轮锁成一体的液力变矩器。

05.108　液力变矩器单向离合器　one-way clutch of hydrodynamic torque converter
只能在一个旋转方向传递动力或运动的离合器。

05.109　液力起步　fluid start
利用液力传动装置使车辆由静止状态起步。

05.110　失速起步　stall start
用制动器制动住车辆，然后全开油门，达到最大的转速之后，松开制动器实现的车辆起步。

05.111　升档　upshift
传动比减小的换档。

05.112　降档　downshift
传动比增大的换档。

05.113　人工换档　manual shift
由人工操纵实现的换档。

05.114　自动换档　automatic shift
按照事先制定的换档规律而自动实现的换档。

05.115　抑制换档　inhibited shift
在某些规定的工况下，自动限制的人工换档。

05.116　超限换档　overrun shift
在短时间内，油门开度低于行驶阻力所对应的油门开度而发生的提前升档。

05.117　部分油门开度换档　part throttle shift
油门开度未到最大位置时的换档。

05.118　强制换档　forced shift
对自动换档进行人工干预而造成的强制降档。

05.119　换档点　shift point
由车速和油门开度等参数所决定的换档时机。

05.120　换档滞后　shift hysteresis
在同样油门开度下，升、降档换档点的车速之差。

05.121　换档循环　shift cycling
当油门开度不变时，自动升档之后车速降低又降档，降档后车速升高又升档所形成的循环。

05.122　换档规律　shift schedule
换档点随车速和油门位置（或进气管真空度）等参数变化而变化的规律。

05.123　固定换档点　fixed shift point
换档滞后不随油门开度而变化的换档规律。

05.124　发散性调节　divergent modulation
换档滞后随油门开度的增加而增加的换档规律。

05.125　收敛性调节　convergent modulation
换档滞后随油门开度的增加而减少的换档规律。

05.126　换档元件　engaging element
在换档过程中，以分离或接合来实现换档的

元件。如离合器、制动器等。

05.127 换档定时 shift timing
调节换档过程中分离和接合换档元件的作

用压力随时间变化的相对关系。

05.128 换档平稳性 shift smoothness
换档过程中传动转矩扰动的程度。

05.04 万向节和传动轴

05.129 万向节 universal joint
在两轴线呈夹角变化时仍能传递转矩的关节式机械装置。

05.130 不等速万向节 non-constant velocity universal joint
在有夹角时，输出转速和输入转速不等且呈周期性变化的万向节。

05.131 等速万向节 constant velocity universal joint
输出转速和输入转速总是相等的万向节。

05.132 十字轴式万向节 cardan universal joint
由一个十字轴连接两个万向节叉组成的不等速万向节。

05.133 挠性万向节 flexible universal joint
依靠连接件的弹性变形来实现相邻轴线夹角改变的万向节。

05.134 同心圆球笼式万向节 Rzeppa universal joint
主动件和从动件之间用一组钢球传力，钢球位于球状笼内，钢球内外球道球心和万向节中心同心，分度机构能推动球笼使钢球总处于主、从动件夹角的平分平面内的等速万向节。

05.135 非同心圆球笼式万向节 Birfield universal joint
没有分度机构，钢球内外球道的球面不同心，由同心圆球笼式万向节改进而来的等速万向节。

05.136 球叉式万向节 Weiss universal joint

又称"曲槽型万向节"。由正反各一组只能单向传力的钢球(一边两个，两边共四个)和由这两组钢球连接的两个球叉组成的等速万向节。万向节的中心有一个导向定心钢球，使万向节保持为一个总体。

05.137 球叉 ball yoke
在叉耳内侧径向平面内具有曲面球槽并和轴做成一体的叉形元件。

05.138 定心钢球 centering ball
为球叉式万向节确定中心位置并承受轴向推力的钢球。钢球中心有销孔，孔内的销使万向节的各元件保持为一个总体。

05.139 三叉架式万向节 tripod-type universal joint
直筒形的外壳内有三条直的球形截面滚道，壳内装有三叉架，架上的三个枢轴上套有球形滚子，它可在球形截面滚道上来回运动，并作为两件间的传力件，由此构成的等速万向节。

05.140 三叉臂式万向节 tri-pronged-type universal joint
筒形的外壳内焊装一个三轴架，轴架上的每一销轴上有一上下可滑动的球形滚子，另一件为有三个叉臂的构件，每一叉臂槽截面为圆弧形，它插入筒内和球形滚子相配接，形成传力点，由此构成的等速万向节。

05.141 双联万向节 double-cardan universal joint
由一个双十字轴和两个万向节叉所组成的万向节。

05.142 凸块式万向节 Tracta universal joint
由两个凸块叉和两个中间凹块组成万向节。

其工作原理同双联万向节。

05.143 三销式万向节 three-pivot universal joint

由两个三销轴连接两个偏心轴叉组成的万向节。

05.144 万向节叉 yoke

直接和输入轴或输出轴连接的叉形结构件。

05.145 十字轴 cross, spider

在同一平面内具有四个径向均布轴颈的中间传动元件。

05.146 三叉架 tripod

在同一平面内具有三个径向均布的轴颈和内花键的元件。

05.147 三销轴 three-pivot cardan

三个轴颈的轴线成T形而不相交的中间传动元件。

05.148 驱动轴 drive shaft

弹性悬挂的前/后主减速器与车轮间传递转矩的轴/轴管和万向节组合在一起的传动件。

05.149 传动轴 propeller shaft

带有万向节的管状轴或实心轴。如前置发动机汽车上联系变速器和驱动桥之间传递转矩的构件。

05.05 主减速器与差速器

05.150 驱动桥 drive axle

装有车轮能支承汽车质量，并附加有主减速器和差速器，能驱动车轮前进的轴梁形构件。

05.151 主传动 final driving transmission

又称"最终传动"。含有主减速器、差速器等的传动机构。

05.152 变速驱动器 transaxle

变速器和主传动组合在一起的传动装置。

05.153 主减速器 final drive

经过半轴或驱动轴直接驱动车轮的、传动系统末端的齿轮传动减速机构。

05.154 单级主减速器 single-reduction final drive

由一对齿轮副所构成的主减速器。

05.155 双级主减速器 double-reduction final drive

由两对齿轮副所构成的主减速器。

05.156 行星齿轮式双级主减速器 planetary double-reduction final drive

由一套锥齿轮副和一套行星圆柱齿轮减速机构所构成的双级主减速器。

05.157 贯通式主减速器 thru-drive

汽车传动轴贯穿而过且作为其输入件的主减速器。

05.158 单级贯通式主减速器 single-reduction thru-drive

由一套齿轮副所构成的贯通式主减速器。

05.159 双级贯通式主减速器 double-reduction thru-drive

由两套齿轮副所构成的贯通式主减速器。

05.160 双速主减速器 two-speed final drive

具有两种减速比和一套换档装置的主减速器。

05.161 轮边减速器 wheel reductor, hub reductor

在车轮处布置的齿轮减速器。

05.162 行星圆柱齿轮式轮边减速器 planetary wheel reductor

由行星圆柱齿轮机构所构成的轮边减速器。

05.163 行星锥齿轮式轮边减速器 differential-geared wheel reductor, bevel epi-

cyclic hub reductor
由行星锥齿轮机构所构成的轮边减速器。

05.164 圆柱齿轮式轮边减速器 spur-geared wheel reductor
由一对圆柱齿轮所构成的轮边减速器。

05.165 差速器 differential
能使同一驱动桥的左右车轮在转弯或不平道路上行驶时,以不同角速度旋转,并传递转矩的机构。

05.166 齿轮式差速器 gear differential
通过行星齿轮机构起差速作用的差速器。

05.167 防滑差速器 limited slip differential
能防止驱动轮打滑的差速器。

05.168 自锁式差速器 self-locking type differential
在滑路面上可以自动地增大锁止系数直至差速器锁止的差速器,是各类高摩擦差速器、自由轮式等防滑差速器的总称。

05.169 摩擦片式防滑差速器 multiclutch limited-slip differential
在锥齿轮式差速器中装有多个摩擦片的高摩擦差速器。

05.170 凸轮滑块式差速器 differential with side ring and radial cam plate
由内外凸轮和滑块构成的高摩擦差速器。

05.171 牙嵌式自由轮差速器 self-locking differential with dog clutch, automotive positive locking differential

采用牙嵌式接合器,差速时一侧车轮能自动分离的差速器。

05.172 强制锁止式差速器 locking differential
装有人为锁止机构的差速器。

05.173 托森差速器 Torsen differential
半轴齿轮采用蜗杆、行星轮为蜗轮,左右行星轮架由圆柱齿轮相联系的差速机构。

05.174 差速锁 differential lock
使差速器处于不能差速传动状态的装置。

05.175 锁止系数 lock ratio
防滑差速器左、右半轴转矩差值与左、右半轴转矩和之比。

05.176 差速器锁紧系数 differential locking factor
差速器内摩擦力矩和其输入差速器的转矩之比。

05.177 半轴 axle shaft
将差速器或主减速器传来的输出转矩传给车轮或轮边减速器的轴。

05.178 全浮式半轴 full-floating axle shaft
只传递转矩的半轴。

05.179 半浮式半轴 semi-floating axle shaft
既传递转矩又承受弯矩的半轴。

05.180 四分之三浮式半轴 three-quarter floating axle shaft
在有侧向力作用时,在传递转矩的同时又承受弯矩的半轴。

05.06 悬 架

05.181 悬架 suspension
汽车车架或车身与车桥或车轮之间弹性连接的装置。通常由弹性元件、导向杆系和减振器三部分组成。

05.182 非独立悬架 rigid axle suspension
左右车轮由一根整轴相连,左右车轮上下跳动时,运动不独立、相互影响的悬架。

05.183 独立悬架 independent suspension

左右车轮不连在一根整轴上，而是单独通过悬架与车架或车身相连，且能各自独立运动的悬架。

05.184　平衡悬架　equalizing-type suspension
使前后或左右车轮（或车轴）载荷相平衡的悬架。

05.185　钢板弹簧悬架　leaf-spring-type suspension
用钢板弹簧作为弹性元件的悬架。

05.186　双横臂式悬架　double-arm-type suspension，double wishbone suspension
导向杆系采用上、下横臂结构型式的独立悬架。

05.187　双纵臂式悬架　double-trailing-arm-type suspension
导向杆系用上、下纵臂结构型式的独立悬架。

05.188　单横臂式悬架　single-swing-arm-type suspension
导向杆系用一根横臂结构型式的独立悬架。

05.189　单纵臂式悬架　single-trailing-arm-type suspension
导向杆系用一根纵臂结构型式的独立悬架。

05.190　单斜臂式悬架　single-oblique-arm-type suspension
导向杆系用一根斜臂结构型式的独立悬架。

05.191　四连杆式非独立悬架　four-link-type suspension
非独立悬架中，以4根（3根、5根）推力杆作为导向杆系的悬架。

05.192　多连杆式独立悬架　multi-link independent suspension
导向杆系由3~5根连杆构成的独立悬架。

05.193　拖曳臂扭转梁式半独立悬架　trailing arm semi-independent suspension
左右两个拖曳臂由半刚性横梁连接，用于前

驱动汽车的后悬架。

05.194　主动悬架　active suspension
由外部能源产生主动控制力的悬架。

05.195　半主动悬架　semi-active suspension
通过控制阀调节弹簧刚度和减振器阻尼力的悬架。

05.196　车高可调悬架　height adjustable suspension
车身高度和姿态可以调节的悬架。

05.197　德迪翁式悬架　de Dion-type suspension
主减速器安装在车架（车身）上，左右车轮用刚性轴连接起来的悬架。

05.198　烛式悬架　sliding-pillar-type suspension
车轮沿主销轴线方向移动的悬架。

05.199　麦弗逊式悬架　McPherson strut suspension
由铰接式滑柱与下横臂组成的悬架（滑柱连杆式）。

05.200　空气弹簧悬架　air-spring-type suspension
以气体弹簧作为弹性元件的悬架。

05.201　油气弹簧悬架　hydro-pneumatic spring-type suspension
以液体传递载荷，以气体作为弹性元件的悬架。

05.202　控制臂　control arm
控制车轮运动的臂（摆臂）。

05.203　减振器　shock absorber
衰减振动的装置。

05.204　筒式减振器　telescopic shock absorber
圆筒形的减振器。

05.205　双筒式减振器　twin-tube shock ab-sorber

具有工作和储油两个缸筒的减振器。

05.206　充气单筒式减振器　gas-pressurized monotube shock absorber

工作缸筒充有高压氮气，并由浮动活塞将其与油液分开的减振器。

05.207　充气双筒式减振器　gas-pressurized

twin-tube shock absorber

储油缸筒充有低压氮气的减振器。

05.208　阻尼可调减振器　damping variable shock absorber

阻尼可以调节的减振器。

05.209　横向稳定器　roll restrictor，stabilizer anti-roll bar

提高车身侧倾角刚度的装置。

05.07　车轮和轮胎

05.210　车轮　wheel

介于轮胎和车轴之间承受负荷的旋转件。通常由轮辋、轮辐和轮胎组成。

05.211　单式车轮　single wheel

在车轴的一端支撑一个轮胎的车轮。

05.212　双式车轮　dual wheel

车轴的一端能支撑安装两个轮胎的车轮。车轮具有足够的偏距，以保证两个轮胎的间隔。

05.213　内偏距车轮　inset wheel

轮辋中心面位于轮辐安装面内侧的车轮。内偏距是轮辐安装面到轮辋中心面的距离。

05.214　零偏距车轮　zeroset wheel

轮辋中心面和轮辐安装面重合的车轮。

05.215　外偏距车轮　outset wheel

轮辋中心面位于轮辐安装面外侧的车轮。

05.216　双轮中心距　dual spacing

用来满足轮胎之间所需的间隙要求，两轮轮辋中心面之间的距离。

05.217　辐板式车轮　disk wheel

轮辋和轮辐永久性连接的车轮。

05.218　对开式车轮　divided wheel

轮辋由两个对开部件用夹紧螺栓或相应的机械方法将它们紧固在一起，组成具有两个

固定轮缘的一个轮辋。两个主要部件上轮辋部分的宽度可以相等，也可以不相等。

05.219　辐条式车轮　wire wheel

轮辋和轮毂由若干辐条连接的车轮。

05.220　胎圈座　bead seat

轮辋上给轮胎提供径向支撑的部分。

05.221　轮辋　rim

车轮上安装和支撑轮胎的部件。

05.222　轮辋槽　well

轮辋底部具有足够深度和宽度的凹槽。它可以使轮胎胎圈越过轮辋安装侧的轮缘和胎圈座斜面进行安装或拆卸。

05.223　气门嘴孔　valve aperture，valve hole

轮辋上安装轮胎充气用气门嘴的孔或槽。

05.224　锁圈槽　gutter

轮辋体上用以安放锁圈或弹性挡圈并以槽顶对其限位的沟槽。

05.225　轮胎　tire

安装在车轮上的圆环形弹性制品，供汽车行驶使用。

05.226　充气轮胎　pneumatic tire

轮胎内腔需要充入压缩气体，并能保持压力的轮胎。分为有内胎轮胎和无内胎轮胎。

05.227　有内胎轮胎　tube tire

轮胎外胎内腔中需要装配内胎的充气轮胎。通常包括外胎、内胎和垫带。

05.228　无内胎轮胎　tubeless tire
不需要装配内胎的充气轮胎。

05.229　实心轮胎　solid tire
用不同性能的材料充实轮胎胎体的无内腔轮胎。

05.230　普通轮胎　normal tire
普通用途的轮胎。

05.231　特殊轮胎　special tire
特殊用途的轮胎。如混合用途(既可用于公路也可用于越野)或有严格速度限制的轮胎。

05.232　泥雪轮胎　mud and snow tire
适合在未冻结或已融化的雪地和泥泞区域行驶的轮胎。

05.233　临时使用的备用轮胎　temporary-use spare tire
仅供限定行驶条件下临时使用的备用轮胎。

05.234　T型临时使用的备用轮胎　T-type temporary-use spare tire
充气压力高于标准型和增强型轮胎,仅供临时使用的备用轮胎。

05.235　轮胎结构类型　tire structure type
轮胎胎体的技术特征。如斜交结构、带束斜交结构、子午线结构。

05.236　斜交轮胎　diagonal tire,bias-ply tire
胎体帘布层和缓冲层各相邻层帘线交叉,且与胎面中心线呈小于90°角排列的充气轮胎。

05.237　带束斜交轮胎　bias tire
由两层或多层基本不能伸张的帘线材料构成的带束层箍紧斜交结构胎体帘布层的充气轮胎。

05.238　子午线轮胎　radial tire
胎体帘布层帘线与胎面中心线呈90°角或接近90°角排列并以基本不能伸张的带束层箍紧胎体的充气轮胎。

05.239　发泡填充轮胎　foam-filled tire
外胎内腔中以弹性发泡材料代替压缩气体的轮胎。

05.240　内支撑轮胎　internal supporter tire
在外胎内腔中有支撑物的轮胎。

05.241　活胎面轮胎　removable tread tire
可更换胎面的轮胎。

05.242　外胎　cover
能承受各种作用力的轮胎外壳体。

05.243　内胎　inner tube
用于保持轮胎内压并带有气门嘴的圆环形弹性管。

05.244　垫带　flap
保护内胎着合面不受轮辋磨损的环形带。

05.245　胎冠　crown
外胎两胎肩之间的整个部位。它包括胎面、缓冲层(或带束层)和帘布层等。

05.246　胎肩　shoulder
胎冠与胎侧之间的过渡区。

05.247　胎侧　sidewall
轮胎不包括胎冠的侧面部分。

05.248　胎踵　bead heel
胎圈外侧与轮辋胎圈座圆角接合的部位。

05.249　胎趾　bead toe
胎圈内侧的尖端部分。

05.250　胎面　tread
轮胎与地面接触的部分。

05.251　胎体　carcass
通常由一层或数层帘布与钢丝圈组成的整体的充气轮胎结构(除去胎侧胶、胎面胶和带束层或缓冲层)。

05.252 胎里 tire cavity
外胎的内腔表面。

05.253 缓冲层 breaker
斜交轮胎胎面与胎体之间的胶帘布层或胶层。不延伸到胎圈的中间材料层。

05.254 冠带层 cap ply
位于带束层与胎面之间的胶帘布层。

05.255 带束层 belt
轮胎胎面或冠带层下，沿胎冠中心线圆周方向箍紧胎体的材料层。

05.256 帘布层 ply
覆胶的平行帘线层。

05.257 帘线 cord
组成轮胎胎体帘布层、带束层、缓冲层等各种部件用的线绳。

05.258 内衬层 inner liner
轮胎外胎胎里表面胶层。

05.259 胎圈 bead
轮胎与轮辋的配合部分。

05.260 三角胶条 apex
从钢丝圈上部向胎侧部位过渡的断面为三角形的胶条。

05.261 钢丝圈 bead ring
由镀铜钢丝绕成的刚性环，是将轮胎固定到轮辋上的主要部件。

05.262 胎圈包布 chafer
贴在胎圈外部的胶布条。

05.263 装饰线 decorative rib
模压在胎侧上的装饰性线条。

05.264 装配标线 fitting line
模压在胎侧与胎圈交接处的单环或多环胶棱，用以指示轮胎正确装配在轮辋上的标线。

05.265 防擦线 kerbing rib
模压在胎侧上，用以保护胎侧防止擦伤的环形凸起胶棱。

05.266 胎面花纹 tread pattern
主要由凸起部分和沟槽部分组成的并与地面有一定附着性能的胎面式样。

05.267 横向花纹 transversal pattern
花纹沟基本呈轮胎轴向的胎面花纹，具有较好的纵向附着性能。

05.268 纵向花纹 longitudinal pattern
花纹沟基本呈轮胎周向的胎面花纹，具有较好的横向附着性能。

05.269 越野花纹 off-road pattern
适合于在非铺装路面上行驶的胎面花纹。

05.270 公路花纹 highway pattern
适用于铺装路面上行驶的胎面花纹。

05.271 混合花纹 on/off-road pattern
适用于多种场合的特殊胎面花纹。如公路花纹与越野花纹的混合花纹、纵向花纹和横向花纹的混合花纹等。

05.272 牵引型花纹 pattern for traction
花纹沟深度深于普通花纹且附着性能优于普通花纹的胎面花纹。

05.273 有向花纹 directional pattern
有行驶方向要求的胎面花纹。

05.274 泥雪花纹 mud and snow pattern
适宜于泥泞和冰雪路面上使用的胎面花纹。

05.275 花纹块 pattern block
胎面花纹相互之间有一定的界限，而又各自独立或部分独立的凸起部分。

05.276 花纹条 pattern rib
胎面花纹中的连续条状凸起部分。

05.277 花纹沟 groove
胎面花纹凸起部分之间的沟槽。

05.278　花纹细缝　pattern sipe
胎面花纹块上的间隙，其宽度通常不大于
1.5 mm。

05.279　花纹深度　pattern depth
距胎面中心线最近的花纹沟底部最低点到
胎面的垂直距离。

**05.280　花纹沟壁倾斜角　groove wall incli-
　　　　nation angle**
胎面花纹沟的横断面沟壁轮廓线的向下延
长线与横断面中心线的夹角。

**05.281　花纹沟排列角度　groove arrange-
　　　　ment angle**
胎面花纹沟与胎面周向的夹角。

05.282　光胎面　smooth tread
没有胎面花纹，仅有胎面磨耗深度测量用窄
沟的胎面。

05.283　外缘尺寸　peripheral dimension
轮胎安装在规定轮辋上，充气到规定压力时所
测出的轮胎外周长、断面宽度等外形尺寸。

05.284　新胎尺寸　new tire dimension
将新轮胎安装在测量轮辋上，在规定的条件
下测出的外缘尺寸。

05.285　外周长　overall circumference
轮胎胎面的最外表面的周长。

05.286　外直径　overall diameter
轮胎最外表面的圆周直径。

05.287　名义外直径　nominal overall diameter
安装在理论轮辋上的充气后轮胎胎面最外
表面的直径。

05.288　滚动周长　rolling circumference
在规定条件下，轮胎滚动一整圈轮胎中心移
动的距离。

05.289　断面宽度　section width
轮胎断面两外侧之间的最大距离。它不包括

标志、装饰线和防擦线所增加的宽度。

05.290　名义断面宽度　nominal section width
轮胎安装在理论轮辋上，充气后的断面宽
度。即在轮胎规格标志中的断面宽度。

05.291　总宽度　overall width
轮胎断面两外侧之间的最大距离，包括标
志、装饰线和防擦线所增加的宽度。

05.292　断面高度　section height
轮胎胎圈底部至胎面最高点的垂直距离。

05.293　高宽比　aspect ratio
轮胎断面高度与断面宽度的比值。

05.294　名义高宽比　nominal aspect ratio
安装在理论轮辋上的轮胎断面高度与断面
宽度的比值乘以 100。

05.295　零点半径　datum radius
轮胎按规定充气后，从轮胎旋转轴中心到断
面最宽点之间的距离。

05.296　胎冠帘线角度　crown cord angle
轮胎胎冠周向中心线与胎冠部位的胎体帘
线排列方向所构成夹角的余角。

05.297　帘线密度　cord density
轮胎各部件的帘布沿垂直于帘线方向每
10cm 宽度所含的帘线根数。

05.298　行驶面宽度　tread surface width
两胎肩点之间胎面行驶面的轴向距离。

**05.299　行驶面弧度高　curvature height of
　　　　tread surface**
两胎肩点至胎面最外表面的垂直距离。

05.300　胎肩点　shoulder point
轮胎断面上行驶面弧线与胎侧弧线（或直线）
的交点。

05.301　胎圈宽度　bead width
胎圈外切线至胎趾的最短距离。

05.302 胎圈着合直径 diameter at rim bead seat

胎圈外切线与胎圈底部母线延长线交点处的圆周直径。

05.303 实心轮胎基部宽度 solid tire base width

实心轮胎加强层基部的宽度。

05.304 内胎平叠断面宽度 flat width of inner tube

内胎胎身平叠后的宽度。

05.305 内胎平叠外周长 flat overall girth of inner tube

内胎胎身平叠后的最外圆周长度。

05.306 内胎厚度 tube thickness

内胎胎身按规定测量点测得的平均厚度。

05.307 垫带最小展平宽度 minimum width of flatting flap

垫带展平后的最小宽度。

05.308 垫带中部厚度 thickness of flap center

垫带断面中心部位的厚度。

05.309 垫带边缘厚度 thickness of flap edge

垫带两边缘的厚度。

05.310 静负荷性能 static loaded performance

在静止状态下,垂直载荷与轮胎变形的关系。

05.311 静负荷半径 static loaded radius

静态轮胎在垂直载荷作用下,从轮轴中心到支撑平面的垂直距离。

05.312 下沉量 deflection

静态轮胎在垂直载荷作用下,断面高度的减量。

05.313 下沉率 deflection ratio

下沉量与充气后无负荷状态下轮胎断面高度的比率。

05.314 负荷下断面宽度 loaded section width

在垂直载荷作用下轮胎断面的宽度。

05.315 印痕面积 foot-print area

静态轮胎在垂直载荷作用下,胎面行驶面压在刚性平面上的投影面积。

05.316 轮胎接地面积 tire contact area

静态轮胎在垂直载荷作用下,胎面花纹在刚性平面上压印的面积。

05.317 胎面接地长度 tread contact length

静态轮胎在垂直载荷作用下,胎面花纹和刚性平面相接触,其接地面外周沿轮胎圆周切线方向的最大距离。

05.318 胎面接地宽度 tread contact width

静态轮胎在垂直载荷作用下,胎面花纹和刚性平面相接触,其接地面外周沿轮轴方向的最大距离。

05.319 接地系数 coefficient of contact

胎面接地长度与胎面接地宽度的比值。

05.320 轮胎平均接地压力 average contact pressure of tire

轮胎垂直载荷与轮胎接地面积之比。

05.321 每单位距离转数 revolution per unit distance

当轮胎的(轴)中心移动 1 km 距离时,轮胎所转动的转数。

05.322 破坏能 breaking energy

用特制压头压穿轮胎胎冠所需的能量。

05.323 爆破压力 burst pressure

在水压作用下,轮胎发生爆破时的压力。

05.324 爆破强度安全系数 safety factor of strength

水压试验测得的爆破压力与轮胎负荷能力

对应的充气压力的比值。

05.325 脱圈 bead unseating
无内胎轮胎的胎圈从轮辋胎圈座上脱落的现象。

05.326 脱圈阻力 bead unseating resistance
使无内胎轮胎的胎圈从轮辋胎圈座上脱落所需的力值。

05.327 气密性 air-tightness
外胎内衬层和内胎的耐透气性能。

05.328 转鼓法耐久试验 drum-method endurance test
在转鼓试验机上，按规定试验条件，考核轮胎耐疲劳和耐热性能的试验。

05.329 里程试验 mileage test
将轮胎安装在用户的车辆上，结合实际使用进行的试验。主要考核以使用寿命为主的轮胎综合性能。

05.330 快速里程试验 fleet test
将轮胎安装在试验车辆上，在试验场或指定公路上所进行的短周期和强化的行驶试验。

05.331 闭气试验 capped inflation test
将压缩空气封闭在轮胎胎腔中，在其压力因轮胎行驶升温而增加的条件下进行的试验。

05.332 调压试验 regulated inflation test
通过调节使轮胎气压在行驶时保持不变的条件下进行的试验。

05.333 驻波 standing wave
轮胎高速行驶中，当胎体周期性变形达到一定频率时，在离地的轮胎圆周上出现近似不变的波浪形变形。

05.334 临界速度 critical speed
轮胎高速行驶中，出现驻波时的初始速度。

05.335 损坏速度 damage speed
轮胎高速行驶中发生崩花、脱层、爆破等结构性破坏时的速度。

05.336 驱动附着性 driving adhesion
轮胎在驱动时的驱动力系数与滑转率的关系。

05.337 制动附着性 braking adhesion
轮胎在制动时的制动力系数与滑移率的关系。

05.338 转弯附着性 cornering adhesion
轮胎在自由滚动转弯时的横向力系数与侧偏角的关系。

05.339 驱动转弯附着性 driving and cornering adhesion
轮胎在驱动转弯时的合成附着系数与附着力矢量角的关系。

05.340 接地面积保持率 contact area holding ratio
在轮胎接地面中，无水膜的面积占总面积的比率。

05.341 水膜升力 water lift force
由水膜动压力引起的使轮胎上升的力。

05.342 接地面压力分布 pressure distribution in the contact patch
轮胎垂直力矢量在胎面接地面上沿纵轴和横轴的分布。

05.343 接地面切向力分布 shear stress distribution in the contact patch
轮胎的纵向力或横向力矢量在胎面接地面上沿横轴或纵轴的分布。

05.344 抗滑性能 skid resistant performance
轮胎胎面花纹能使汽车车轮在泥泞路面、爬坡、雨雪气候等条件下的防止滑移的性能。

05.345 浮动性 floatation
轮胎行驶在软路面上防止沉陷的性能。

05.346 稳态力和力矩特性 steady-state force and moment property

轮胎在恒定的侧偏角或外倾角下行驶时，其角度值与轮胎力和力矩值的关系。

05.347 瞬态力和力矩特性 transient-state force and moment property
轮胎在改变侧偏角或外倾角下行驶时，其变角过程与轮胎力和力矩响应的关系。

05.348 侧向稳定性 lateral stability
轮胎在受到侧向力干扰时，保持稳定的性能。

05.349 静不平衡 static unbalance
车轮主惯性轴线与原轴线平行位移的一种不平衡现象。

05.350 动不平衡 dynamic unbalance
车轮主惯性轴线与原轴线既不平行，也不在重心相交的一种不平衡现象。

05.351 静不平衡量 static unbalance value
轮胎质量乘以重心偏心距。

05.352 力偶不平衡量 couple unbalance value
轴向惯量减去径向惯量后乘以轮胎主惯性轴线与轮轴中心线之间的夹角的正弦再除以校正面间距。

05.353 校正面不平衡质量 compensating side unbalance mass
按照矢量相加的平行四边形法则求得的、同一校正面上的静不平衡质量(静不平衡量除以校正半径)和力偶不平衡质量(力偶不平衡量除以校正半径)的合成量。

05.354 校正面 compensating side
供平衡配重用的轮胎两侧对称的两个旋转平面(在呈水平姿态的轮胎上可分为上校正面和下校正面)。

05.355 校正面间距 distance between compensating sides
两个校正面之间的距离。

05.356 校正半径 compensating radius

轮胎平衡配重中心位置至轮轴中心线的距离。

05.357 重点位置角 weight point angle
产生不平衡的重点与指定的基准点之间的圆周夹角。

05.358 平衡配重 balance weight
对不平衡的轮胎和车轮总成，在其轻点部位的轮辋上配以相应质量的平衡块。

05.359 均匀性 uniformity
在静态和动态条件下，轮胎圆周特性恒定不变的性能。它包括轮胎的不平衡、尺寸偏差和力的波动。

05.360 径向力波动 radial force variation
受载轮胎在固定负荷半径和恒定速度下，每转一周自身反复出现的径向力的波动值。

05.361 侧向力波动 lateral force variation
受载轮胎在固定负荷半径和恒定速度下，每转一周自身反复出现的侧向力的波动值。

05.362 纵向力波动 longitudinal force variation
受载轮胎在固定负荷半径和恒定速度下，每转一周自身反复出现的纵向力的波动值。

05.363 侧向力偏移 lateral force deviation
直行自由滚动的受载轮胎在固定负荷半径和恒定速度下，每转一周侧向力的平均值。

05.364 锥度效应 conicity
不因轮胎旋转方向改变而改变方向的侧向力偏移的现象。

05.365 角度效应 ply steer
随着轮胎旋转方向改变而改变方向的侧向力偏移的现象。

05.366 峰间值 peak-to-peak value
在规定频带宽之内，每转中测量信号的最大值与最小值之差。

05.367 径向尺寸偏差 radial run-out

以轮胎的固定轴线为基准，最大半径与最小半径之间的差值。

05.368 侧向尺寸偏差　lateral run-out
轮胎胎侧与垂直于固定轴线的中心平面之间最大与最小尺寸之间的差值。

05.369 附加损失　parasitic loss
除轮胎滚动阻力外，由空气阻力、轴承摩擦力和试验中固有的其他原因引起的车轮行驶单位距离的能量损失。

05.370 自由半径　free radius
无负荷旋转车轮的轮轴中心至胎面中心的距离。

05.371 动负荷半径　dynamic loaded radius
车轮在负荷下行驶且倾角为零度时，从轮轴中心至支撑平面的垂直距离。

05.372 轮胎滚动声　tire rolling sound
轮胎在路面上滚动时形成"泵气效应"和其他原因发出的声音。

05.373 泵气效应　pumping
胎面上的封闭式花纹沟在进入接地面时受压排出空气，而在离开接地面时复原吸入空气的作用。

05.374 侧偏尖叫声　cornering squeal
具有侧向偏离角的轮胎滚动时，轮胎与路面摩擦发生的声音。

05.375 牵引尖叫声　traction squeal
车辆驱动或制动而使轮胎发生滑移时，轮胎与路面摩擦发生的声音。

05.376 振动声　vibration sound
由于轮胎行驶时的振动而发出的声音。

05.377 跳动　hop
轮胎行驶时的上、下振动现象。

05.378 抗刺扎性　puncture resistance
轮胎在行驶中，抵抗锐物刺扎的能力。

05.379 抗切割性　shearing resistance
轮胎在行驶中，抵抗锐物切割的能力。

05.08　转　　向

05.380 转向系　steering system
用来改变或保持汽车行驶方向的机构。

05.381 机械转向系　manual steering system
完全靠驾驶员手力操纵的转向系统。

05.382 动力转向系　power steering system
借助动力操纵的转向系统。

05.383 液压动力转向系　hydraulic power steering system
借助液压动力操纵的转向系统。

05.384 流量控制式电液转向系　electro-hydraulic power steering system in control of flow
在油泵上增设电磁阀或用直流电动机驱动油泵，通过车速变化而控制供油流量来改变转向手力的转向系统。

05.385 动力缸分流控制式电液转向系　electro-hydraulic power steering system in control of cylinder divided flow
在动力缸上设置分流油路，通过车速变化而控制系统压力来改变转向手力的转向系统。

05.386 压力反馈控制式电液转向系　electro-hydraulic power steering system in control of reaction pressure
在转向控制阀上增设反作用装置，通过车速变化而控制该装置压力来改变转向手力的转向系统。

05.387 阀特性控制式电液转向系　electro-hydraulic power steering system in

control of valve characteristic

在油路中增设电磁阀，通过车速变化，利用电磁阀开启调节油路阻力，改变阀特性来控制转向手力的转向系统。

05.388 电动转向系 electric power steering system

由控制器、转向盘转矩传感器、车速传感器，助力电动机及减速机构、离合器和蓄电池等组成的以电动机作为动力源的转向系统。

05.389 转向轴助力式电动转向系 electric power steering system assisted by steering shaft

将电动机及其传动机构固定在转向轴一侧，直接驱动转向轴来改变手力的电动转向系统。

05.390 转向齿轮助力式电动转向系 electric power steering system assisted by steering pinion

将电动机及其传动机构与转向齿轮相连，直接驱动转向齿轮来改变手力的电动转向系统。

05.391 转向齿条助力式电动转向系 electric power steering system assisted by steering rack

将电动机及其传动机构与转向齿条相连接，驱动转向齿条来改变手力的电动转向系统。

05.392 单独助力式电动转向系 electric power steering system solely assisted by steering rack

将电动机及其传动机构固定在齿轮齿条转向器小齿轮相对的另一侧，单独驱动转向齿条来改变手力的电动转向系统。

05.393 转向操纵机构 steering control mechanism

驾驶员操纵转向器工作的机构。

05.394 转向盘可调式转向操纵机构 steer-

ing control mechanism with adjustable steering wheel

转向盘角度、高度可调整的转向操纵机构。

05.395 转向传动轴总成 steering transmission shaft assembly

将转向盘的力和运动传递给转向器的部件。

05.396 伸缩吸能式转向传动轴总成 telescopic energy-absorbing steering transmission shaft assembly

能轴向收缩并吸收冲击能量的转向传动轴总成。

05.397 转向管柱 steering column

与车身相连，安装转向轴的管状壳体。

05.398 能量吸收式转向管柱 energy-absorbing steering column

能轴向收缩并吸收冲击能量的转向管柱。

05.399 转向盘 steering wheel

驾驶员改变和保持汽车行驶方向的操纵舵轮。

05.400 机械转向器 manual steering gear

把转向盘的转动用机械传动方式变为转向摇臂的摆动或转向齿条的移动，并按一定传动比放大扭矩的机构。

05.401 循环球式转向器 recirculating ball steering gear

具有螺杆–钢球–螺母传动副的转向器。

05.402 循环球-齿条齿扇式转向器 recirculating-ball rack and sector steering gear

具有齿条、齿扇传动副和螺杆、钢球、螺母传动副的循环球式转向器。

05.403 齿轮齿条式转向器 rack and pinion steering gear

具有齿轮、齿条传动副的转向器。

05.404 侧向两端输出型齿轮齿条式转向器 rack and pinion steering gear with lateral two-end output

力矩从齿轮输入、力从齿条两端输出的齿轮齿条式转向器。

05.405 侧向单端输出型齿轮齿条式转向器 rack and pinion steering gear with lateral one-end output
力矩从齿轮输入、力从齿条单端输出的齿轮齿条式转向器。

05.406 中间输出型齿轮齿条式转向器 rack and pinion steering gear with central output
力矩从齿轮输入、力从齿条中间分开向两边输出的齿轮齿条式转向器。

05.407 蜗杆指销式转向器 worm and peg steering gear
具有蜗杆、指销传动副的转向器。

05.408 整体式动力转向器 integral power steering gear
转向控制阀、转向动力缸、机械转向器组合为一个整体的转向器。

05.409 半整体式动力转向器 semi-integral power steering gear
转向控制阀与机械转向器组合为一个整体的转向器。

05.410 转向系角传动比 steering system angle ratio
转向盘转角的增量与同侧转向轮转角的相应增量之比。

05.411 转向器角传动比 steering gear angle ratio
转向盘转角的增量与摇臂轴转角的相应增量之比。

05.412 转向器线角传动比 steering gear linear-angle ratio
齿条位移增量与齿轮转角增量之比。

05.413 转向螺母 steering nut
循环球式转向器螺杆、螺母传动副的螺母。

05.414 转向蜗杆 steering worm
蜗杆指销式转向器传动副中的蜗杆。

05.415 转向齿轮 steering pinion
齿轮齿条式转向器传动副中的齿轮。

05.416 转向齿条 steering rack
齿轮齿条式转向器传动副中的齿条。

05.417 液压动力转向装置 hydraulic power steering gear
借助液压动力减轻驾驶员手力的转向装置。

05.418 液压助力转向器 hydraulic power steering
由液压提供转向助力作用的转向器。

05.419 电动液压助力转向 electro-hydraulic power steering
由电动泵产生的液压提供转向助力作用的转向器。

05.420 电液转向装置 electro-hydraulic steering gear
借助液压动力,并辅以电子控制用来改变驾驶员手力的转向装置。

05.421 电动转向装置 electric power steering gear
借助电能动力,并辅以电子控制用来改变驾驶员手力的转向装置。

05.422 滑阀式转向控制阀 spool control valve
滑阀相对于阀体做直线移动的转向控制阀。

05.423 转阀式转向控制阀 rotary control valve
转阀相对于阀体转动的转向控制阀。

05.424 转向动力缸 power cylinder
借助液压能提供的动力起转向加力作用的执行元件。

05.425 转向油泵 power steering pump
在液压动力转向系中，将机械能转变为液压能的液压元件。

05.426 转向油罐 oil reservoir
在液力助力转向器中，用来储存、滤清、冷却油液的容器。

05.427 转向直拉杆 steering drag link
在转向摇臂和转向节臂之间传递力和运动的杆件。

05.428 转向横拉杆 steering tie rod
连接左、右梯形臂，并传递力和运动的杆件。

05.429 转向传动机构 steering linkage
把转向器输出的力和运动传给转向节，从而使左、右转向轮按一定关系进行偏转的机构。

05.430 非独立悬架式转向传动机构 non-independent-suspension-type steering linkage
与非独立悬架相配置、横拉杆为整体的转向传动机构。

05.431 独立悬架式转向传动机构 independent-suspension-type steering linkage
与独立悬架相配置、横拉杆断开的转向传动机构。

05.432 多桥转向式转向传动机构 multi-axle-steering-type steering linkage
与多桥转向相配置的转向传动机构。

05.433 转向器传动效率 steering gear efficiency
转向器输出功率与输入功率之比。

05.434 正效率 forward efficiency
摇臂轴或齿条输出功率与转向轴输入功率之比。

05.435 逆效率 reverse efficiency
转向轴输出功率与摇臂轴或齿条输入功率之比。

05.436 转向系刚度 steering system stiffness
转向节固定，转向盘输入的力矩增量与其产生的角位移增量之比。

05.437 转向器扭转刚度 torsional stiffness of steering gear
摇臂轴或齿条固定，转向器输入的力矩增量与其产生的角位移增量之比。

05.438 转向盘总圈数 total turns of steering wheel
转向盘从一个极端位置转到另一极端位置时所转过的圈数。

05.439 转向盘自由行程 free play of steering wheel
转向轮在直线行驶位置时，转向盘的空转角度。

05.440 转向器传动间隙 steering gear clearance
转向器各传动副之间的传动间隙之和。

05.441 摇臂轴最大转角 max rotating angle of pitman arm shaft
与转向器总圈数相对应的摇臂轴转角。

05.442 转向摇臂最大摆角 max swing angle of steering pitman arm
与转向盘总圈数相对应的转向摇臂摆角。

05.443 转向器转动力矩 rotating torque of steering gear
摇臂轴或齿条空载时，使转向轴转动的力矩。

05.444 转向器反驱动力矩 reverse rotating torque of steering gear
转向轴处于自由状态时，使转向器输出端运动的力矩。

05.445 转向力矩 steering moment

使转向轮转向时，作用于转向盘上的力矩。

05.446 转向阻力矩 steering resisting moment

转向轮转向时，地面作用于转向轮上的阻力矩。

05.447 转向器最大输出扭矩 steering gear max output torque

设计中规定的转向器允许的最大输出扭矩。

05.448 最大工作压力 max working pressure

设计规定的动力转向系中安全阀的限制压力。

05.449 额定工作压力 rated working pressure

设计规定的动力转向系在额定工况下的工作压力。

05.450 转向油泵理论排量 theoretical displacement of power steering pump

设计油泵时理论计算的每转输油量。

05.451 限制流量 limited flow

由流量控制阀所限制的流量。

05.452 转向控制阀预开隙 pre-opened play of steering control valve

转向控制阀在中间位置时，阀台肩相对于阀体台肩之间的间隙或角度。

05.453 转向控制阀全开隙 totally-opened play of steering control valve

在转向时，转向控制阀台肩相对于阀体台肩所间隔的距离或角度。

05.454 转向控制阀内泄漏量 internal leakage of steering control valve

在额定工况下，单位时间转向控制阀阀体内的液压油从高压腔向低压腔及向阀体外的总泄漏量。

05.455 转向控制阀压力降 pressure loss in steering control valve

转向控制阀处于中间位置时，油液流经转向控制阀时的节流损失。

05.456 转向器角传动比特性 steering gear angle ratio characteristic

转向器角传动比与转向轴转角之间的关系。

05.457 转向器线角传动比特性 steering gear linear-angle ratio characteristic

转向器线角传动比与转向轴转角之间的关系。

05.458 转向器传动间隙特性 steering gear clearance characteristic

转向器传动间隙与转向轴转角之间的关系。

05.459 转向器传动效率特性 steering gear efficiency characteristic

转向器传动效率与转向轴转角之间的关系。

05.460 液压动力转向系转向力特性 steering force characteristic of hydraulic power steering system

在额定工况下，系统压力与转向轴输入扭矩之间的关系。

05.461 电液转向系转向力特性 steering force characteristic of electro-hydraulic power steering system

按不同车速，在电子控制器调节下，转向操纵力与汽车车速的关系。

05.462 电动转向系转向力特性 steering force characteristic of electric power steering system

转向操纵力与转向轴转角的关系。

05.463 液压动力转向系灵敏度特性 hydraulic power steering system response characteristic

在油泵流量为定值时，系统压力与转向轴转角之间的关系。

05.464 转向控制阀压力降特性 pressure loss

characteristic of steering control valve
转向控制阀的压力降与油泵流量之间的关系。

05.465 转向控制阀灵敏度特性 response characteristic of steering control valve
转向控制阀的输出口压力与转向轴转角之间的关系。

05.466 转向油泵流量特性 flow characteristic of power steering pump
转向油泵的流量与其工作转速之间的关系。

05.09 制 动

05.467 行车制动系 service braking system
供驾驶员直接或间接地使正常行驶中的车辆减速或停止行驶且具有可调节作用的所有零部件的总称。

05.468 应急制动系 secondary braking system
在行车制动系失效的情况下,供驾驶员直接或间接地使行驶中的车辆减速或停止行驶且具有可调节作用的零部件的总称。

05.469 驻车制动系 parking braking system
以机械作用保持停驶车辆(包含坡道停车)不动的制动系统。

05.470 辅助制动系 additional retarding braking system
供驾驶员直接或间接地使行驶中的车辆(特别是下长坡的车辆)减速或保持恒速的零部件的总称。

05.471 自动制动系 automatic braking system
当挂车与牵引车连接的制动管路渗漏或断裂时,能使挂车自动制动的制动系统。

05.472 人力制动系 muscular energy braking system
产生制动力所需的能仅由驾驶员的体力提供的制动系统。

05.473 助力制动系 energy-assisted braking system,power-assisted braking system
产生制动力所需的能是由驾驶员的体力和一个或多个供能装置共同提供的制动系统。

如真空助力制动系、空气助力制动系、动力液压助力制动系统。

05.474 动力制动系 full-power braking system
产生制动力所需的能是由一个或多个供能装置(不包括驾驶员的体力)提供的制动系。如气制动系、液压动力制动系、气顶液制动系统。

05.475 惯性制动系 inertia braking system
产生制动力所需的能是由于挂车向其牵引车靠近的惯性作用而产生的制动系统。

05.476 重力制动系 gravity braking system
产生制动力所需的能是靠挂车的某一组成部件下降时的重力供给的制动系统。

05.477 弹簧制动系 spring braking system
产生制动力所需的能是靠起储能器作用的一个或多个弹簧供给的制动系统。

05.478 单回路制动系 single-circuit braking system
传能装置仅由一条回路组成的制动系统。若传能装置一处失效,便不能传递产生制动力的能。

05.479 双回路制动系 dual-circuit braking system
传能装置是由两条回路分别组成的制动系统。若其中有一处失效,仍能部分或全部传递产生制动力的能。

05.480 多回路制动系 multi-circuit braking

system

传能装置是由两条以上回路组成的制动系统。若传能装置一处失效，则仍能部分或全部传递产生制动力的能。

05.481　单管路制动系　single-line braking system

牵引车的制动系通过一条管路对挂车制动系统供能并进行控制的制动系统。

05.482　双管路制动系　two-line braking system

牵引车的制动系通过两条管路独立且同步地对挂车制动系统供能和进行控制的制动系统。

05.483　多管路制动系　multi-line braking system

牵引车的制动系通过多条管路独立且同步地对挂车制动系统供能和进行控制的制动系统。

05.484　连续制动系　continuous braking system

具有下列全部特征的汽车列车制动系：①驾驶员在其驾驶座椅上可以通过单一动作调节操作牵引车上的一个直接操作装置和挂车上的一个间接操作装置；②汽车列车各部分用于制动的能是由同一能源供给的(该能源可以是驾驶员的体力)；③汽车列车的各部分应同步或以适当的相位进行制动。

05.485　半连续制动系　semi-continuous braking system

具有下列全部特征的汽车列车制动系：①驾驶员在其驾驶座椅上可以通过单一动作调节操作牵引车上的一个直接操作装置和挂车上的一个间接操作装置；②汽车列车各部分用于制动的能是由至少两种不同的能源供给的(其中之一可以是驾驶员的体力)；③汽车列车各部分应同步或以适当的相位进行制动。

05.486　非连续制动系统　non-continuous braking system

既不是连续式又不是半连续式的汽车列车制动系统。

05.487　能量回馈制动　regeneration braking

将汽车行驶中一部分的动能转化为电能等能量形式储存在储能装置内的制动。

05.488　再生能量　regenerated energy

行驶中的汽车用制动能量回收的电能量。

05.489　供能装置　energy supplying device

制动系中供给和调节制动操作所需的能量(必要时还可改善传能介质状态)的部件。

05.490　控制装置　control device

制动系中开始实施制动操纵且控制制动效果的部件。在驾驶员直接操纵的情况下，控制装置始于施力点。在驾驶员间接操纵或无需任何动作即起作用的情况下，控制装置始于控制信号输入制动系的部位。控制装置终止于产生作用力所需能量的部位。

05.491　制动踏板　braking pedal

制动时驾驶员用脚踏的控制装置。

05.492　传能装置　transmission device

制动系中传递由控制装置分配的能量的部件。传能装置始于控制装置或供能装置的终止点，终止于制动器的起点。

05.493　制动器　brake

制动系统中产生阻止运动或运动趋势的部件。

05.494　摩擦式制动器　friction brake

通过摩擦力产生制动力矩的制动器。

05.495　鼓式制动器　drum brake

摩擦力产生于与车辆固定部位相连接的部件及制动鼓内表面或外表面之间的摩擦式制动器。

05.496　盘式制动器　disk brake

摩擦力产生于与车辆固定部位相连接的部件与一个或多个制动盘表面之间的摩擦式制动器。

05.497　缓速器　retarder

用以使行驶中的车辆(特别是下长坡时的车辆)减速或保持恒速,又不使车辆停驶的机构。

05.498　发动机缓速器　retarder by engine

利用与驱动轮连接的发动机对行驶中的车辆产生缓速作用的缓速装置。这种作用是通过对发动机减少供油、节流进气、节流排气或变更气门的开启时间等产生的。

05.499　电动机缓速器　retarder by electric traction motor

利用与驱动轮连接的电动机对行驶中的车辆产生缓速作用的缓速装置。这种作用是通过把电动机变为发电机来实现的。

05.500　液力缓速器　hydrodynamic retarder

利用与一个或多个车轮相连的部件或与车轮连接的传动系部件的液力阻尼作用,而获得缓速作用的装置。

05.501　空气缓速器　aerodynamic retarder

利用增加空气阻力(如增加迎风面积的可张式机械装置)以获得缓速作用的装置。

05.502　电磁缓速器　electromagnetic retarder

利用连接车轮或传动系的旋转金属盘在磁场作用下产生的电涡流、磁滞,而获得缓速作用的装置。

05.503　牵引车上用于挂车的附加装置　supplementary device on towing vehicle for towed vehicle

为对挂车制动系进行供能和控制,装置在牵引车上的制动系部件。由牵引车供能装置和供能管路连接头、牵引车传能装置和控制管路连接头之间的部件(包括供能管路连接头和控制管路连接头)组成。

05.504　供给管路　feed line

连接制动能源或储能器与控制装置(如制动阀)的管路。但此定义不适用于汽车列车中两车间的连接管路。

05.505　工作管路　actuating line

把控制装置(如制动阀)连接到将介质能转化为机械能的装置(如制动气室)的管路。

05.506　操纵管路　pilot line

把一个控制装置(如制动阀)连接到另一个控制装置(如继动阀)的管路。它所传递的能仅起控制另一控制装置的作用。

05.507　供能管路　supply line

从牵引车向挂车储能器传递制动能的专用管路。

05.508　控制管路　control line

把控制所需的能从牵引车传输给挂车制动控制装置的专用操纵管路。

05.509　供能控制共用管路　common supply and control line

既用作供能也用作控制的管路。

05.510　应急管路　secondary line

由牵引车向挂车传送挂车应急制动所需能的专用控制管路。

05.511　可调节制动　modulatable braking

在制动控制装置的正常操作范围内,驾驶员能够运用控制装置随时增加或减小制动力至适宜的大小。控制装置向一个方向动作时制动力增大,而向相反方向动作时制动力减小。

05.512　报警压力　warning pressure

报警装置开始作用时的压力。

05.513　保护压力　protection pressure

当制动装备或其附件的某一部分损坏后,另一部分所维持的稳定压力。

05.514　制动渐近压力　asymptotic pressure

of braking

制动控制装置完全应用后的稳定制动压力。

05.515　释放压力　hold-off pressure
在弹簧制动缸中使制动器开始产生制动力矩所需要的工作介质排出时的压力。

05.516　开始放松压力　release commencing pressure
在弹簧制动缸中使制动器的制动力矩开始减少时所需的工作介质充入时的压力。

05.517　制动报警装置　braking alarm device
当制动系工作条件达到临界工况时，向驾驶员发出声、光警告信号的装置。

05.518　制动力比例调节装置　braking force proportioning device
能自动地或以其他方式改变制动力的装置。

05.519　感载装置　load-sensing device
能感知汽车车轮上的静态或动态载荷，从而自动调节汽车上一个或多个车轮制动力的装置。

05.520　感压装置　pressure-sensing device
能感知输入该装置的压力，从而自动调节汽车上一个或多个车轮制动力的装置。

05.521　减速度感受装置　deceleration-sensing device
能感知汽车的减速度，从而自动调节汽车上一个或多个车轮制动力的装置。

05.522　制动衬片总成　brake lining assembly

分别压靠在制动鼓或制动盘上而产生摩擦力的鼓式或盘式制动器的耐磨部件。

05.523　制动蹄　lined shoe
鼓式制动器中，阻止制动鼓转动的蹄形摩擦构件。

05.524　领蹄　leading shoe
工作时，制动蹄张开方向与制动鼓旋转方向一致，有促使蹄片更加压紧制动鼓趋势的工作蹄。

05.525　从蹄　trailing shoe
与领蹄张开方向相反的工作蹄。

05.526　衬块　pad
盘式制动器的制动衬片。

05.527　蹄铁　shoe
制动蹄片总成中用于安装摩擦衬片的金属构件。

05.528　制动底板　brake back plate
用于安装制动衬块的部件。

05.529　制动衬片　brake lining
制动衬片总成的摩擦材料部件。

05.530　衬片轮廓　lining profile
沿衬片摩擦表面周边的连线。

05.531　衬片磨合　lining bedding，lining burnishing
以一定的程序，使制动衬片(块)表面与制动鼓或制动盘之间几何形状的配合达到某一规定的要求。

05.10　车架和车桥

05.532　车架　frame
用于支承车身、安装动力传动系，通常由纵梁和横梁组成，并通过悬架与车轮连接的构件。

05.533　边梁式车架　side-rail frame
(1)由两根纵梁和几根横梁构件组成的车架

(适用于货车)。(2)纵梁中部向两边拓宽，外侧紧贴车门槛梁，前后两端的较窄的梁通过抗扭的盒形断面梁与中部连接的车架(适用于轿车)。

05.534　脊梁式车架　middle-beam frame

由中部一根大断面(圆形或矩形)纵向脊梁和副梁托架等组成，抗扭刚度大，适用于独立悬架的货车或轿车的车架。

05.535　综合式车架　synthesis frame
前端是边梁式，用来安装发动机，中后部是脊梁式，伸出横向支架支承车身的车架。

05.536　平台式车架　platform frame
由车架和车身地板部分组成。平台中部沿纵向隆起，使传动轴通过并加强承载能力。

05.537　车桥　axle
承受汽车负荷，安装车轮的构件。

05.538　驱动桥壳　drive axle housing
内部安装主减速器、差速器和半轴，承受汽车负荷、安装车轮的构件。

05.539　转向桥　steering axle beam
承受汽车负荷，通过主销、转向节等零件安装转向轮的构件。

05.540　主销　kingpin, steering knuckle bolt
转向节绕转向桥(轴)转动的轴。

05.541　转向节　steering knuckle
安装转向轮，并通过转向系实现转向轮转向的零件。

06.　车　身

06.01　车　身　结　构

06.001　车身　body
汽车的外壳、罩和驾驶、乘坐及载货空间。

06.002　承载式车身　unit body, integral body
无独立车架的整体车身结构型式。

06.003　半承载式车身　semi-integral body
车身骨架和车架刚性连接的车身。

06.004　非承载式车身　separate frame construction body
悬置在独立车架上的车身。

06.005　平头车身　forword control body
发动机位于前窗后方的车身。

06.006　短头车身　semi-forword control body
部分发动机伸出前窗前端的车身。

06.007　长头车身　conventional body, bonneted body
发动机位于前窗前端以外的车身。

06.008　平背车身　flat back body
尾部承平板状的车身。

06.009　敞式车身　open-top body, convertible body
无顶、活顶及软顶的车身。

06.010　闭式车身　closed body
又称"硬顶车身(hard-top body)"。车顶与车身本体一起的车身。

06.011　一厢式车身　one-box-type body
发动机舱、客舱和行李舱在同一厢体的车身。

06.012　两厢式车身　two-box-type body
又称"仓背式车身(hatchback body)"。发动机舱、客舱(含行李舱)分别在两个厢体的车身。

06.013　三厢式车身　three-box-type body
又称"折背式车身(notchback body)"。发动机舱、客舱和行李舱分隔成三个厢体的车身。

06.014　后置发动机客车车身　rear-engine bus body
发动机和传动系在车尾的客车车身。

06.015　货车车身　truck body

包括驾驶室和货箱两部分，用于货车的车身。

06.016 白车身 body in white
装焊完毕尚未涂装的车身。

06.017 涂装车身 painted body
涂装后的车身。

06.018 驾驶室 cab，cabin
供货车驾驶员操作及随员乘坐的厢体。

06.019 平头驾驶室 forward control cab
发动机位于前窗后方的驾驶室。

06.020 短头驾驶室 semi-forword control cab
部分发动机伸出前窗的驾驶室。

06.021 长头驾驶室 conventional cab，bonneted cab
发动机全部在前窗前方的驾驶室。

06.022 侧置驾驶室 offset cab
偏置在汽车纵向中心面一侧的驾驶室。

06.023 单排座驾驶室 single-row seat cab
又称"普通驾驶室"。只有一排座位的驾驶室。

06.024 双排座驾驶室 crew cab，double-row seat cab
有前后两排座位的驾驶室。

06.025 带卧铺驾驶室 sleeper cab
有卧铺的驾驶室。

06.026 翻转式驾驶室 tilt cab
可整体向前倾翻的驾驶室。

06.027 客舱 passenger cell
乘员使用的车身空间。

06.028 驾驶区 driver zone
驾驶者操作和乘坐的客舱空间。

06.029 乘客区 passenger zone
乘客使用的客舱空间。

06.030 头部空间 head room
乘员乘坐时头部的活动空间。

06.031 脚部空间 foot room
乘员乘坐时脚部的活动空间。

06.032 座椅间距 distance between seats
前后两排相邻座椅间的距离。

06.033 发动机舱 engine compartment
安装发动机的车身空间。

06.034 行李舱 baggage compartment，luggage compartment
放置行李的车身空间。

06.035 车身本体 main body
没有可拆卸件的车身结构体。

06.036 车身骨架 body skeleton
构成车身空间形态的主体框架。

06.037 车身悬置 body mounting
连接车身和车架的柔性装置。

06.038 车身举升点 body jacking point
车身底部顶升、支撑或悬吊车身的部位。

06.039 车身前部 body front，body nose
车身的前端部分。

06.040 车身后部 rear body
客舱后的车身部位。

06.041 车身尾部 body rear end，body tail
车身后端的部位。

06.042 车身顶部 body top
又称"车身上部(upper body)"。车身顶盖及其上方的部位。

06.043 车身底部 body bottom
又称"车身下部(under body)"。车身地板及其下面的部位。

06.044 车身侧部 side body
车身纵向左、右侧面的部位。

06.045　腰线　waist line，belt line
沿车身侧窗下缘贯穿车身前后的造型特征线。

06.046　车身裙部　body skirt
腰线以下的车身部位。

06.047　车身内部　body interior
车身舱室内的空间。

06.048　车身外部　body exterior
车身舱室以外的空间。

06.049　车颈　cowl
两厢式或三厢式车身客舱和发动机舱之间的部分。

06.050　门孔　door opening
车身上配装车门的孔口。

06.051　窗口　window opening
车身上配装车窗的孔口。

06.052　舱口　compartment opening
车身舱室配装舱盖的开口。

06.053　开缝线　opening line
车门、舱盖等的边缘线和车身外表面门孔、舱口等开口边界线间的等分线。

06.054　轮口　wheel opening
车身侧部车轮装卸和转向回旋的开口。

06.055　紧急出口　emergency exit
乘员应急撤离客舱的安全门、窗、顶窗和用应急锤敲碎窗玻璃形成的出口。

06.056　通道　gang way
客车车身内乘员纵向行走的过道。

06.057　引道　access
客车车身内由通道至乘客门和安全门间的过道。

06.058　座椅安装点　seat mounting point
车身地板安装座椅的位置。

06.059　安全带固定点　seat belt anchor point，safety belt anchor point
车身内部和座椅上固定安全带的位置。

06.060　安全气囊安装点　safety airbag mounting point
车身内部安放安全气囊的位置。

06.061　车身结构件　body structural member
组成汽车车身结构的元件。

06.062　骨架　skeleton
车身结构内部柱梁组成的元件。

06.063　框架　frame
车身结构中框形的架子。

06.064　支架　support
车身上支撑其他构件的架子。

06.065　托架　bracket，carrier frame
车身上悬臂支撑其他构件的架子。

06.066　车身覆盖件　body cover panel，body covering
覆盖在车身骨架、框架及支架等上的面板。

06.067　车身蒙皮　body skin
装在客车车身骨架上的表面覆盖面板。

06.068　车前板制件　front body shell，front sheet metal
前窗下沿至车身前端板件的总称。

06.069　车身机构　body mechanism
满足车身一定功能要求的机械组件。

06.070　内饰件　interior trim
车身内部的装饰件。

06.071　外饰件　exterior trim
车身外表面的装饰件。

06.072　密封件　seal
用于车身各部密封的零部件。

06.073　调整机构　adjuster

车身上具调整功能的装置。

06.074 防盗装置 anti-theft device
车身上防止车辆被盗的设备。

06.075 约束系统 restraint system
客舱内为抑制乘员躯体猛然移动的装置的总称。

06.076 吸能件 energy absorber
车身上吸收碰撞能量，保护乘员的结构元件。

06.077 空气动力附件 aerodynamic attachment
附装在车身外部，提高汽车空气动力稳定性和减少空气阻力的板件和装置。

06.078 开启件 compartment door
车身上可开闭的各种舱门结构。

06.079 限位器 limiting device，restrainer
限制车身活动件移动量的机构。

06.080 车门 door
装在车身门孔上的门。

06.081 车身侧门 side door
车身侧向门。

06.082 滑动门 sliding door
又称"拉门"。车身侧围推拉滑动开闭的门。

06.083 安全门 emergency door
乘员应急撤离客舱的备用门。

06.084 后车门 rear door
车身背面上的门。

06.085 门框 door frame
构成车身门孔的框。

06.086 门槛 door sill
门框的底梁。

06.087 踏脚板 foot board，step plate
又称"踏步板"。乘员上下车脚踏的板。

06.088 车窗 window
车身上的玻璃窗。

06.089 前窗 front window
客舱前端迎风的窗。

06.090 后窗 rear window
客舱后端的窗。

06.091 车门窗 door window
车门上的玻璃窗。

06.092 后门窗 rear door window
后车门上的窗。

06.093 顶窗 roof window
设在车顶的窗。

06.094 侧窗 side window
车身侧向窗。

06.095 升降窗 sash window
车门上玻璃可升降的窗。

06.096 车门通风窗 door vent window
车门上具有角形玻璃，能转动开关的窗。

06.097 滑动窗 sliding window
前后推拉滑动开闭的侧窗。

06.098 车窗玻璃 window glass
车窗采用的安全玻璃。

06.099 车窗框 window frame，window surround
安装车窗、车门窗玻璃的框。

06.100 门窗框 door sash
安装升降玻璃车门的窗框，兼做门窗玻璃升降导轨。

06.101 车窗玻璃密封条 window strip
安装固定车窗玻璃的密封条。

06.102 车窗玻璃导轨 window guide
引导车窗玻璃升降、前后移动的槽形轨道。

06.103　车窗玻璃滑槽　window guide channel

车窗玻璃导轨槽型内表面和移动车窗玻璃直接接触的柔韧性槽型滑道。

06.104　衬板　lining board，lining plate

在两个零件之间的起衬垫作用的薄型件。

06.105　压条　trip

保持均匀压紧力的带条。

06.106　夹箍　binding clip

车身上夹持固定管路和导线的箍。

06.107　卡扣　fastener

通过按压起固定作用的零件。

06.108　盖　cover，lid

遮盖车身孔口的构件。

06.109　槽　groove，guide

两边高中间凹，起导向和固定作用的构件。

06.110　筋　rib

增加车身零件刚度的凹凸部分。

06.111　翻边　flange

车身零件边缘翻起的部分。

06.112　翼子板　wing

车身两侧遮罩车轮的外板。

06.113　挡泥板　mudguard，fender

遮挡车轮转动溅污和卷石的板件。

06.114　轮罩　wheel housing

车厢内的翼子板和挡泥板。

06.115　车身地板　body floor

车身底部构件的总称。

06.116　地板面板　floor panel

构成车身地板的上表面主体板件。

06.117　地板通道　floor tunnel

地板纵向中央贯通前后的拱形凸起。

06.118　地毯　carpet

客舱地板面板上表面的铺覆物。

06.119　底架　underframe

支撑地板的框架。

06.120　下边梁　floor side frame

地板左、右侧的门框底梁、门槛梁。

06.121　前纵梁　front side member

左、右前轮内侧的两根纵向梁。

06.122　前横梁　front cross member

车身前端和左、右前纵梁连接的横向梁。

06.123　后纵梁　rear side member

左、右后轮内侧的两根纵向梁。

06.124　后横梁　rear cross member

车身尾部和左、右后纵梁连接的横向梁。

06.125　车顶　body roof

又称"车身顶盖"。车身顶部构件的总称。

06.126　车顶板　roof panel

又称"顶盖"。车身客舱顶部的外面板。

06.127　上边梁　roof side frame

车顶板左、右侧的纵向梁，门框上梁。

06.128　车顶横梁　roof cross member

车顶板下侧的横向梁。

06.129　车顶骨架　roof skeleton，roof frame

客车车顶纵横梁组成的框架。

06.130　车顶蒙皮　roof outer skin，roof outer panel

客车车顶骨架外表面的面板。

06.131　车顶内护板　roof inner shield，roof inner skin

车顶内表面的防护装饰面板。

06.132　车顶流水槽　roof drain

上边梁或顶盖外部两侧沿全部门窗上边的槽形排水通道。

06.133　车顶通风装置　roof ventilator
设在车顶的通风组件。

06.134　车顶行李架　roof baggage rack
车顶上面放置行李的框架和支架。

06.135　车顶梯　roof ladder
到车顶取放行李的梯子。

06.136　空调蒸发器安装点　air-conditioning evaporator mounting point
客车车顶安装空调蒸发器的位置。

06.137　导流罩　aerofoil
货车驾驶室顶盖上减小汽车空气阻力的装置。

06.138　车身前围　body front wall
客舱前端构件的总称。

06.139　前柱　front pillar
又称"A柱(A pillar)"。前窗左、右侧的立柱。

06.140　前围骨架　front wall skeleton
支撑前围的立柱和梁组成的框架。

06.141　前围板　front wall panel
又称"前围蒙皮(front wall skin)"。前围骨架外表面的面板。

06.142　前围内护板　front wall inner shield
前围骨架内表面的防护装饰面板。

06.143　前隔板　cowl board
分隔客舱和发动机舱的板件。

06.144　前隔板护面　cowl bulkhead shield
前隔板客舱侧的保护装饰面板。

06.145　前围侧板　dash side panel
平头车前围板左、右两侧弯形竖直护板。

06.146　前隔板侧板　cowl side panel
前隔板左、右两侧的竖直挡板。

06.147　车颈上盖板　cowl top
与前窗框下部和发动机舱盖连接的板。

06.148　前隔板横梁　cowl crossrail
前横置发动机前驱动车型前隔板前面下侧的横向梁。

06.149　发动机舱盖　engine compartment lid
发动机舱口上的盖板。

06.150　前端框架　front end supporter
车身前端连接左、右前翼子板的框形支架。

06.151　散热器面罩　radiator grill
散热器前面通风、防护和装饰的面板。

06.152　保险杠　bumper
车辆前后端减轻碰撞损伤的保护装置。

06.153　保险杠支架　bumper arm
保险杠和车身连接的构件。

06.154　保险杠吸能装置　bumper damper
保险杠上缓冲和吸收碰撞能量的机构。

06.155　保险杠外罩　bumper cover
保险杠外表面的装饰罩。

06.156　阻风板　air dam skirt
又称"气流稳定器(aero stabilizer)"。装在前保险杠下侧或与其连体,减小汽车空气阻力和车头升力的横向板。

06.157　导流板　deflector
平头驾驶室前窗下左、右前柱外侧,减小汽车空气阻力的竖向板。

06.158　车身后围　body rear wall
客舱后端构件的总称。

06.159　后柱　rear pillar
又称"C柱(C pillar)"。后窗左、右侧的立柱。

06.160　侧后窗柱　side window pillar
又称"D柱(D pillar)"。安装侧围和客舱后窗的立柱。

06.161　后隔板　rear bulkhead，rear window shelf
下侧为客舱和行李舱间的竖向隔板，上侧为客舱内水平后窗台板。

06.162　后隔板护面　rear bulkhead shield
后隔板和后窗台板客舱侧的防护装饰面板。

06.163　行李舱地板　baggage compartment floor
行李舱的底板。

06.164　行李舱地毯　baggage compartment carpet
行李舱地板上的铺覆的地毯。

06.165　行李舱衬里　baggage compartment lining
行李舱内壁的敷面层。

06.166　行李舱盖　baggage compartment lid
行李舱口的盖板。

06.167　后端板　rear end panel
车身尾端连接左、右后翼子板的立板。

06.168　扰流板　spoiler
车身外部行李舱盖、顶盖尾端和后窗上、下框上侧，减小风阻和控制升力的横向板件。

06.169　后围骨架　rear wall skeleton
平背车身后端立柱和梁组成的框架。

06.170　后围蒙皮　rear wall skin，rear wall outer panel
后围骨架外表面的面板。

06.171　后围内护板　rear wall inner shield
后围骨架内表面的防护装饰面板。

06.172　车身侧围　body side wall
前柱到车身后端侧面构件的总称。

06.173　侧围骨架　side wall skeleton
车身侧面立柱和梁组成的框架。

06.174　侧围蒙皮　side wall skin，side wall outer panel
侧围骨架外表面的面板。

06.175　侧围内护板　side wall inner shield
侧围骨架内表面的防护装饰面板。

06.176　门柱　door pillar
侧围上安装车门的立柱。

06.177　中柱　center pillar
又称"B柱（B pillar）"。乘用车车身侧围安装后车门的立柱。

06.178　车门外板　door outer panel，door outer skin
车门外侧的面板。

06.179　车门内板　door inncr pancl，door inner skin
车门内侧的板。

06.180　车门防撞杆　door impact beam
车门内外板间减轻侧面碰撞伤害的加强杆。

06.181　车门衬里　door lining
车门内板客舱侧的隔音衬板。

06.182　车门内护板　door inner shield
车门衬里客舱侧的防护装饰面板。

06.183　车门扶手　door arm rest
车门内护板的客舱侧，乘员手肘扶靠的扶手和开关车门的把手。

06.184　车门内手柄　inside door handle
车内开门的手柄。

06.185　车门外手柄　outside door handle
车外开门的手柄。

06.186　内锁手柄　inside lock knob
车门内侧锁止车门的手柄。

06.187　滑动门导轨　sliding door guide
支撑、约束滑动门移动的轨道。

06.188 加油口盖 fuel filler lid
车身外表面加注燃油口的盖。

06.189 仪表板 instrument panel
驾驶区前端安装仪表、指示器、操纵件和通风装置的构件。

06.190 副仪表板 auxiliary console
驾驶座旁，地板通道前上方，安装操纵件和指示器的罩壳件。

06.191 杂物箱 glove box
仪表板上存放小物件的容器。

06.192 高位仪表板 overhead console
车顶内护板前端安装指示器、操纵件和通风口的小型仪表板。

06.193 圆地板 circular floor
铰接客车铰接部位的圆形地板。

06.194 等分梁 bisection beam
铰接客车圆地板下侧，始终保持在主、副车纵轴线夹角等分线上的横向梁。

06.195 伸缩篷 telescopic tarpaulin
铰接客车中铰接部位的一段，能适应主、副车相对运动的折叠式可伸缩篷。

06.196 中间框架 central frame
铰接客车伸缩篷中央，下端和等分梁连接，控制其前、后伸缩篷角位移均匀的框架。

06.197 篷杆 tarpaulin rod
铰接客车铰接部中间框架前、后支撑伸缩篷的"Π"形构件。

06.198 搁梁 shelf
客车车身前、后和侧围骨架上，支撑地板的梁。

06.199 翻转机构 tilting system
驾驶室或车前板制件倾翻、限位和锁止的机构。

06.200 暖风装置 heater
驾驶室内部取暖的装置，兼用于前窗玻璃除雾、除霜。

06.02　车　身　附　件

06.201 车身附件 body accessories
车身上附设的具有某种独立功能的装置。如刮水器、门锁和座椅等。

06.202 刮水器 wiper
刮扫窗玻璃外表面的雨水、雪花和其他污物的清洁装置。

06.203 洗涤器 scrubber, washer
向玻璃外表面喷洗涤液的装置。

06.204 外后视镜 outside rear mirror
车身外侧观察车后及车侧情况的反射镜。

06.205 内后视镜 inside rear mirror
车身内部观察车后和客舱情况的反射镜。

06.206 下视镜 under-view mirror
车身外侧观察车辆前和侧下方情况的反射镜。

06.207 遮阳板 sun visor
客舱内前窗上方遮挡阳光炫目的板件。

06.208 座椅 seat
车身内带靠背的座具。

06.209 头枕 headrest
座椅靠背上部约束乘员头部相对躯干后仰的枕形装置。

06.210 儿童座椅 child seat
客舱内专供儿童乘坐的座椅。

06.211 安全带 safety belt, seat belt
约束乘员躯体猛然移动的缚紧带装置。

06.212 安全气囊 safety airbag
当汽车与障碍物发生碰撞时保护乘员，避免乘员与车内构件发生碰撞的缓冲充气囊装置。

06.213 儿童约束系统 child restraint system
客舱内供儿童乘坐安全的成套保护装置。

06.214 卧铺 sleeper
车内供乘员休息的卧具。

06.215 衣帽钩 coat hook
车内挂衣帽的小钩。

06.216 点烟器 cigar lighter
客舱内供乘员点烟的装置。

06.217 烟灰盒 ash tray
客舱内盛放烟灰的盒了。

06.218 拉手 grab handle
车内乘员保持身体平衡稳定的抓握件。

06.219 扶手杆 grab rail
客车车身内乘员握扶的杆件。

06.220 楼梯 stairs
双层和高地板客车客舱内乘员上下的阶梯。

06.221 门铰链 door hinge
与门扇和门框或两相邻门扇的两方面相连接，并作为门扇转动枢轴的装置。

06.222 车门开度限制器 door stop，door arrester
约束车门开度不超出极限的装置。

06.223 车门开闭装置 door actuating device
操纵客车车门开闭的机构。

06.224 门锁 door lock，door latch
锁止车门的装置。

06.225 窗钩扣 window catch
滑动或摆动窗开闭和锁止的操纵件。

06.226 窗插销 window latch
锁止车窗的销子。

06.227 窗帘 window blinds，window shade
车窗玻璃内表面遮挡阳光的幕帘。

06.228 玻璃升降器 glass lifter，glass regulator
车门窗玻璃升降的操纵装置。

06.229 舱盖铰链 compartment lid hinge
与舱盖和车身连接，且能控制舱盖开闭、开启方向和角度的装置。

06.230 舱盖锁 compartment lid lock
锁止舱盖的装置。

06.231 气弹簧 gas spring
助力和支撑车身开启件的自蓄能杆式装置。

06.232 应急锤 emergency hammer
客车客舱内乘员应急时用以敲碎车窗玻璃，撤离车厢的备用金属锤。

06.233 路线牌 guide board
客车车身内外行车路线的显示装置。

06.234 投币箱 coin box
客车上乘客投币的箱体。

06.235 售票台 conductor table
客车上售票员的工作台。

06.236 饮水机 drinking-water set
客车内提供饮用水的装置。

06.237 化妆间 toilet room
客车客舱内的卫生间。

06.238 标牌 emblem and name plate
装饰在车身上的厂徽、产品型号和特征等标志。

06.239 安全窗用玻璃材料 safety glazing material
由无机材料与有机材料或无机材料经复合或处理而成的玻璃材料产品。当这类产品用于车辆窗玻璃时，能最大限度减少对乘员的伤害，且应具有视野、强度和耐磨等特殊性能。

06.240 塑玻复合安全窗用玻璃材料 glass-plastic safety glazing material
由一层或多层玻璃与一层或多层塑料材料复合而成的玻璃材料。当用于车辆窗玻璃时，安装后其面向乘员的一面为塑料层。

06.241 塑料安全窗用玻璃材料 plastic safety glazing material
以一种或多种有机高分子聚合物为基本成分的安全玻璃材料。在制造或加工的某些阶段可以流延成型，最终成品为固态。

06.242 经处理夹层安全窗用玻璃材料 treated laminated safety glazing material
至少一层玻璃经特殊处理，以提高其机械强度，且破碎后碎片状态得到控制的夹层安全玻璃材料。

06.243 夹层安全窗用玻璃材料 laminated safety glazing material
两层或多层玻璃用一层或多层中间层胶合而成的复合安全窗用玻璃。

06.244 中空安全窗用玻璃材料 insulation safety glazing material
把两片或多片安全玻璃以均匀间隙分开，永久性地装配在一起的玻璃材料组合件。它能起隔音、隔热作用。

06.245 防弹玻璃 bullet-resisting glass
对枪弹具有特定阻挡能力的特种夹层玻璃。

06.246 增强反射型安全窗用玻璃材料 enhanced reflecting safety glazing material
具有折射率大于玻璃本身折射率反射膜的安全玻璃材料。

06.247 前窗玻璃 windscreen
又称"前风挡玻璃"。汽车前部用于挡风以及可为驾驶员提供清晰视野的安全玻璃。

06.248 屏显前窗玻璃 head-up display windscreen
又称"HUD 玻璃（HUD windscreen）"。利用在前窗视区部分镀膜后，将仪表显示通过一套光学系统反射于正前方的前窗玻璃。

06.249 后窗玻璃 backlight
又称"后挡玻璃"。汽车后部的窗用安全玻璃。

06.250 侧窗玻璃 side window
汽车两侧的窗所用的安全玻璃。

06.251 单曲面玻璃 cylindrically curved glass，single curved glass
只有一个曲率半径的圆柱形弯形玻璃。

06.252 复合曲面玻璃 complex curved glass
有 2 个或 2 个以上曲率半径的弯形玻璃。

06.253 钢化玻璃 toughened glass
单层玻璃经特殊处理后，其机械强度得到提高，且破碎后能够控制其碎片状态的产品。

06.254 区域钢化玻璃 zone-tempered glass
分区域控制钢化程度的一种钢化前窗玻璃。它一旦破碎在视区内仍能保证一定能见度。

06.255 电热安全玻璃 electrically heated safety glass
把电加热元件烧结到玻璃上或采用特殊工艺结合到玻璃上的一种安全玻璃。通电后能起到除雾、除霜的作用。

06.256 视区 vision area
驾驶车辆时，安全玻璃材料中满足特殊光学要求的区域。

06.257 主视区 primary vision area
通过驾驶员主视线，位于驾驶员正前方视区中的一部分。

06.258 风窗玻璃的安装角 inclination angle

of windscreen

风窗上下边线与汽车纵向对称平面的交点之间的连线与铅垂线的夹角。

06.259 模具痕迹 mold mark

弯形玻璃成型过程中，玻璃模具在玻璃表面残留的痕迹。

06.260 挂钩痕迹 tong mark

钢化玻璃边部的挂具痕迹。

06.261 钢化彩虹 bloom

浮法玻璃下表面的锡扩散层在热处理后表面形成微裂纹，在光照下产生的干涉色。

06.262 应力斑 stress pattern，mottled pattern

在偏光或部分偏光照射条件下，由于内部应力使玻璃产生双折射现象而引起的光学效应。

06.263 胶合层气泡 interlayer boil

在胶合层材料中或玻璃与胶合层之间的气体夹杂物。

06.264 胶合层杂质 interlayer dirt

夹在夹层玻璃中的杂质。

06.265 绒毛 lint

夹层玻璃胶合层中夹杂的织物短纤维。

06.266 叠差 mismatch

夹层时两片玻璃的边部产生错位。

06.267 脱胶 delamination

夹层玻璃中的其中一层或两层玻璃与胶合层产生分离的现象。

06.268 胶合层变色 interlayer discoloration

夹层玻璃中的胶合层外观上产生的发黄或乳浊现象。

06.269 爆边 chip

玻璃边缘出现的贝壳状缺损。

06.270 缺角 broken corner

玻璃板上曲率半径不大于 5mm 的边角部分

缺损。

06.271 倒圆 profiled edge

将玻璃边缘加工成圆弧形的工序。

06.272 抛光边 polished edge

经细加工平滑、透明的玻璃边缘，其光泽与玻璃表面非常接近。

06.273 细磨边 finely ground edge

经细加工有滑润感，但不透明的玻璃边缘。

06.274 粗磨边 coarsely ground edge

经粗加工，有粗糙感，但不会造成伤害的玻璃边缘。

06.275 磨边残留 shiner

玻璃边部加工后残留的未倒圆或未磨边部分。

06.276 荷叶边 corrugated edge

玻璃边缘产生的波浪形变形。

06.277 球面度 sphericity

弯型玻璃制品曲面变形量。

06.278 可见光透射比 regular luminous transmittance

又称"透光度"。通过玻璃材料的可见透射光的光通量与入射光通量的比值。

06.279 可见光反射比 luminous reflectance

反射的光通量与透射的光通量之比。取决于光源的相对功率分布。

06.280 副像 secondary image

又称"重像"。除明亮的主像以外的虚像。常见于夜间透过玻璃观察一个与周围环境相比非常明亮的物体，如迎面驶来的汽车前照灯。

06.281 光学偏移 optical deviation

又称"角偏差"。入射光线通过安全玻璃材料的折射光线间的夹角。

06.282 颜色识别试验 color identification test

确定通过前窗玻璃是否能看到物体本色的试验。

06.283 破碎后的能见度试验 after-fracture visibility test
确定区域钢化玻璃破碎后是否能保留一定的可见度的试验。

06.284 耐热性试验 resistance-to-high-temperature test
确定安全玻璃能否在一段持续时间内承受热带温度影响的试验。

06.285 耐辐照性试验 resistance-to-radiation test
确定安全玻璃经一定时间辐照后是否出现明显变色和透射比明显降低的试验。

06.286 耐湿性试验 resistance-to-humidity test
确定安全玻璃是否能经受一定时间大气中湿气作用的试验。

06.287 耐燃烧性试验 resistance-to-fire test
确定安全玻璃在小火焰作用下特性的试验。

06.288 耐温度变化性试验 resistance-to-temperature-change test
确定安全玻璃材料能否承受温度变化而不变质的试验。

06.289 耐烘烤性试验 resistance-to-bake test
确定中空玻璃结构在一段时间内能否承受高温作用的试验。

06.290 耐模拟气候试验 resistance-to-simulated-weathering test
确定至少一面为塑料的安全玻璃能否经受模拟气候条件下暴晒的试验。

06.291 耐化学侵蚀性试验 resistance-to-chemical test
确定内表面为塑料的安全玻璃暴露在化学物质的环境中是否出现明显的品质变化的试验。

06.292 抗磨性试验 resistance-to-abrasion test
确定安全玻璃是否具有某一最低限度的耐磨性能试验。抗磨性用雾度表示。

06.293 人头模型试验 head-form test
确定安全玻璃在人头模型冲击下最终强度和黏结力的试验。

06.294 抗穿透性试验 resistance-to-penetration test
确定安全玻璃对抗 2260g 钢球穿透性的试验。

06.295 抗冲击试验 ball-impact test
确定安全玻璃受 227g 钢球冲击时是否具有某一最低限度强度或黏结力的试验。

06.296 碎片状态试验 fragmentation test
确定安全玻璃破碎时其碎片造成伤害程度的试验。

06.297 落箭试验 dart test
确定安全玻璃在尖角小钢体冲击下是否具有一定最低强度和抗穿透性的试验。

06.298 霰弹袋试验 shot-bag test
确定安全玻璃在易变形大面积物体冲击下是否保持一定最低强度的试验。

06.03 货 箱

06.299 货箱 cargo body
货车装载货物的厢体。

06.300 普通货箱 conventional body
底板四周有立式栏板的敞口货箱。

06.301 高栏板货箱 high-gate cargo body
栏板加高的货箱。

06.302 低台货箱 low-deck body
底板离地高度小，通常底板上有轮罩的货箱。

06.303 厢式货箱 van body
有顶的封闭货箱。

06.304 货箱底板 cargo floor
货箱底部构件的总称。

06.305 底板面板 floor board
底板上表面的板材。

06.306 底板压条 floor strip
地板拼接部位的压紧件。

06.307 底板边梁 floor frame
地板周边的加强件。

06.308 货箱底架 cargo body underframe
货箱底板下侧纵横梁组成的框架。

06.309 货箱栏板 body gate
货箱底板面板边缘上侧的立板。

06.310 前栏板 front board
又称"前板"。货箱前端的栏板。

06.311 侧栏板 side gate
又称"货箱边板"。货箱左、右两侧的栏板。

06.312 后栏板 rear gate
货箱后端的栏板。

06.313 栏板外板 gate panel
货箱栏板的外面板。

06.314 栏板内板 gate board
货箱栏板内侧的护板。

06.315 栏板上梁 gate top rail
货箱栏板上部的加强框。

06.316 栏板下梁 gate bottom rail
货箱栏板下部的加强框。

06.317 栏板立柱 support post
货箱栏板上、下梁间的竖直加强件。

06.318 货架 guard frame
又称"保险架"。前栏板上侧的栅型护栏。

06.319 货架横梁 guard frame rail
货架上端的横向梁。

06.320 货架边柱 guard frame outside post
货架和前栏板左、右两侧的立柱。

06.321 货架拉手 guard frame handle
货架边柱上的辅助拉握手柄。

06.322 货箱侧柱 cargo body side post
两相邻侧栏板间的立柱。

06.323 后栏板侧柱 rear gate side post
后栏板左、右两侧的立柱。

06.324 包边 board edge iron
木货箱边缘的加强板。

06.325 栏板包角 corner fitting of gate
栏板四周的包角件。

06.326 栏板铰链 gate hinge
栏板和货箱底板铰接的构件。

06.327 栏板铰链内压条 gate hinge inside strip
木货箱中与栏板铰链对应的压条。

06.328 栏板链条 gate chain
约束货箱栏板运动不超出极限的构件。

06.329 缓冲垫 cushion
防止货箱栏板放下受冲击的弹性垫。

06.330 栏板锁栓 gate lock
固定货箱栏板的栓杆槽口锁止构件。

06.331 衬垫 lining board
货箱底架和车架接合部位的垫衬板材。

06.332 U 形螺栓 U-bolt
又称"骑马螺栓"。连接货箱和车架的 U 形的螺栓。

06.333 U 形螺栓垫板 U-bolt plate
U 形螺栓的固定压紧板。

06.334 U 形螺栓垫块 U-bolt block
U 形螺栓的内侧压紧垫块。

06.335 定位拉条 brace
防止货箱相对车架移动的构件。

06.336 护套 sleeve
包覆栏板链条、锁栓杆的防护套。

06.337 绳钩 rope hook
货箱上系紧固定捆绑货物或篷布绳索的钩。

06.338 反光器 reflector
货箱上显示反射光的装置。

07. 汽车电器及汽车附属装置

07.01 汽车电器

07.001 电机 electric machine
具有能做相对运动的部件，依靠电磁感应而运行，将电能转换成机械能或将机械能转换成电能的装置。

07.002 直流发电机 DC generator, dynamo
经换向器换向的输出为直流电的发电机。

07.003 无刷交流发电机 brushless alternator
无电刷、滑环结构的输出为交流电的发电机。

07.004 整体式交流发电机 integrate alternator
内装电子调节器的交流发电机。

07.005 起动机 starter, starting motor
由蓄电池供电、用于起动发动机的直流电动机。

07.006 一体式起动发电机 integrated starter generator
将发动机起动机与发电机功能集于一体的电机。

07.007 机械啮合式起动机 mechanically engaged drive starter
用机械方法把驱动齿轮推出，使之与发动机飞轮齿环啮合的起动机。

07.008 电磁啮合式起动机 pre-engaged drive starter
由电磁开关控制的、通过拨叉推动驱动齿轮与飞轮齿环啮合的起动机。

07.009 电枢移动式起动机 sliding armature starter
靠电枢移动推动驱动齿轮与飞轮齿环啮合的起动机。

07.010 同轴式起动机 coaxial drive starter
靠与起动机同轴安装的电磁开关直接吸动驱动齿轮，使之与飞轮齿环啮合的起动机。

07.011 惯性式起动机 inertia drive starter
靠驱动齿轮的惯性运动而使驱动齿轮与飞轮齿环啮合的起动机。

07.012 刮水电动机 wiper motor
带有减速器、驱动刮水机构的电动机。

07.013 暖风电动机 heater motor
驱动风扇供车内采暖用的电动机。

07.014 冷风电动机 cooling fan motor
驱动风扇供车内降温用的电动机。

07.015 燃油泵电动机 fuel pump motor
驱动发动机燃油泵的电动机。

07.016 门窗电动机 window lift motor
驱动门窗升降机构的电动机。

07.017 天线电动机 antenna motor, aerial motor
驱动天线升降机构的电动机。

07.018 座位移动电动机 seat adjustment motor
驱动座位移动机构的电动机。

07.019 洗涤泵电动机 washer motor
驱动洗涤泵的电动机。

07.020 润滑泵电动机 lubricating motor
驱动发动机润滑泵的电动机。

07.021 直流发电机调节器 DC generator regulator
由电压调节器、电流限制器和截流继电器组成的控制直流发电机输出的装置。

07.022 电流限制器 current limiter
把直流发电机输出电流限制在规定范围的调节装置。

07.023 电压调节器 voltage regulator
把直流发电机输出电压控制在规定范围的调节装置。

07.024 交流发电机调节器 alternator regulator
把交流发电机输出电压控制在规定范围的调节装置或与其他辅助装置组合在一起的装置。

07.025 电磁振动式调节器 electromagnetic vibrating-type regulator
通过触点的开闭控制发电机输出的调节器。

07.026 单级电磁振动式调节器 single-stage voltage regulator
通过一对触点的开闭控制发电机电压的调节器。

07.027 双级电磁振动式调节器 double-stage voltage regulator
通过两对触点的开闭控制发电机电压的调节器。

07.028 晶体管调节器 transistor regulator
利用晶体管的开关特性控制发电机电压的调节器。

07.029 集成电路调节器 IC regulator, solid-state regulator
利用集成电路的开关特性控制发电机电压的调节器。

07.030 内装式调节器 built-in voltage regulator
装在交流发电机上的电压调节器。

07.031 截流继电器 cutout relay
把直流发电机与蓄电池电路自动接通与切断的装置。

07.032 磁场继电器 field relay
用来自动接通与断开交流发电机磁场回路的继电器。

07.033 充电指示继电器 charge indicator relay
用来自动接通和断开蓄电池充电指示灯的继电器。

07.034 喇叭继电器 horn relay
控制喇叭工作的继电器。

07.035 充电接口 charging inlet
充电用的插座(传导式充电)或充电口(感应式充电)装置。

07.036 电动机控制器 electric motor controller
按照车辆行驶和制动能量反馈的要求,控制动力电源与电动机之间能量传输的装置。它由控制信号接口电路、电动机控制电路和驱动电路组成。

07.037 充电器 charger
控制和调整蓄电池充电的装置。

07.038 车载充电器 on-board charger
安装在车上的充电器。

07.039 非车载充电器 off-board charger

不安装在车上的充电器。

07.040 部分车载充电器 partially on-board charger
一些元件安装在车上，另一些元件不安装在车上的充电器。

07.041 维护插接器 service plug
当维护和更换动力蓄电池时用以断/通电路的装置。

07.042 变换器 converter, convertor
使电气系统的一个或多个特性，即电压、电流、波形、相数、频率发生变化的装置。

07.043 逆变器 inverter
将直流电转换为交流电的变换器。

07.044 整流器 rectifier
将交流电转换为直流电的变换器。

07.045 斩波器 chopper
将输入的直流电压以一定的频率通断，然后经滤波电路得到满足负荷要求的直流电的变换器。

07.046 DC/DC 电源变换器 DC/DC converter
将直流电调节成符合系统运行所要求的直流电的电气装置。

07.047 电喇叭 electric horn
用电磁线圈激励膜片振动产生音响的警告装置。

07.048 盆形电喇叭 disk-type horn
无扬声筒的电喇叭。

07.049 螺旋形电喇叭 shell-type horn
具有螺旋状扬声筒的电喇叭。

07.050 筒形电喇叭 trumpet-type horn
具有细长扬声筒的电喇叭。

07.051 气喇叭 air horn, pneumatic horn
用压缩空气激励膜片振动产生音响的警告装置。

07.052 电控气喇叭 electrically controlled air horn
用电磁阀控制空气通断的气喇叭。

07.053 晶体管电喇叭 transistor horn
利用晶体管电路激励膜片振动产生音响的警告装置。

07.054 单音喇叭 monotone horn
只具有一个音调的喇叭。

07.055 双音喇叭 bitone horn
用两只具有不同音调的喇叭组成的喇叭组。

07.056 三音喇叭 tritone horn
用三只具有不同音调的喇叭组成的喇叭组。

07.057 扬声筒 trumpet projector
把膜片振动产生的声音加以扩大并传播到远处的筒形物。

07.058 倒车报警器 back-up buzzer
倒车时使用的报警装置。

07.059 蜂鸣器 buzzer
用电磁线圈激励膜片振动而产生低声级的音响装置。

07.02 汽车灯具

07.060 前照灯 headlamp
用来照明前方道路的主要灯具。

07.061 封闭式前照灯 sealed headlamp
采用封闭式灯光组的前照灯。

07.062 半封闭式前照灯 semi-sealed headlamp
采用半封闭式灯光组的前照灯。

07.063 内装式前照灯 flush mounted headlamp

装饰圈与配光镜外露，灯壳嵌装在汽车上的前照灯。

07.064 外装式前照灯 external mounted headlamp
整灯外露地装在汽车上的前照灯。

07.065 辅助前照灯 auxiliary headlamp
起辅助照明作用的前照灯。

07.066 组合前灯 combination headlamp
将前照灯、雾灯或前转向信号灯等组合在一起的灯具。

07.067 封闭式灯光组 sealed beam unit
配光镜、反射镜和光源融合密封的不可拆的光学组件。

07.068 半封闭式灯光组 semi-sealed bcam unit
配光镜与反射镜密封，灯泡可以更换的光学组件。

07.069 灯壳 lamp housing
又称"灯罩"。灯具的壳体。

07.070 配光镜 lens，glass lens
由一个或一个以上光学单元组合起来获得所需配光特性的透镜。

07.071 反射镜 reflector
具有反射面的光学零件。

07.072 配光屏 filament shield
安装于灯丝的上侧或下侧，能获得所需配光特性的金属片。

07.073 雾灯 fog lamp
在有雾、下雪、暴雨或尘埃弥漫时能有效地照明道路和为来车提供信号的灯具。

07.074 牌照灯 license plate lamp
照亮牌照板用的灯具。

07.075 顶灯 ceiling lamp
安装在车厢顶部的灯具。

07.076 阅读灯 reading lamp
安装在车厢内供阅读用的灯具。

07.077 踏步灯 step lamp，courtesy light
照亮车门踏步处的灯具。

07.078 仪表灯 instrument panel lamp
供仪表照明用的灯具。

07.079 故障[指示]灯 malfunction indicator light
安装在仪表板上，用于显示和提示车辆出现故障的指示灯。

07.080 工作灯 portable lamp
修车用的照明灯具。

07.081 防空灯 black-out lamp
灯光管制时使用的灯具。

07.082 远光 high beam
前方无来车和不尾随其他汽车时使用的远距离照明光束。

07.083 近光 lower beam
交会车或尾随其他汽车时使用的近距离照明光束。

07.084 对称光 symmetrical beam
以屏幕 V 线为中心，左右对称的光。

07.085 非对称光 asymmetrical beam
以屏幕 V 线为中心，左右不对称的光。

07.086 眩目 dazzle，glare
由于反差、光亮度和视角等因素干扰视觉的现象。

07.087 眩光 glare，dazzle
产生眩目的光。

07.088 认视距离 bright viewing distance
照度为 2lx 处的点与灯具配光镜之间的距离。

07.089 配光 luminous intensity distribution

又称"光形分布"。根据汽车行驶要求所设计的光照度分布。

07.090 透光直径 transmission diameter
又称"出光直径"。光线透过配光镜有效面积的直径。

07.091 光束中心 beam center
又称"亮区"。光束的最亮区域。

07.092 等照度曲线 isolux curve
在同一平面内照度值相等的各点连线。

07.093 等光强曲线 isocandela curve
在同一平面内,发光强度相等的各点连线。

07.094 明暗截止线 cut-off line
灯光投射到测试屏幕上,眼睛感觉到的明暗陡变的分界线。

07.095 信号灯 signal lamp, indicator
以灯光信号或标志为目的的灯具。

07.096 前位灯 front position lamp
从车辆前方观察,表明车辆存在和车辆宽度的灯。

07.097 后位灯 rear position lamp
从车辆后方观察,表明车辆存在和车辆宽度的灯。

07.098 倒车灯 back-up lamp
汽车倒车时,指示倒车信号并观察后方障碍物的灯具。

07.099 制动灯 stop lamp
汽车行驶时向后方表示车辆减速或要停车的灯具。

07.100 转向信号灯 turn signal lamp
表示汽车转向的灯具。

07.101 组合后灯 combination tail lamp
把后位灯、制动灯、后转向灯以及倒车灯、尾部反射器等组合在一起,并独立发挥各自功能的灯具。

07.102 停车灯 parking lamp
停车时,为了标志汽车存在的灯具。

07.103 示廓灯 marker lamp, position light
标志汽车轮廓的灯具。

07.104 危险报警闪光灯 hazard warning lamp
在紧急状况时,能发出闪光报警信号的灯具。

07.105 警告灯 emergency warning lamp
具有旋转光束向他人示警的灯具。

07.106 转向信号灯指示器 turn light indicator
安装在驾驶室内发出汽车转向信号的装置。

07.107 反射器 reflex reflector
标志汽车自身存在用的反射装置。

07.108 闪光器 flasher
使信号灯闪光的装置。

07.109 电容式闪光器 capacitor-type flasher
以电容器充放电来控制继电器动作的闪光器。

07.110 热丝式闪光器 hot-wire-type flasher
以热丝热胀冷缩来控制继电器动作的闪光器。

07.111 翼片式闪光器 vane-type flasher
以热丝的伸缩转变为翼片突变动作的闪光器。

07.112 晶体管闪光器 transistor flasher
利用晶体管的开关特性控制的闪光器。

07.03 汽车仪表

07.113 仪表板总成 instrument panel assembly
由若干仪表(仪表指示器)、指示灯、报警灯机芯等装在一块板上所构成的总体。

07.114 仪表盘 instrument panel
装有各种电器仪表、信号指示和开关等的板盘。

07.115 组合仪表 combination instrument，instrument cluster
由若干仪表机芯、指示器机芯、指示灯和报警灯等安装在同一外壳内组成一个整体的仪表。

07.116 车速里程表 speedometer
指示汽车行驶速度及记录里程的仪表。

07.117 磁感应式车速里程表 magnetic inductive speedometer
利用磁感应原理指示车速，并通过机械传递记录行驶里程的仪表。

07.118 电子车速里程表 electronic speedometer
利用电子电路原理指示车速，并通过机械传递记录行驶里程的仪表。

07.119 里程计数器 mileage counter
汽车行驶里程的积算装置。

07.120 数字轮 digit wheel
又称"鼓轮"。十进位数字的圆形字轮。

07.121 标度盘 scale，dial
又称"刻度盘"。标有刻度线、数字或符号的仪表盘。

07.122 短程里程器 trip counter
汽车短距离行驶的具有调零机构的里程积算装置。

07.123 调零机构 null setting
使积算装置恢复至零位的机构。

07.124 转速表 tachometer
测量并显示转速的仪表。

07.125 磁感应式转速表 magnetic inductive tachometer
利用磁感应原理指示发动机转速的仪表。

07.126 电子转速表 electronic tachometer
利用点火系统的脉冲信号或信号发生器工作信号显示转速的仪表。

07.127 温度表 temperature gauge
指示汽车发动机冷却液或润滑油温度的仪表。

07.128 弹簧管式温度表 bourdon tube temperature gauge
以低沸点液体随温度变化产生的蒸气压力，使弹簧管发生形变作为工作原理的仪表。

07.129 油压表 oil pressure gauge
指示汽车发动机润滑系统油压的仪表。

07.130 燃油表 fuel gauge
指示汽车燃油箱内油量的仪表。

07.131 弹簧管式压力表 bourdon tube pressure gauge
利用弹簧管受压形变而指示压力的仪表。

07.132 电流表 ammeter
指示汽车蓄电池充放电电流强度的仪表。

07.133 极化电磁式电流表 polarized electromagnetic ammeter
以动铁芯与带电流的固定线圈和固定的永久磁铁之间的作用力作为工作原理的电流表。

07.134 动磁式电流表 moving magnet ammeter
以可动永久磁铁与带电流的导体之间的作用力作为工作原理的电流表。

07.135 电压表 voltmeter
指示汽车电源电压的仪表。

07.136 气压表 air pressure gauge
指示气动制动系统压力的仪表。

07.137 行驶记录表 tachograph

自动记录汽车的瞬时速度、运行里程及时间的仪表。

07.138 发动机工作小时表 engine hour meter
指示发动机累积工作时间的仪表。

07.139 双金属式油压表指示器 bimetallic oil pressure indicator
利用双金属片受热形变而指示压力的仪器。

07.140 电磁式油压表指示器 electromagnetic oil pressure indicator
利用动铁芯与带电流的固定线圈之间的作用力而指示压力的仪器。

07.141 动磁式油压表指示器 moving magnet oil pressure indicator
利用可动永久磁铁与带电流的交叉或十字固定线圈之间的作用力而指示压力的仪器。

07.142 电磁式温度表指示器 electromagnetic temperature indicator
利用动铁芯与带电流的固定线圈之间的作用力而指示温度的仪器。

07.143 动磁式温度表指示器 moving magnet temperature indicator
利用可动永久磁铁与带电流的固定线圈之间的作用力而指示温度的仪器。

07.144 双金属式燃油表指示器 bimetallic fuel indicator
利用双金属片形变而指示油量的仪器。

07.145 电磁式燃油表指示器 electromagnetic fuel indicator
利用动铁芯与带电流的固定线圈之间的作用力而指示油量的仪器。

07.146 动磁式燃油表指示器 moving magnet fuel indicator
利用可动永久磁铁与带电流的固定线圈之间的作用力而指示油量的仪器。

07.147 可运行指示器 stand-by indicator
显示可以正常运行的仪器。

07.148 制动能量回收指示器 braking energy feedback indicator
显示电制动系统能量回收强弱的仪器。

07.149 双金属式油压表传感器 bimetallic oil pressure sensor
利用双金属片受热形变产生脉冲电流而工作的传感器。

07.150 可变电阻式油压表传感器 variable resistance oil pressure sensor
利用压力的变化使电阻变化作为工作原理的传感器。

07.151 机油油量报警传感器 oil level warning sensor
机油油量低于规定值时发出报警信号的传感器。

07.152 压力报警传感器 pressure warning sensor
超出规定压力范围时发出报警信号的传感器。

07.153 空气滤清器堵塞报警传感器 air filter clog warning sensor
气流进入空气滤清器阻力过大时发出报警信号的传感器。

07.154 双金属式温度表指示器 bimetallic temperature indicator
利用双金属片受热形变而指示温度的仪器。

07.155 双金属式温度表传感器 bimetallic temperature sensor
又称"感温塞"、"水温塞"。以双金属片受热形变产生脉冲电流作为工作原理的传感器。

07.156 温度报警传感器 temperature warning sensor
超过规定温度时发出报警信号的传感器。

07.157 可变电阻式燃油表传感器 variable

resistance fuel level sensor

以燃油液面高度的变化改变电阻值大小作为工作原理的传感器。

07.158　燃油油量报警传感器　fuel level warning sensor

燃油油量低于规定值时发出报警信号的传感器。

07.159　控制器过热报警装置　controller overheat warning device

当控制器的温度超出限值时发出报警信号的装置。

07.160　漏电报警装置　insulation failure warning device

当主电路出现漏电时发出报警信号的装置。

07.161　电源总开关　battery main switch

接通与切断蓄电池电路的开关。

07.162　起动转换开关　battery changeover switch

汽车起动时改变蓄电池连接方式的开关。

07.163　复合插头　multi-cable plug

由一个或多个片式或柱式插头和绝缘护套所组成的插头。

07.164　复合插座　multi-cable socket

由一个或多个片式或柱式插座和绝缘护套所组成的插座。

07.165　插接器　connector

由插头与插座配合在一起的组件。

07.166　电线束　wiring harness

带接头、插头或插座的多种电线组合在一起的接线部件。

07.167　起动电缆　starting cable

连接蓄电池到起动机的带接头的电缆。

07.168　搭铁电缆　earthed cable

连接蓄电池到车体的电缆。

07.169　电路断电器　circuit breaker

当电路过负荷时能周期地自动断开与自动闭合，或能自动断开但需手动复位的器件。

07.170　软轴　flexible shaft

又称"挠性轴"。驱动车速里程表或转速表工作的挠性的轴。

07.04　汽车附属装置

07.171　采暖通风系统　heating and ventilation system

增加驾驶室内空气温度并为得到舒服环境而进行空气交换的系统。

07.172　空调系统　air-conditioning system

控制封闭驾驶室内有效温度和气压的系统。

07.173　绝缘电阻监测系统　insulation resistance monitoring system

对动力蓄电池和车辆底盘之间的绝缘电阻进行定期或持续监测的系统。

07.174　取力器　power-take-off

又称"动力输出装置"。将发动机动力向汽

车行驶系统以外的设备输出的装置。

07.175　牵引座　fifth wheel coupling

安装在半挂牵引车车架上，用于支承并牵引半挂拖车的装置。

07.176　[越野车]绞盘　winch，winch of off-road vehicle

安装在越野汽车的前部或后部，由发动机通过取力器驱动或电驱动，用于救援或自救的装置。

07.177　倒车声音影像系统　automobile reversing radar system

又称"停车辅助系统"。汽车停车或倒车时，以声音和(或)图像告知驾驶员车辆周围障碍物情况的安全辅助装置。

07.178　汽车 GPS 导航系统　in-vehicle GPS navigation system
以车载 GPS 接收机为基础,结合其他导航手段获得汽车数据,并与导航地图数据库相匹配,实时显示汽车位置并进行道路引导的导航系统。

07.179　发动机悬置系统　engine mounting system
支撑发动机动力总成并隔离发动机振动的弹性装置。

08. 汽 车 维 修

08.01　一 般 名 词

08.001　汽车维修　vehicle maintenance and repair
汽车维护和修理的统称。

08.002　汽车维修性　vehicle maintainability
汽车在规定的使用条件下和规定的时间内,按规定方法维修,保持与恢复规定功能的能力。

08.003　汽车技术状况　vehicle technical condition
表征某一时刻汽车表观和工作状态的总合。

08.004　汽车耗损　vehicle wear-out
汽车各种损坏和磨损现象的总称。

08.005　汽车完好技术状况　good condition of vehicle
汽车完全符合技术文件规定要求的状况。

08.006　汽车不良技术状况　bad condition of vehicle
汽车不符合技术文件规定的任一要求的状况。

08.007　汽车工作能力　working ability of vehicle
汽车执行规定功能的能力。它是汽车使用中所反映出的性能指标。

08.008　可靠性　reliability
产品在规定的条件下和规定的时间内完成规定功能的能力。

08.009　汽车技术状况参数　parameter for technical condition of vehicle
评价汽车技术状况的变量。

08.010　汽车极限技术状况　limiting technical condition of vehicle
汽车技术状况参数达到了技术文件规定的极限值的状况。

08.011　汽车技术状况变化规律　change regularity of technical condition of vehicle
汽车技术状况与行驶里程或时间之间的关系。

08.012　易损件　consumable part
须按行驶里程或时间间隔更新的零件。

08.013　更换件　replacement part
用以更换磨损或失效零件或部件的单个零件或部件。

08.014　修复件　reconditioned part, reworked part
用机械加工方法修复的单个零件或部件。

08.015　备件　spare part
储存起来用于更换的零件或部件。

08.016　统一更换件　consolidated replace-

ment part

在功能上与被更换的原装件相当的零件。

08.017 直接更换件 direct replacement part
在功能上与被更换的原装件等同的零件。

08.018 更改件 modified part
在功能上与被更换的原装件不相当的零件。

08.019 后加件 add-on part
既不是原来经认证车辆上的零件，也不是替换原配套零件的零件。

08.020 再制件 rebuilt part
旧件经拆卸、加工和再装配，功能上与原装件的部分规格等同的零件。

08.021 可回收利用率 recoverability rate
新车中能够被回收利用和（或）再使用部分的质量占车辆质量的百分比。

08.022 可再利用性 recyclability
零部件和（或）材料可以从报废车辆上被拆解下来再予利用的性能。

08.023 再造发动机 remanufactured engine
旧发动机按照一定工艺加工制造后，其技术性能、可靠性、使用寿命不低于原制造商同

类新机的发动机。

08.024 汽车零部件再制造产品 remanufactured automobile part
使用过的汽车零部件经过一系列再制造工艺后，恢复到像原产品一样的技术性能和产品质量的产品。

08.025 改制件 remanufactured part
旧件经拆卸、加工和再装配，功能上与原装件的部分规格相当的零件。

08.026 盘车 barring, turning
为检测和维修而转动发动机的一种方法。

08.027 重紧 retightening
按照制造厂的要求，在经过一定磨合期后重新拧紧螺钉、螺栓和螺母的操作。

08.028 修复 recondition, rework
对单个零件、部件、系统或整车进行彻底检修的过程。

08.029 磨合 running-in
为改善新生产或大修后的发动机的摩擦状况和检查有无泄漏，按照预定规程或相应计划进行运转的过程。

08.02 维 护

08.030 汽车维护 vehicle maintenance
为维持汽车完好技术状况或工作能力而进行的作业。

08.031 维修保养方便性 maintainability
技术保养及维修时零部件拆装的方便程度。

08.032 维修计划 maintenance schedule
按照预定时间间隔为进行维修而制定的工作清单。

08.033 汽车维护作业 operation of vehicle maintenance
汽车维护工艺中的技术操作。

08.034 汽车维护规范 norm of vehicle maintenance, specification of vehicle maintenance
对汽车维护作业技术要求的规定。

08.035 日常维护 daily maintenance
以清洁、补给和安全性能检视为中心内容的维护作业。

08.036 定期维护 periodic maintenance
按技术文件规定的运行间隔期实施的维护。

08.037 一级维护 elementary maintenance
除日常维护作业外，以润滑、紧固为作业中

心内容，并检查有关制动、操纵等系统中的安全部件的维护作业。

08.038 二级维护 complete maintenance
除一级维护作业外，以检查、调整制动系、转向操纵系、悬架等安全部件，并拆检轮胎，进行轮胎换位，检查调整发动机工作状况和汽车排放相关系统等为主的维护作业。

08.039 季节性维护 seasonal maintenance
为使汽车适应季节变化而实施的维护。

08.040 磨合维护 running-in maintenance
汽车在磨合期满时实施的维护。

08.041 汽车维护流水作业法 flow method of vehicle maintenance
汽车在维护生产线的各个工位上按确定的工艺顺序和节拍进行作业的方法。

08.042 汽车维护定位作业法 method of vehicle maintenance on universal post
汽车在全能工位上进行维护作业的方法。

08.043 汽车维护设备 equipment of vehicle maintenance
完成汽车维护作业的设备。

08.044 汽车维护生产纲领 production program of vehicle maintenance
汽车维护企业的年设计生产能力。

08.045 汽车维护周期 maintenance interval of vehicle
汽车进行同级维护之间的间隔期。

08.046 I/M 制度 inspection and maintenance program
为维持和恢复汽车固有的排放性能而建立的定期强制检查、维修排放系统的法规体系。

08.047 清除瓷釉 glaze-busting
当发动机为改进存油性能而需装用新活塞环时，对气缸套滑动面进行的处理。

08.048 修磨表面 dressing-out
清除表面微小缺陷的一种机械方法。

08.03 故障和损伤

08.049 汽车故障 vehicle fault
汽车部分或完全失去工作能力的现象。

08.050 完全故障 complete fault
汽车完全丧失工作能力，不能行驶的故障。

08.051 局部故障 partial fault
汽车部分丧失工作能力，即降低了使用性能的故障。

08.052 致命故障 critical fault
导致汽车重大损坏或导致人身伤害的故障。

08.053 严重故障 major fault
汽车运行中无法排除的完全故障。

08.054 一般故障 minor fault
汽车运行中能及时排除的影响较小的故障。

08.055 异响 abnormal knocking
汽车总成或机构在工作中产生的超过技术文件规定的不正常响声。

08.056 泄漏 leakage
汽车上的密封部位漏气或漏液的现象。

08.057 过热 overheat
汽车总成或机构的工作温度超过技术文件规定的现象。

08.058 失控 out of control
汽车总成或机构工作时，出现无法控制的现象。

08.059 乏力 lack of power
汽车运行过程中，动力明显不足的现象。

08.060 污染超标 illegal exhaust and noise

汽车运行过程中产生的有害排放物和(或)噪声超过技术法规或标准规定的现象。

08.061　燃油消耗量过高　excessive consumption of fuel
汽车燃料消耗超过技术文件规定的现象。

08.062　机油消耗量过高　excessive consumption of oil
润滑油消耗超过技术文件规定的现象。

08.063　振抖　fluttering oscillation, fluttering vibration
汽车运行中产生技术文件所不允许的抖动的现象。

08.064　活塞窜气　abnormal piston blow-by
过量燃气通过活塞环进入曲轴箱或扫气室内的现象。

08.065　传动带垂度　belt sag
在规定载荷下两带轮之间最长传动带中心处的挠度。

08.066　低温燃滤堵塞　cold fuel filter clogging
由于低温,燃油形成的蜡状晶体使通过燃油滤清器的燃油通道堵塞的现象。

08.067　压气机喘振　compressor surge
涡轮增压器压气机内的正常流动被破坏,导致在一定压力下的流量急速变化,使涡轮增压器的进气管内产生脉冲噪声的现象。

08.068　二次损坏　consequential damage
由于其他零件的故障导致使用零件损坏的现象。

08.069　排气油烟　exhaust plume
由未燃燃油或已燃机油形成的排烟。

08.070　游车　hunting
发动机转速出现不规则或不可控变化的现象。

08.071　液力锁紧　hydraulic lock, hydrostatic lock
由于燃烧室内存有液体而使发动机不能转动的现象。

08.072　失火　misfire
在一个或多个气缸内因不能燃烧或燃烧不完全使发动机无法正常运转的现象。

08.073　后燃　post combustion
由于燃烧过程不正常而产生排气火焰的现象。

08.074　不平衡　unbalance
当旋转件的重心与旋转中心不重合时所产生的剧烈振动的现象。

08.075　燃油系统气阻　vapor lock in the fuel system
通常由于局部过热或环境温度过高,导致供油系统内燃油部分气化而使燃油无法流动的现象。

08.076　磨粒磨损　abrasion
由于外部硬质颗粒侵入所导致的摩擦表面的磨损。

08.077　磨合痕迹　bedding-in pattern
两个接触件在运转初期形成的光滑发亮的磨损痕迹。

08.078　积炭　carbon residue
因不完全燃烧而沉积在零件上的残炭。

08.079　穴蚀　cavitation corrosion, erosion
因液体局部压力导致气泡形成和破裂,使表面材料脱落的现象。

08.080　结焦　burnt, charred
表面出现一层焦化的燃烧产物的现象。

08.081　剥蚀　chipping
疲劳磨损时从摩擦表面以颗粒形式分离出磨屑,并在摩擦表面留下"痘斑"的磨损。

08.082　燃烧残余物　combustion residue
由燃烧产物与积炭形成的固体沉积物。

08.083　缝隙腐蚀　crevice corrosion
由发生在缝隙中的化学反应造成金属接触面的损坏。

08.084　点蚀　corrosive pitting
由腐蚀机理产生的小孔和小点所构成的磨损。

08.085　露点腐蚀　dewpoint corrosion
在燃烧室或排气管道内,由低温表面凝结的燃烧产物所造成的腐蚀。

08.086　电解腐蚀　electrolytic corrosion
由两种不同金属与电解液发生电解反应所造成的腐蚀。

08.087　疲劳裂纹　fatigue crack
长期反复加载后在零件表面出现的裂纹。

08.088　疲劳断裂　fatigue fracture
因疲劳裂纹扩展而使零件产生的断裂。

08.089　高周疲劳断裂　high-cycle fatigue fracture
在弹性区域内由高频循环载荷造成的金属断裂。

08.090　低周疲劳断裂　low-cycle fatigue fracture
在弹性区域内由低频循环载荷造成的金属断裂。

08.091　摩擦疲劳断裂　frictional fatigue fracture
因摩擦而加剧的疲劳断裂。

08.092　微动腐蚀　fretting rust
由接触面之间微动而造成的腐蚀。

08.093　瓷釉　glaze
燃烧胶质形成的沉积物填入珩磨表面的沟纹中时出现的现象。

08.094　发裂　hairline crack
表面出现的不易察觉的微小裂纹。

08.095　热变色　heat discoloration
由于过热而使零件变色的现象。

08.096　过热区　hot spot
因暴露在燃气或排气中而产生的温度过高的区域。

08.097　漆膜　lacquering，varnishing
聚合在零件(如活塞、气门等)表面上的机油残余物薄膜。

08.098　喷油器滴漏　nozzle dribble
由于喷油器工作不正常使燃油滴入燃烧室内的现象。

08.099　麻点　pitting
由于受机械或化学作用所造成的表面材料的局部脱落。

08.100　活塞烧焦　piston burning，piston charring
活塞在高温下出现的硬而黑的物质。

08.101　活塞环结胶　ring gumming
胶质物在活塞环上的沉积。

08.102　活塞环拉缸　ring scuffing
活塞环在气缸套表面被局部咬住造成缸套表面擦伤的现象。

08.103　活塞环胶结　ring sticking
由于沉积物的积聚使活塞环在环槽中卡死或黏住的现象。

08.104　拉伤　score
沿运动方向以擦伤形式出现在表面上的沟槽样机械性损伤。

08.105　咬死　seizure
相互接触的零部件因贴合太紧而无法做相对运动的现象。

08.106　表面裂纹　surface crack

表面产生的微小伤痕或缝隙。

08.107 热龟裂 thermal cracking
由热应力在工作表面局部地区造成的不规则纵深裂缝。

08.108 热疲劳 thermal fatigue
工作部件在温度反复变化下而产生较大的交变热应力，从而导致裂纹的产生和扩展的过程。

08.109 啮合痕迹 toeing pattern
齿轮轮齿表面的接触痕迹。

08.110 阀座点蚀 valve seat pitting
阀座表面的斑点状腐蚀。

08.111 蠕状痕迹 vermiculated pattern
由波纹形、隧道状的沟槽或条纹组成的损伤痕迹。

08.112 磨损率 wear rate
单位工作时间的磨损量。

08.113 变质机油 degraded oil
由于化学物理性质改变而丧失润滑作用和清洁性能的机油。

08.114 油泥 oil sludge
润滑油的残渣被机油吸收而呈污泥状的物质。

08.115 变质冷却剂 degraded coolant
主要由于防腐剂和添加剂已耗损而性能恶化的冷却剂。

08.116 故障率 fault rate
汽车在规定行驶里程内发生故障的概率。

08.117 当前故障 current fault
在进行车辆检测时始终存在的故障。

08.118 历史故障 history fault
曾经发生但在检测当时未再现的故障。

08.119 偶发故障 intermittent fault
车辆在使用中间歇性的、断断续续发生的故障。

08.120 故障代码 fault code，malfunction code
计算机监测到故障并存储在存储器中的由字母和数字组成的相应代码。

08.121 冻结状态 freeze frame
第一次与排放相关的故障出现并被存储时的运行状态或环境状态。

08.04 检 测

08.122 检视 inspection
主要凭感官或使用简单的工具，对汽车、总成及零部件的技术状况所实施的检查。

08.123 技术检验 technical check，technical inspection
按规定的技术要求为确定汽车、总成及零部件技术状况所实施的检查。

08.124 汽车检测参数 parameter of vehicle detection
检测汽车技术状况用的参数。

08.125 汽车动力性检测参数 detection parameter of vehicle dynamic performance
检测汽车动力系统技术状况用的参数。

08.126 汽车安全性检测参数 detection parameter of vehicle safety
检测有关汽车运行安全的系统、机构技术状况用的参数。

08.127 汽车燃料经济性检测参数 detection parameter of vehicle fuel economy
检测有关汽车运行燃料消耗的系统、机构技术状况用的参数。

08.128 汽车排放性能检测参数 detection parameter of vehicle emission
检测有关汽车排放系统、装置的技术状况用的参数。

08.129 汽车检测作业 detection operation of vehicle
汽车检测过程中的技术操作。

08.130 汽车检测技术规范 detection norm of vehicle，detection specification of vehicle
对汽车检测作业技术要求的规定。

08.131 汽车检测设备 detection equipment of vehicle
完成汽车检测作业的设备。

08.132 车载诊断系统 on-board diagnosis，OBD
又称"随车诊断系统"。具有实时监视、储存故障码及交互式通信功能的、汽车电控系统的自诊断系统。

08.133 第二代车载诊断标准 on-board dia-gnosis-Ⅱ，OBD-Ⅱ
汽车自诊断系统故障代码、通信方式和软硬件结构等的统一规定。它侧重对汽车排放相关系统诊断要求的规范和统一。

08.134 欧洲车载诊断系统 European On-Board Diagnosis，EOBD
2000 年欧洲参照美国 OBD 并根据欧洲实际情况规定的车载诊断系统。

08.135 汽车诊断设备 diagnostic equipment of vehicle
完成汽车诊断作业的设备。

08.136 汽车诊断参数 diagnostic parameter of vehicle
诊断汽车、总成、机构及部件的技术状况用

的参数。

08.137 汽车诊断作业 diagnostic operation of vehicle
汽车诊断过程中的技术操作。

08.138 汽车诊断技术规范 diagnostic norm of vehicle，diagnostic specification of vehicle
对汽车诊断作业技术要求的规定。

08.139 初检 primary inspection
车辆进厂后用于验证故障症状和确定相关维修内容，首先要进行的检查作业。

08.140 竣工检验 complete checkout
相应的维修作业完成后准备交车的检验。

08.141 过程检验 process inspection
在维修过程中对各道工序的检验。

08.142 自诊断 self-diagnosis
车上控制系统对本系统进行的自我检查。

08.143 燃油压力测试 fuel pressure test
对汽车燃油系统进行的压力测量。

08.144 压力试验 pressure testing
用压缩空气、水或机油测试零部件的是否泄漏的试验。

08.145 汽油车稳态加载污染物排放检测 exhaust-pollution detection for gasoline vehicle under steady-state loaded mode
用简易工况法对装有汽油机的在用车进行污染物排放检测的一种方法。

08.146 柴油车加载减速污染物排放检测 exhaust smoke detection for diesel vehicle under lug-down
又称"lug-down 测试"。用简易工况法对装有柴油机的在用车进行烟度检测的一种方法。

08.05 修 理

08.147 汽车修理 vehicle repair
为恢复汽车完好技术状况或工作能力和延长寿命而进行的作业。

08.148 汽车修理作业 operation of vehicle repair
汽车修理工艺中的技术操作。

08.149 汽车修理规范 norm of vehicle repair, specification of vehicle repair
对汽车修理作业技术要求的规定。

08.150 视情修理 repair on technical condition
按技术文件规定对汽车技术状况进行检测或诊断后，决定作业内容和实施时间的修理。

08.151 汽车大修 major repair of vehicle
通过修复或更换汽车零部件和基础件，恢复汽车完好技术状况和完全或接近完全恢复汽车寿命的修理。

08.152 汽车小修 minor repair of vehicle
通过修理或更换个别零件，消除车辆在运行过程或维护过程中发生或发现的故障或隐患，恢复汽车工作能力的作业。

08.153 总成修理 assembly repair
为恢复汽车总成完好技术状况或工作能力和寿命而进行的作业。

08.154 发动机检修 engine tune-up
通过检测、试验、调整、清洁、修理或更换某些零部件，恢复发动机动力性、经济性、运转平稳性、排放水平等性能的作业。

08.155 发动机大修 major repair of engine
通过修理或更换零件，恢复发动机完好技术状况和完全恢复发动机寿命的修理。

08.156 发动机再造 engine remanufacture, engine rebuilding
将旧发动机按照一定工艺加工制造，使其技术性能、可靠性、使用寿命不低于原制造商同类新机的工业化、商品化的发动机的大修过程。

08.157 车身修复 body repair
对车身进行的修补和(或)校正作业。

08.158 零件修理 parts repair
恢复汽车零件性能和延长寿命的作业。

08.159 零部件修复 parts reclamation
把零部件的性能、可靠性、使用寿命恢复到不低于原制造商新零部件相应指标的制造过程。这个过程可与原过程不同。

拖 拉 机

09. 整 机

09.01 拖拉机及其类型

09.001 拖拉机 tractor
用于牵引、推动、驱动与操纵配套机具进行作业的自走式动力机械。

09.002 农业拖拉机 agricultural tractor
主要用于农业(种植业)耕作(耕地、整地、播种和收获等)、田间管理、运输、农田基本建设及排灌等作业的拖拉机。

09.003 工业拖拉机 industrial tractor
主要用于工程施工和土石方作业的拖拉机。

09.004 林业拖拉机 forestry tractor
主要用于林区集材、运输和营林等作业的拖拉机。

09.005 一般用途农业拖拉机 general purpose agricultural tractor
用于一般农作物的田间耕地、整地、播种、收获、运输等作业的拖拉机。

09.006 中耕拖拉机 row-crop tractor
适用于作物行间中耕管理作业的拖拉机。

09.007 水田拖拉机 paddy-field tractor
适合在水田中作业的拖拉机。

09.008 坡地拖拉机 hillside tractor
适用于坡地沿等高线作业的拖拉机。

09.009 果园和葡萄园拖拉机 orchard and vineyard tractor
主要用于果园、葡萄园耕作和管理作业的拖拉机。

09.010 草坪和园艺拖拉机 lawn and garden tractor
主要用于草坪修剪、庭园(场地)管理作业的拖拉机。

09.011 运输型拖拉机 transporting tractor
主要用于运输作业的拖拉机。

09.012 轮式拖拉机 wheeled tractor
通过车轮行走的两轴或多轴拖拉机。

09.013 后轮驱动拖拉机 rear-wheel drive tractor
仅由后轮驱动的拖拉机。

09.014 四轮驱动拖拉机 four-wheel drive tractor
前、后轮都有驱动装置的拖拉机。

09.015 履带拖拉机 crawler tractor, tracklaying tractor
装有履带行走装置的拖拉机。

09.016 半履带拖拉机 semi-crawler tractor
以履带为驱动装置,前轮转向的拖拉机。

09.017 手扶拖拉机 walking tractor
由扶手把操纵的单轴拖拉机。

09.018 船式拖拉机 ship-type tractor
由船体支撑机体和叶轮驱动的水田作业拖拉机。

09.019 双向行驶拖拉机 two-direction traveling tractor
能沿两个方向操纵行驶的拖拉机。

09.020 变型拖拉机 derivative tractor
以某种类型拖拉机为基础,进行变型更改后

适用于特定需求作业,且保留原拖拉机功能的拖拉机。

09.021 小型拖拉机 small tractor
功率小于 18.47kW(25 马力)的拖拉机。

09.022 中型拖拉机 middle tractor
功率大于或等于 18.47 kW(25 马力)但小于 73.53 kW(100 马力)的拖拉机。

09.023 大型拖拉机 large tractor
功率大于或等于 73.53 kW(100 马力)但小于 147.06 kW(200 马力)的拖拉机。

09.024 重型拖拉机 heavy tractor
功率大于或等于 147.06 kW(200 马力)的拖拉机。

09.025 自走底盘 self-propelled chassis
能独立行走的农机具通用机架。

09.02 整机性能及参数

09.026 牵引性能 tractive performance
拖拉机在规定地面条件下所发挥的牵引工作能力及其效率。

09.027 拖拉机牵引力 drawbar pull of tractor
作用于拖拉机牵引装置上的、平行于地面、用于牵引机具的力。

09.028 牵引力系数 coefficient of drawbar pull
拖拉机牵引力与附着载荷之比。

09.029 标定牵引力 rated drawbar pull
农业拖拉机在田间作业的牵引能力,即拖拉机在水平区段、适耕湿度的壤土茬地上(对于旱地拖拉机而言)或中等泥脚深度稻茬地上(对于水田拖拉机而言),在基本牵引工作速度或允许滑转率下所能发出的最大牵引力(两者取较小者)。

09.030 最大牵引力 maximum drawbar pull
拖拉机受发动机最大转矩或地面附着条件限制所能发出的牵引力。

09.031 理论速度 theoretical travel speed
按驱动轮或履带无滑转计算的拖拉机行驶速度。

09.032 实际速度 travel speed
在驱动轮或履带有滑转的实际工况下的拖拉机行驶速度。

09.033 牵引功率 traction power
拖拉机发出的用于牵引机具的功率。

09.034 牵引效率 traction efficiency
拖拉机的牵引功率与相应的发动机有效功率的比值。

09.035 动力输出轴功率 power-take-off shaft power,PTO power
拖拉机动力输出轴上输出的功率。

09.036 最大动力输出轴功率 maximum PTO power
动力输出轴上能输出的最大功率。

09.037 标准转速下的动力输出轴功率 PTO power at standard speed
动力输出轴在标准转速运转时输出的最大功率。

09.038 燃油经济性 fuel economy
拖拉机使用时对燃油消耗方面经济效果的评价。

09.039 小时燃油消耗量 fuel consumption per hour
单位工作小时的燃油消耗量。

09.040 牵引燃油消耗率 specific fuel consumption for traction power

单位牵引功率的小时燃油消耗量。

09.041 动力输出轴燃油消耗率 specific fuel consumption for PTO power

单位动力输出轴功率的小时燃油消耗量。

09.042 转向操纵性 turnability

拖拉机按驾驶员操作沿其所期望路径行驶的性能。

09.043 最小转向圆半径 minimum turning circle radius

拖拉机转向时，转向操纵机构在极限位置，回转中心到拖拉机最外轮辙（履辙）中心的距离。

09.044 最小水平通过半径 minimum clearance radius

拖拉机转向时，转向操纵机构在极限位置，回转中心到拖拉机最外端点在地面上投影点的距离。

09.045 最小转向半径 minimum turning radius

拖拉机转弯时，回转中心到拖拉机纵向中心面的距离。其最小值可对拖拉机机动性或操纵性作一般性的评价和比较。

09.046 稳定性 stability

拖拉机在坡道上不致翻倾或滑移的能力。

09.047 纵向极限翻倾角 longitudinal overturning angle of slope

处于制动状态的拖拉机纵向停放在坡道上而不致产生翻倾的最大坡度角。

09.048 纵向滑移角 longitudinal sliding angle

处于制动状态的拖拉机纵向停放在坡道上而不致产生滑移的最大坡度角。

09.049 横向极限翻倾角 lateral overturning angle of slope

拖拉机横向停放在坡道上而不致产生翻倾

的最大坡度角。

09.050 横向滑移角 lateral sliding angle

拖拉机横向停放在坡道上而不致产生滑移的最大坡度角。

09.051 抗翻系数 anti-overturning coefficient

轮式拖拉机悬挂相当于悬挂系统最大提升力载荷，下拉杆处于水平状态时，拖拉机抵抗绕后轴翻倾能力的指标。它用能使拖拉机翻倾时处于水平状态的下拉杆上悬挂的载荷与拖拉机最大提升力的比值表示。

09.052 行车制动性能 service braking performance

操纵行车制动装置，使行驶中的拖拉机减速或迅速停驶的能力。

09.053 驻车制动性能 parking braking performance

操纵驻车制动装置，使拖拉机能在规定坡度上停住的能力。

09.054 通过性 passing ability

拖拉机在田间、道路及非道路条件下的通过能力。

09.055 最大越障高度 maximum height of surmountable obstacle

拖拉机低速行驶能爬越的最大障碍高度。

09.056 最大越沟宽度 maximum width of surmountable trench

拖拉机低速行驶能越过的最大横沟宽度。

09.057 最小离地间隙 minimum ground clearance

在与纵向中心面等距离的两平面之间，拖拉机最低点至支撑面的距离。此两平面的距离为同一轴上左右车轮（履带）内缘间最小距离的 80%。

09.058 农艺地隙 agricultural ground clearance

在拖拉机机体下方，中耕作物通过部分的离地间隙。

09.059 纵向通过角 ramp angle
与静载前轮和静载后轮相切的两平面，在轮式拖拉机下部最低处相交形成的最小锐角。该锐角为轮式拖拉机可以通过的最大角度。

09.060 视野 field of vision
驾驶员在行车中眼睛固定注视一定目标时，所能见到的空间范围。

09.061 遮蔽阴影 masking effect
在视野半圆中，由于构件的遮挡，从驾驶员眼睛位置处不可见区域的扇形的面积。

09.062 乘坐舒适性 riding comfort
为乘员提供舒适、愉快的乘坐环境和方便的操作条件的性能。舒适性包括平顺性、车内噪声、空气调节、乘坐环境和驾驶操作性能等方面。

09.063 驾驶员全身振动 whole body vibration of operator
通过坐着的驾驶员臀部传到人体的三轴向的线性振动。

09.064 扶手把振动 vibration transmitted to handle
传导至手扶拖拉机扶手把 X 轴方向的线性振动。X 轴处于通过扶手把轴线的铅垂平面内并和扶手把轴线相垂交。

09.065 驾驶座振动传递系数 vibration transmission factor for seat
驾驶座座面垂直振动加权加速度与驾驶座安装处的拖拉机机体的相应振动加速度之比。

09.066 联合加权振动加速度 combining weighted vibration acceleration
按规定的频率加权方法对人体所受到的三轴向振动加速度进行修正后求出的均方根值。

09.067 可靠性 reliability
拖拉机在规定的使用条件、规定时间内完成规定功能的能力。

09.068 耐久性 durability
拖拉机在规定的使用和维修条件下，达到某种技术或经济指标极限时，完成规定功能的能力。

09.069 生产率 productivity
单位时间内拖拉机或机组完成的作业量。

09.070 综合利用性 versatility
拖拉机实施多种作业的能力（含更换项目的效率）。

09.071 维修保养方便性 maintainability
技术保养及维修时零部件拆装的方便程度。

09.072 最大操纵力 maximum actuating force required to operate control
驾驶员劳动保护要求规定的各操纵机构操纵力的最大允许值。

09.073 动态环境噪声 noise emitted by accelerating tractor
拖拉机按规定工况加速空驶，在离行驶中心线两侧 7.5 m 处测得的最大噪声。

09.074 驾驶员操作位置处噪声 noise at operator's position
拖拉机在规定牵引工况下，在驾驶员耳旁规定位置处测得的最大噪声。

09.075 极限冷起动温度 lowest starting temperature
拖拉机用自身装备的一切辅助起动装置和储备能源起动的最低环境温度。

09.076 最高工作环境温度 highest ambient temperature
在规定的使用或试验条件下，拖拉机所能工作的最高环境温度。

09.077 拖拉机纵向中心面 median longitu-

dinal plane of tractor
(1)轮式拖拉机为同一轴上左右车轮接地中心点连线的垂直平分面,接地中心点通过车轮轴线所做支承面的铅垂面与车轮中心面的交线在支承面上的交点。(2)距履带拖拉机左右履带中心面等距离的平面。

09.078 车轮中心面 median plane of wheel
距车轮轮辋两内缘等距的平面。

09.079 履带中心面 median plane of track
距履带两侧等距的平面。

09.080 拖拉机总长 overall length of tractor
分别相切于拖拉机前、后端并垂直于纵向中心面的两个铅垂面间的距离(悬挂下拉杆处于水平位置)。

09.081 拖拉机总宽 overall width of tractor
平行于纵向中心面并分别相切于拖拉机左、右固定突出部位最外侧点的两个平面间的距离。

09.082 拖拉机总高 overall height of tractor
拖拉机最高部位至支承面间的距离。

09.083 轴距 wheel base
分别通过拖拉机同侧前、后车轮接地中心点并垂直于纵向中心面和支承面的两平面间的距离。

09.084 轮距 wheel tread
同轴线上左、右车轮接地中心点之间的距离。

09.085 轨距 track-center distance
左、右履带中心面之间的距离。

09.086 质心高度坐标 vertical coordinate of the center of tractor mass
拖拉机质心到支承面的距离。

09.087 质心纵向坐标 horizontal coordinate of the center of tractor mass
拖拉机质心到通过后轮轴线的铅垂面的水平距离。

09.088 质心横向坐标 lateral coordinate of the center of tractor mass
拖拉机质心到纵向中心面的距离。

09.089 结构质量 dry mass
不加油料(燃油、润滑油、液压油)和冷却液、不带随车工具、无可拆卸配重(轮胎内无注水)时的拖拉机质量。

09.090 最小使用质量 minimum operation mass
按规定加足各种油料(燃油、润滑油、液压油)和冷却液并有驾驶员和随车工具、无可拆卸配重(轮胎内无注水)时的拖拉机质量。

09.091 最大使用质量 maximum operation mass
按规定加足各种油料(燃油、润滑油、液压油)和冷却液并有驾驶员和随车工具、装最大配重(轮胎内无注水)时的拖拉机质量。

09.092 结构比质量 specific dry mass
拖拉机结构质量与发动机标定功率之比值。

09.093 前轮质量分配系数 coefficient of weight on front wheel
拖拉机静止状态下,前轮作用在水平支承面上的垂直力与使用质量(重力)之比值。

09.094 后轮质量分配系数 coefficient of weight on rear wheel
拖拉机静止状态下,后轮作用在水平支撑面上的垂直力与使用质量(重力)之比值。

09.095 灌注量 filling capacity
拖拉机正常工作所需注入各有关部件的规定液体量。

09.096 比压 specific pressure
拖拉机最大使用质量(重力)与接地面积的比。

10. 传 动 系

10.01 传动系类型及性能

10.001 传动系 transmission system
将发动机的转速、转矩经转换与控制传至驱动轮和动力输出轴(带轮)的全套装置。

10.002 机械传动系 mechanical transmission system
由离合器、变速箱、驱动桥等机械装置组成的传动系统。

10.003 液压传动系 hydrostatic transmission system
由液压泵、液压马达(或油缸)、液压阀、液压辅助元件(包括压力表、滤油器、蓄能装置、冷却器、管件、各种管接头、管夹以及油箱等)和工作介质等组成的传动系统。

10.004 液力传动系 hydrodynamic transmission system
由液力变矩器或耦合器等液力装置组成的传动系统。

10.005 传动比 transmission ratio
输入轴转速与输出轴转速之比。

10.006 转矩比 torque ratio
输出轴转矩与输入轴转矩之比。

10.007 传动效率 transmission efficiency
输出轴功率与输入轴功率之比。

10.02 离 合 器

10.008 离合器 clutch
用于传递和切断动力的装置。

10.009 摩擦式离合器 friction clutch
靠主、从动件间的摩擦力传递动力的离合器。

10.010 牙嵌式离合器 dog clutch
靠主、从动轴端面上互相嵌合的凸块传递动力的离合器。

10.011 弹簧压紧式离合器 spring-loaded clutch
主、从动摩擦件间的压紧力由压紧弹簧产生的离合器。

10.012 杠杆压紧式离合器 lever-loaded clutch
主、从动摩擦件间的压紧力由杠杆机构的弹性力产生的离合器。

10.013 液压离合器 hydraulic clutch
主、从动摩擦件间的压紧力由液体压力产生的离合器。

10.014 主离合器 traction clutch, main clutch
控制发动机向驱动轮传送动力的离合器。

10.015 动力输出离合器 power-take-off clutch, PTO clutch
控制发动机向动力输出轴(带轮)传送动力的离合器。

10.016 独立操纵的双作用离合器 independently-operated double-acting clutch
能各自独立操纵的主离合器与动力输出离合器的组合体。

10.017 联动操纵的双作用离合器 linkage-operated double-acting clutch
具有一套操纵机构,分段联动操纵的主离合器与动力输出离合器的组合体。

10.018 湿式离合器 wet clutch
主、从动摩擦件在油液中工作的离合器。

10.019 转向离合器 steering clutch
控制向左、右侧驱动轮传送动力以实现拖拉机转向的离合器。

10.020 单离合器 single clutch
一个离合器同时控制发动机向驱动轮和动力输出轴(带轮)传送动力的离合器。它分为单作用离合器和双作用离合器两种。

10.021 双离合器 double clutch
具有两个离合器,一个离合器控制发动机向驱动轮传送动力,一个离合器控制发动机向动力输出轴(带轮)传送动力,两个离合器相互不关联。

10.022 离合器转矩储备系数 clutch torque reserve coefficient
摩擦式离合器传递的最大稳定转矩与标定输入转矩之比。

10.023 滑摩功 slipping work
离合器主、从动件在接合期间消耗于摩擦的功。

10.024 离合器衰减系数 fade coefficient of clutch
离合器热态和冷态时所传递的最大稳定输出转矩之比。

10.025 从动盘 driven plate
摩擦式离合器中被驱动的圆盘。

10.026 压盘 pressure plate
摩擦式离合器中传递压紧力的主动圆盘。

10.027 离合器盖 clutch cover
支承压紧弹簧并作为分离杠杆支座的壳形零件。

10.03 传 动 箱

10.028 传动轴 drive shaft
用于部件间传递转速和转矩的联轴节与轴(轴管)的组合。

10.029 变速箱 transmission, gear box
能改变速比或转矩比和输出轴旋转方向的传动装置。

10.030 组成式变速箱 compound transmission
由主变速和各种副变速装置组成的变速箱。

10.031 行星式变速箱 planetary transmission
采用行星机构变速的变速箱。

10.032 有级变速 step transmission
在若干固定速度级内,不连续的变换速度。

10.033 无级变速 continuously variable transmission
在一定速度范围内,能连续、任意的变换速度。

10.034 换档 shift
变换工作齿轮副,以改变速比和(或)旋转方向。

10.035 滑动齿轮换档 sliding gear shift
通过齿轮轴向滑动实现换档。

10.036 啮合套换档 collar shift
通过移动啮合套变换被接合齿轮实现换档。

10.037 同步器换档 synchronized shift
通过同步器变换被接合齿轮实现换档。

10.038 动力换档 power shift
利用液压换档离合器和(或)制动器快速变换工作齿轮副,实现负荷下换档。

10.039 增矩器 torque amplifier, hi-lo unit
具有两个档位的动力换档装置。

10.040 同步器 synchronizer
换档时,在其啮合套进入刚性接合前,通过

摩擦元件使相啮合件转速趋于一致的装置。

10.041 换档锁定机构 shift detent mechanism

使拨叉或拨叉轴锁定在挂档或空档位置的机构。

10.042 换档互锁机构 shift interlock mechanism

换档时避免同时移动两个拨叉（拨叉轴）的机构。

10.043 拨叉 shift fork

拨动滑动齿轮、啮合套换档的叉形件。

10.044 分动箱 transfer case

使变速箱输出的动力分别向前、后桥传递的传动装置。

10.045 中央传动 main drive

使变速箱输出的动力传给差速器或履带转向机构的减速装置。

10.046 差速器 differential

能使左、右半轴以差速传递转矩的机构。

10.047 差速锁 differential lock

使差速器处于不能差速传动的装置。

10.048 防滑差速器 limited slip differential

能自动使左、右半轴转矩不等，减少附着力较差一侧驱动轮滑转的差速器。

10.049 锁止系数 lock ratio

防滑差速器左、右半轴转矩差值与左、右半轴转矩和之比。

10.050 履带转向机构 steering mechanism for crawler tractor

能改变左、右履带驱动力（速度），使履带拖拉机转向的传动及制动机构的总和。

10.04 前桥与后桥

10.051 后驱动桥 rear drive axle

简称"后桥(rear axle)"。用来支撑与连接后驱动轮的装置。通常其中含有主减速器与差速器传动装置。

10.052 前驱动桥 front drive axle

简称"前桥(front axle)"。用来支撑与连接前轮的装置。通常包含转向节与转向梯形机构。

10.053 最终传动 final drive

向左、右驱动轮传递动力的最终减速装置。

10.054 内置式最终传动 inside-installed final drive

置于后桥箱体内的最终传动。

10.055 外置式最终传动 outside-installed final drive

置于后桥箱体外侧或靠近驱动轮处的最终传动。

10.05 动力输出装置

10.056 动力输出轴 power-take-off shaft, PTO

拖拉机向其驱动机具输出动力的轴。

10.057 后动力输出轴 rear PTO

位于拖拉机后部，向后伸出的动力输出轴。

10.058 前动力输出轴 front PTO

位于拖拉机前部，向前伸出的动力输出轴。

10.059 轴间动力输出轴 inter-axis PTO

位于拖拉机前、后轴间的动力输出轴。

10.060 独立式动力输出轴 independent PTO

其运转和停止与拖拉机的行驶和停止互不影响的动力输出轴。

10.061 非独立式动力输出轴 non-independent PTO

其运转和停止与拖拉机的行驶和停止同时发生的动力输出轴。

10.062　半独立式动力输出轴　semi-detached PTO

一种运转可不受拖拉机的行驶和停止影响的动力输出轴，但其运转或停止状态的改变必须在拖拉机停止时进行。

10.063　同步式动力输出轴　synchronized

PTO

其转速与拖拉机行驶速度成固定比例的动力输出轴。

10.064　动力输出轴标准转速　standard speed of PTO

符合标准规定的动力输出轴转速。

10.065　动力输出带轮　power-take-off belt pulley

拖拉机向固定机具输出动力的带轮。

11. 制　动　系

11.01　制动系类型

11.001　制动系　braking system

制止拖拉机运动或运动趋势的全套装置(系统)。

11.002　行车制动系　service braking system

使行驶中的拖拉机平稳减速或停驶的制动系统。

11.003　驻车制动系　parking braking system

使拖拉机保持停止状态的制动系统。

11.004　机械制动系　mechanical braking system

产生制动力所需能量由驾驶员体力供给并

全部由机械机构传递的制动系统。

11.005　人力液压制动　non-power hydraulic braking

产生制动力所需能量由驾驶员体力供给和由液体压力传递的制动。

11.006　液压制动　power-assisted hydraulic braking

产生制动力所需能量由液压装置提供的制动。

11.007　气压制动　pneumatic braking

产生制动力所需能量由气压装置提供的制动。

11.02　制动动力系统

11.008　制动供能装置　energy supplying device for braking

供给、调节和改善制动所需能量的装置。

11.009　制动主缸　brake master cylinder

将控制力转换为液体压力的部件。

11.010　气泵　air compressor

由发动机驱动产生压缩空气的装置。

11.011　储气筒　air storage reservoir

储存压缩空气以满足制动供气需要的容器。

11.03　制动操控系统

11.012　制动控制装置　braking control device

制动时操纵和控制制动效果的装置。

11.013　制动踏板装置　braking pedal device

制动时用脚踏的控制装置。

11.014　驻车制动操纵装置　parking braking control device

操纵与控制停车制动器的装置。

11.015　液压制动阀　hydraulic brake valve

使传能装置取得相应的液体压力的制动控制阀门。

11.016　气制动阀　air brake valve

使传能装置取得相应的气体压力的制动控制阀门。

11.017　制动传能装置　energy transfer device for braking

将控制装置分配来的能量转送到制动器的装置。

11.018　制动油缸　brake cylinder

将液体压力转换为作用在制动器上的机械力的装置。

11.019　制动气室　brake chamber

将气体压力转换为作用在制动器上的机械力的装置。

11.04　制动器类型

11.020　制动器　brake

产生制动力矩的装置。

11.021　带式制动器　band brake

使用制动带抱紧制动鼓，产生摩擦制动力的制动器。

11.022　蹄式制动器　shoe brake

通过胀紧制动蹄片产生摩擦制动力的制动器。

11.023　盘式制动器　disk brake

通过压紧制动盘片产生摩擦制动力的制动器。

11.024　钳盘式制动器　caliper disk brake

通过局部夹紧制动盘产生摩擦制动力的制动器。

11.025　湿式制动器　wet brake

摩擦副在油液中工作的制动器。

11.026　干式制动器　dry brake

在干摩擦条件下工作的制动器。

11.05　制动系参数

11.027　制动操纵力　braking control force

施加在制动操纵装置上的力。

11.028　制动力矩　braking torque

制动器产生的制止车轮或履带运动或运动趋势的阻力矩。

11.029　制动力　braking force

由制动作用产生的阻止车轮或履带运动或运动趋势的地面摩擦力。

11.030　制动反应时间　braking reacting time

从制动操纵装置开始动作到制动器开始产生制动力矩所经历的时间。

11.031　有效制动时间　active braking time

从制动力开始产生到拖拉机完全停住所经历的时间。

11.032　总制动时间　total braking time

制动反应时间和有效制动时间之和。

11.033　制动距离　braking distance

由驾驶员开始制动至拖拉机完全停住时的行驶距离。

11.034　制动初速度　initial speed of braking

制动操纵装置开始动作时的拖拉机行驶速度。

11.035　平均制动减速度　mean braking deceleration

自驾驶员开始制动至拖拉机完全停住所获得的制动减速度的平均值。

11.036 **制动器热衰减系数** heat fade coefficient of brake
热态和冷态平均制动减速度之比。

11.037 **制动跑偏** braking deviation
左、右轮制动力不同引起的拖拉机偏离行驶方向和路线的现象。

12. 行 走 系

12.01 行走系及机架

12.001 **行走系** running gears, undercarriages
支承机体，使拖拉机能够行驶并提供牵引力的全套装置。

12.002 **轮式行走系** running gears of wheeled tractor
靠车轮支承机体、行走并获取地表切向反力的系统。

12.003 **履带行走系** undercarriages of crawler tractor
通过履带支承机体、通过卷绕循环铺放的履带行走并获得地表反向力的系统。

12.004 **整体台车履带行走系** undercarriages with entire bogie of crawler tractor
具有整体台车的履带行走系。

12.005 **平衡台车履带行走系** undercarriages with equalizing bogie of crawler tractor
具有平衡台车的履带行走系。

12.006 **独立台车履带行走系** undercarriages with independent bogie of crawler tractor
具有独立台车的履带行走系。

12.007 **机架** frame
由纵横梁和(或)部件壳体连接组成的构件。其上可安装、连接各部件，使拖拉机构成一整体。

12.008 **全架** entire frame
全部由纵横梁组成的机架。

12.009 **无架** frameless
全部由各部件壳体连接组成的机架。

12.010 **半架** semi-frame
由纵横梁和部件壳体连接组成的机架。

12.011 **铰接架** articulated frame
由前、后两段机架铰接组成的机架。

12.02 轮式行走装置

12.012 **前轴** front axle
用于安装前轮并支承拖拉机前部的构件。

12.013 **伸缩套管式前轴** telescopic front axle
由管式前梁套接前梁臂构成的可调整轮距式前轴。

12.014 **可调板梁式前轴** adjustable beam front axle
由矩形、工字形等断面前梁和前梁臂搭接构成的可调整轮距式前轴。

12.015 **固定轮距式前轴** fixed tread front axle
前轮的安装距离不可调整的前轴。

12.016 **车轮** wheel
装在车轴上支撑机体的旋转组件。

12.017 **前轮** front wheel
位于拖拉机前部的车轮。

12.018 **后轮** rear wheel
位于拖拉机后部的车轮。

12.019　导向轮　steering wheel
用于控制拖拉机行驶方向的车轮。

12.020　驱动轮　driving wheel
用于驱动拖拉机行驶的车轮。

12.021　水田轮　paddy-field wheel
专用于水田作业的驱动轮。

12.022　双排驱动轮　dual driving wheel
在拖拉机每侧驱动轴上并排安装的两个驱动轮。

12.03　履带拖拉机悬架和行走装置

12.023　悬架　suspension
使支重轮(组)与机架连接并传递机体力的构件。

12.024　刚性悬架　rigid suspension
机体力通过刚性元件传递的悬架。

12.025　弹性悬架　elastic suspension
机体力通过弹性元件传递的悬架。

12.026　半刚性悬架　semi-rigid suspension
机体部分力通过刚性元件传递的悬架。

12.027　履带行走装置　crawler traveling device
装在机架或整体台车架上、支承机体、使履带循环转动行走并发挥出牵引力的全套机构。

12.028　台车　bogie
支重轮组或支重轮与悬架的组合体。

12.029　整体台车　entire bogie
由一侧支重轮刚性连接组成的台车。

12.030　平衡台车　equalizing bogie
由两个或两个以上支重轮彼此用平衡臂连接的台车。

12.031　独立台车　independent bogie
由支重轮与各自的弹性元件组成的台车。

12.032　履带　crawler
能循环卷绕并形成无限长移动轨道的环形带。

12.033　金属履带　metal crawler
全部由金属零件组成的履带。

12.034　整体式履带　entire crawler
由整体铸造履带板组成的履带。

12.035　组合式履带　combined crawler
由履轨、履板和销套组成的履带。

12.036　橡胶-金属履带　rubber-metal crawler
由金属履带板和橡胶连接件所组成的履带。

12.037　橡胶履带　rubber crawler
由整条橡胶带构成的履带。

12.038　支重轮　supporting roller
支承机体,在履带轨道上旋转行走的轮子。

12.039　张紧缓冲装置　tension-buffer device
具有调整履带张紧力和缓冲性能的装置。

12.040　[履带]导向轮　idler, track idler
又称"张紧轮(tension idler)"。张紧履带,承受行走时履带所受冲击力,保证引导履带卷绕方向的轮子。

12.041　[履带]驱动轮　driving sprocket, track driving sprocket
通过卷绕履带驱动拖拉机的轮子。

12.042　节齿式啮合　tooth mesh
由位于履带板铰链中间的齿和驱动链轮上的齿槽啮合。

12.043　节销式啮合　link-pin mesh
由履带板铰链中间的齿销和驱动链轮上的轮齿啮合。

12.044　托轮　carrier roller

托住履带，防止履带下垂量过大的轮子。

12.04　行走系性能参数

12.045　接地面积　contact area
车轮或履带行走装置与地面接触部分的面积。

12.046　附着载荷　adhesion load
驱动轮或履带行走装置对地面的垂直载荷。

12.047　平均接地压力　average contact pressure
车轮或履带行走装置的垂直载荷与接地面积之比。

12.048　下陷量　sinkage
车轮或履带行走装置的最低点(不计抓土齿部分)与未被压过的地面间的垂直距离。

12.049　附着力　adhesion force
驱动轮或履带行走装置在一定的垂直载荷和地面条件下所能发挥的最大驱动力。

12.050　附着系数　adhesion coefficient
附着力与附着载荷之比。

12.051　动力半径　dynamic radius
作用于驱动轮上、与运动方向相同的全部反作用力合力作用线到驱动轮中心的距离。

12.052　驱动力　gross tractive force
驱动轮或履带行走装置驱动时，在地面上产生的与行驶方向相同的力。其值为驱动转矩除以动力半径。

12.053　滚动阻力　rolling resistance
车轮或履带行走装置滚动时，所需要克服的地面变形及行走装置内部摩擦等引起的与行驶方向相反的力。

12.054　滚动阻力系数　coefficient of rolling resistance
车轮或履带行走装置滚动时的滚动阻力与其对地面垂直载荷之比。

12.055　滑转率　slip
驱动轮或履带行走装置在驱动力为零时的理论速度与有驱动力时的实际速度之差与理论速度之比。

12.056　行走效率　efficiency of running gears，efficiency of undercarriages
考虑滑转率和滚动阻力因素，行走系将动力转化为驱动力的能力。

12.057　静力半径　static loaded radius
车轮在静止垂直载荷作用下，轮轴轴心到地面的垂直距离。

12.058　滚动半径　rolling radius
车轮滚动一周所行驶距离与 2π 之比。

12.059　前轴摆角　oscillatory angle of front axle
前轴从水平位置摆动到限位位置时的转角。

12.060　前轮外倾角　camber
前轮中心面与铅垂线间的夹角。

12.061　立轴内倾角　kingpin inclination
立轴轴线在垂直于支承面和纵向中心面的平面上的投影与支承面垂线间的夹角。

12.062　立轴后倾角　kingpin castor
立轴轴线在纵向中心面上的投影与支承面垂线间的夹角。

12.063　前束　toe-in
在前轮中心高度上测得的左右轮胎面中心线间，后、前尺寸之差。

12.064　前轮摆振　shimmy of front wheel
拖拉机直线行驶时，前轮的横向摆动现象。

12.065　履带张紧力　tensioning force of crawler

由履带张紧装置施加于履带的张力。

12.066　履带前倾角　approach angle of crawler
前部履带下方与支承面间的夹角。

12.067　履带后倾角　trim angle of crawler
后部履带下方与支承面间的夹角。

12.068　驱动轮节距　drive-sprocket pitch
驱动链轮相邻啮合齿在节圆上的弦长。

12.069　履带节距　crawler pitch
两相邻履带销孔中心线之间的距离。

12.070　履带接地长度　ground contact length of crawler
履带与地面的接触长度。

12.071　履带下垂量　crawler sag
两个轮子(托轮、导向轮、驱动轮)之间履带下垂的最大距离。

13. 转　向　系

13.01　转向系类型

13.001　转向系　steering system
改变和保持拖拉机行驶方向的全套装置。

13.002　轮式拖拉机转向系　steering system for wheeled tractor
使轮式拖拉机车轮偏转以实现转向功能的全套装置。

13.003　履带拖拉机转向系　steering system for crawler tractor
改变履带拖拉机左、右履带驱动力或速度以实现转向功能的传动装置和制动装置及其操纵机构。

13.004　车轮转向　wheel steering
通过偏转车轮改变拖拉机行驶方向的转向方式。

13.005　折腰转向　articulated steering
通过前、后铰接机体偏折使车轮偏转，改变拖拉机行驶方向的转向方式。

13.006　机械转向　mechanical steering, manual steering
靠人力操纵机械装置进行转向的转向方式。

13.007　液压转向　hydrostatic steering
操纵液压装置,用液压能进行转向的转向方式。

13.008　熄火转向　emergency steering
在液压转向拖拉机上，发动机熄火或液压泵停止工作时，由驾驶员用手力驱动转向计量泵，泵送油液进行的转向。

13.009　液压助力转向　power-assisted steering
操纵机械装置，同时控制液压伺服装置，用液压能帮助驾驶员手力进行的转向。

13.010　侧滑转向　skid steering
通过左右履带或驱动轮牵引力不同，引起履带或车轮侧向滑动，改变拖拉机行驶方向的转向方式。

13.02　转向系性能参数

13.011　转向系角传动比　angle ratio of steering system
转向盘转角的增量与同侧转向节转角的相应增量之比。

13.012　转向系刚度　stiffness of steering system
转向节固定,转向盘的输入力矩与角位移之比。

13.013 转向盘总圈数 total turns of steering wheel

在拖拉机上，转向盘从一个极端位置转到另一个极端位置时所转过的圈数。

13.014 转向盘自由行程 free running of steering wheel

导向轮在直线行驶位置时，转向盘的空转角度。

13.015 转向力矩 steering moment

由车轮偏转产生的侧向分力或由左右两侧履带驱动力之差形成的、使拖拉机转向的力矩。

13.016 转向阻力矩 steering resisting moment

转向时地面和机具作用于拖拉机的、阻止转向的力矩。

13.017 转向操纵力 steering control force

作用于转向盘或其他转向操纵装置上的力。

13.018 转向操纵力矩 steering control moment

作用于转向盘或其他转向操纵装置上的力矩。

13.03 转 向 器

13.019 机械转向器 manual steering gear

使转向盘的转动变为垂臂按一定传动比的摆动的机械装置。

13.020 液压转向器 hydrostatic steering unit

能使转向盘计量控制转向油缸或液压马达工作的液压装置。

13.021 循环球式转向器 recirculating-ball steering gear

其螺杆与螺母的螺旋圆弧槽中有一组能循环滚动的钢球的螺杆螺母式转向器。

13.022 曲柄指销式转向器 worm and peg steering gear

以曲柄的指形销轴（套）在螺杆梯形槽中配合进行传动的转向器。

13.023 转向器角传动比 steering gear angle ratio

转向器输入轴转角增量与转向器输出轴转角的相应增量之比。

13.024 转向器扭转刚度 torsional stiffness of steering gear

转向器垂臂固定，转向器输入的力矩增量与其产生的角位移增量之比。

13.025 转向器传动效率 steering gear efficiency

转向器输出功率与输入功率之比。

13.026 正效率 forward efficiency

功率由转向轴输入，由垂臂轴输出时的效率。

13.027 逆效率 reverse efficiency

功率由垂臂轴输入，由转向轴输出时的效率。

13.028 转向臂 pitman arm

转向器输出轴上的摇臂。

13.029 转向计量泵 steering metering pump

液压转向器中控制每转输出油量的泵。

13.030 转向控制阀 steering control valve

用来改变动力转向器中动力传递路线的阀门。

13.04 转向传动机构

13.031 转向传动机构 steering linkage

转向器输出轴与转向节之间传动的连杆机构。

13.032 转向梯形机构 tie rod linkage

使左、右导向轮按一定关系进行偏转，减少侧滑的梯形连杆机构。

13.033　双纵拉杆转向机构　double-drag-link linkage

使左、右导向轮按一定关系进行偏转，减少侧滑的具有两根纵拉杆的连杆机构。

14. 液压悬挂系及牵引、拖挂装置

14.01　液压悬挂系及其型式

14.001　液压悬挂系　hydraulic hitch system
将机具挂结在拖拉机上，传递牵引力，以液压操纵升降机具、控制耕深和输出液压能的全套装置。

14.002　整体式液压悬挂系　integrated hydraulic hitch system
各液压元件组成一个整体的液压悬挂系统。

14.003　分置式液压悬挂系　hydraulic hitch system with separated units
各液压元件分别安装在拖拉机的不同部位的液压悬挂系统。

14.004　半分置式液压悬挂系　hydraulic hitch system with partial separated units
除液压泵单独安装外，其他液压元件组成一个整体的液压悬挂系统。

14.005　吸油路调节式液压悬挂系　hydraulic hitch system with inlet control
通过调节液压泵的吸油量来改变输出油量（由零到额定油量），从而控制执行油缸动作的液压悬挂系统。

14.006　压力油路调节式液压悬挂系　hydraulic hitch system with outlet control
通过主控制阀改变压力油路的油流方向来控制执行油缸动作的液压悬挂系统。

14.007　卸荷式液压悬挂系　hydraulic hitch system with unloading function
耕作位置时，主控制阀处于中立位置，使油缸进排油切断，液压泵卸荷输出的油量流回油箱的液压悬挂系统。

14.008　节流式液压悬挂系　hydraulic hitch system with throttle control
耕作位置时，主控制阀处于中立位置，通过其阀口节流调节系统压力维持提升油缸负荷要求的液压悬挂系统。

14.009　开心式液压系统　open-center hydraulic system
主控制阀处于中立位置时，液压泵的输出油流通过主控制阀流回油箱的液压系统。

14.010　闭心式液压系统　closed-center hydraulic system
主控制阀处于中立位置时，液压泵的输出油流被主控制阀切断的液压系统。

14.011　开式循环液压系统　open-circuit hydraulic system
液压泵从油箱吸油，油缸或液压马达排油流回油箱的液压系统。

14.012　闭式循环液压系统　closed-circuit hydraulic system
液压泵吸油口与油缸或液压马达排油口相通，系统中只需有少量的补油的液压系统。

14.02　耕深控制方式

14.013　浮动控制　floating control
用机具上的地轮控制耕深，悬挂装置处于浮动状态的控制方式。

14.014　阻力控制　draft control

通过传到悬挂装置上的机具牵引阻力的变化信号自动控制耕深的控制方式。

14.015 位置控制 position control
通过悬挂装置调节机具与拖拉机的相对位置来控制耕深的控制方式。

14.016 综合控制 composite control
阻力和位置控制共同起作用来控制耕深的控制方式。

14.017 定比例综合控制 constant-proportion composite control
阻力和位置控制耕深具有定比例关系的控制方式。

14.018 变比例综合控制 variable-proportion composite control
阻力和位置控制耕深可以根据需要改变比例的控制方式。

14.03 传 感 方 式

14.019 上拉杆传感 upper-link sensing
牵引阻力信号通过悬挂装置的上拉杆传给控制机构的传感方式。

14.020 下拉杆传感 lower-link sensing
牵引阻力信号通过悬挂装置的下拉杆传给控制机构的传感方式。

14.021 转矩传感 torque sensing
将传感轴上的转矩作为牵引阻力信号传给控制机构的传感方式。

14.04 悬 挂 装 置

14.022 悬挂装置 linkage
把机具连接在拖拉机上的一套杆件。

14.023 三点悬挂装置 three-point linkage
以三个铰接点与拖拉机机体连接的悬挂装置。

14.024 两点悬挂装置 two-point linkage
以两个铰接点与拖拉机机体连接的悬挂装置。

14.025 前悬挂装置 front-mounted linkage
将机具悬挂在拖拉机前方的悬挂装置。

14.026 侧悬挂装置 side-mounted linkage
将机具悬挂在拖拉机侧面的悬挂装置。

14.027 轴间悬挂装置 inter-axial-mounted linkage
将机具悬挂在拖拉机前、后轮轴之间的悬挂装置。

14.028 后悬挂装置 rear-mounted linkage
将机具悬挂在拖拉机后面的悬挂装置。

14.029 悬挂点 hitch point
拉杆与农具间球铰接的中心点。

14.030 上悬挂点 upper hitch point
上拉杆与农具间球铰接的中心点。

14.031 下悬挂点 lower hitch point
下拉杆与农具间球铰接的中心点。

14.032 铰接点 link point
拉杆与拖拉机间球铰接的中心点。

14.033 上铰接点 upper link point
上拉杆与拖拉机间球铰接的中心点。

14.034 下铰接点 lower link point
下拉杆与拖拉机间球铰接的中心点。

14.035 动力提升行程 movement range
对应于提升器油缸全行程，下悬挂点在支承面垂直方向的移动量。它不包括悬挂杆件或提升杆的调节。

14.036 水平调节范围 leveling adjustment
一个下悬挂点相对于另一个下悬挂点沿铅垂方向的调节范围。用此调节农具的横向倾斜度。

14.037 运输高度 transport height
提升杆调到最短，下悬挂点公共轴线处于横向水平最高提升位置时，下悬挂点至地面的垂直距离。

14.038 下悬挂点间隙 lower hitch-point clearance
消除下拉杆横向摆动，下悬挂点在最高位置时与拖拉机之间的径向距离。

14.039 立柱倾角 pitch
立柱相对于铅垂线倾斜的角度。规定立柱向前倾斜的角度为正。

14.040 运输角 transport pitch
立柱处于垂直状态，农具从下拉杆水平位置提升到标准运输高度时所达到的立柱倾角。

14.041 自由扭转浮动量 torsional free-float distance
两根下拉杆呈水平时，一个下悬挂点相对于另一个下悬挂点在铅垂方向的自由浮动量。

14.042 水平汇聚距离 horizontal convergence distance
两根下拉杆处于水平对称位置时，从下悬挂点到两根下拉杆延长线交汇点之间的距离。

14.043 垂直汇聚距离 vertical convergence distance
两根下拉杆处于水平位置时，从下悬挂点到上、下拉杆延长线在纵垂平面上交汇点之间的距离。

14.044 提升时间 lifting time
提升相当于最大提升力的载荷完成动力提升行程所需的时间。

14.045 安全阀调定压力 minimum setting pressure of safety valve
由制造厂规定的安全阀最小全开压力。

14.046 安全阀开启压力 minimum opening pressure of safety valve
拖拉机液压系统试验时，实际测得的安全阀最小全开压力。

14.047 静沉降 static settlement
油缸置于中立位置，发动机处于熄灭状态，在规定时间内和规定的提升悬挂载荷下，在规定的加载点处的垂直升降距离。

14.048 最大提升力 maximum force exerted in full range
在整个动力提升行程中，将各测点最大提升力（在规定位置测得）的最小值修正到工厂规定的最小安全阀调定压力 90% 时的相应值。

14.049 液压输出 external hydraulic service
输出液压能以驱动机具上的液压部件。

14.050 快速挂结装置 hitch coupler
便于迅速将农机具连接到悬挂装置上的一种挂结装置。

14.05 主要液压元件

14.051 液压泵 hydraulic pump
将输入的机械能转变为液压能的转换装置。

14.052 齿轮泵 gear pump
依靠密封在一个壳体中的两个或两个以上齿轮，在相互啮合过程中所产生的工作空间容积变化来输送液体的泵。

14.053 柱塞泵 piston pump
利用柱塞在泵缸体内往复运动，使柱塞与泵壁间形成容积改变，反复吸入和排出液体并增高其压力的泵。

14.054 分配器 distributor
操纵控制悬挂装置升降及液压输出的液压阀总成。

14.055 液压提升器 hydraulic lifter
分配器、油缸、提升臂、操纵机构（也可包括液压泵）组合在一起，具有升降机具功能的液压部件。

14.056 主控制阀 main control valve
接受操纵手柄及调节机构的控制，从而使系统处于提升、中立或下降等不同状态的阀门。

14.057 回油阀 return valve
利用主控制阀的开启或关闭使系统处于工作或卸荷状态的随动阀门。

14.058 下降阀 lowering valve
控制泄油，使机具下降的主控制阀的随动阀。

14.059 下降速度控制阀 lowering-speed control valve
用以控制机具下降速度的阀门。

14.060 灵敏度控制阀 sensitivity control valve
用以控制系统自动调节灵敏度的阀门。

14.061 流量控制阀 flow control valve

用以控制进入油缸或液压马达油流量的阀门。

14.062 多路阀 banked direction control valve
由手动换向阀、溢流阀、单向阀组合而成，用以控制执行元件动作的方向阀。

14.063 安全阀 safety valve
为防止系统过载，保证系统安全的压力控制阀。

14.064 油缸 cylinder
用来将油液的流量和压力转换为机械能的能量转换装置。

14.065 双作用油缸 double-acting cylinder
可向活塞两侧供给压力油的油缸。

14.066 单作用油缸 single-acting cylinder
仅向活塞一侧供给压力油的油缸。

14.067 滤油器 oil filter
减少油液中不溶性污物参与油流循环的渗透性装置。

14.068 液压快换接头 quick-action hydraulic coupler
把液压能输出到机具上的、能迅速连接和断开的接头。

14.06 牵引装置和拖挂装置

14.069 牵引钩 drawbar
拖拉机上用来连接和拖动牵引式机具的装置。

14.070 U 形挂钩 clevis
拖拉机上用来连接和拖动挂车的一种 U 形

连接装置。

14.071 钩形挂钩 hook
拖拉机上用来连接和拖动挂车的一种钩形连接装置。

15. 驾驶室、驾驶座和覆盖件

15.01 驾 驶 室

15.001 驾驶室 cab
包封驾驶员工作空间的装置。

15.002 简易驾驶室 simple cab
仅为驾驶员起挡风避雨作用的驾驶室。

15.003 舒适驾驶室 comfort cab
能提供良好的隔声、防振效果，配备空调或采暖和通风系统等，为驾驶员提供舒适工作环境的驾驶室。

15.004 封闭驾驶室 enclosed cab
具有完善的安全防护功能，可以防止外部灰尘和其他物体进入并将驾驶员完全包围起来的驾驶室。

15.005 安全驾驶室 safety cab
能在拖拉机发生翻车事故时，对驾驶员提供安全防护的驾驶室。

15.006 翻倾防护装置 roll-over protective structure
由驾驶室骨架或安全框架、立柱等组成的，翻倾时能对驾驶员提供安全防护的装置。

15.007 安全带 seat belt
将驾驶员可靠地系在驾驶座上，当出现事故时使驾驶员不至脱身的装置。

15.008 驾驶员工作空间 operator's workplace
以纵向中心面和驾驶座标志点为基准所规定的驾驶员进行正常操作所需的最小空间尺寸。

15.009 容身区 clearance zone
以纵向中心面和驾驶座标志点为基准所规定的一个供驾驶员容身的空间范围。

15.010 门道 access doorway
驾驶室门打开时驾驶员出入的通道。

15.011 紧急出口 emergency exit
驾驶员能从驾驶室里面打开并安全脱险的出口。包括正常的驾驶室门。

15.012 加压系统 pressurization system
增加驾驶室内压力的装置。它包括影响系统性能的任何元件。

15.013 采暖通风系统 heating and ventilation system
增加驾驶室内空气温度并为得到舒服环境而进行空气交换的系统。

15.014 空调系统 air-conditioning system
控制封闭驾驶室内有效温度和气压的系统。

15.02 驾 驶 座

15.015 驾驶座 operator's seat
驾驶员进行驾驶操作所乘坐的座椅。

15.016 悬架式驾驶座 suspension seat
装有弹性悬架和减振器的驾驶座。

15.017 驾驶员体重调节装置 driver's weight adjustment device
根据驾驶员体重的不同而对驾驶座悬架进行调节的装置。

15.018 驾驶座标志点 seat index point
驾驶座上大致相当于驾驶员坐姿髋关节中心的一个假想点。该点位置用专用工具进行测量。

15.03 仪表盘、操纵柜

15.019 仪表盘 instrument panel
装有各种电器仪表、信号指示器和开关等的板盘。

15.020 组合仪表 instrument cluster
将多种指示检测仪表、报警信号指示器等组合在一体的仪表装置。

15.021 集成式组合仪表 integrated cluster
各个仪表共用同一个集成电路的组合仪表。

15.022　独立式组合仪表　compositive cluster
采用单个仪表组装在同一个仪表盘上的组合仪表。

15.024　机罩　hood
主要用于遮盖和保护发动机的薄壳总成。

15.025　挡泥板　fender
设置在轮胎(履带)上方,用以挡住飞溅的泥水的薄壳总成。

15.026　燃油箱　fuel tank

15.023　操纵柜　console
集中安装油门、变速杆和液压操纵等手柄的柜形装置。

15.04　覆盖件及其他

拖拉机上装燃油的箱体。

15.027　安全标志　safety sign
提醒驾驶员或操作人员在操作、保养和维修拖拉机时避免潜在风险发生的标志、安全警戒符号、危险程度标志词及文字信息、危险图形等。

英 汉 索 引

A

abnormal knocking　异响　08.055

abnormal piston blow-by　活塞窜气　08.064

abrasion　磨粒磨损　08.076

ABS　防抱装置　03.255

absorbed natural gas for vehicles　汽车用吸附天然气　01.091

accelerating drag　加速阻力　03.020

acceleration enrichment　加速加浓　04.822

acceleration vector of mass center　质心加速度矢量　03.133

accelerator pedal　加速踏板，*油门踏板　03.011

accelerator pedal position sensor　加速踏板位置传感器　04.794

accelerator-pedal-quick-releasing control test　急收加速踏板的控制试验　03.199

access　引道　06.057

access doorway　门道　15.010

Ackerman steering angle　阿克曼转向角　03.037

acoustic hood　隔声罩　04.192

active braking distance　有效制动距离　03.250

active braking time　有效制动时间　11.031

active suspension　主动悬架　05.194

actuating line　工作管路　05.505

actuator　执行器　04.807

additional retarding braking system　辅助制动系　05.470

additional tank　辅助水箱　04.607

add-on part　后加件　08.019

adhesion coefficient　附着系数　12.050

adhesion force　附着力　03.022，12.049

adhesion load　附着载荷　12.046

adhesion weight　附着载荷　03.293

adiabatic engine　*绝热发动机　04.157

adjustable beam front axle　可调板梁式前轴　12.014

adjuster　调整机构　06.073

adsorbed natural gas vehicle　吸附天然气汽车　02.225

aerial ladder fire truck　云梯消防车　02.139

aerial motor　天线电动机　07.017

aerodynamic attachment　空气动力附件　06.077

aerodynamic drag　空气阻力　03.016

aerodynamic drag coefficient　空气阻力系数　03.017

aerodynamic retarder　空气缓速器　05.501

aerofoil　导流罩　06.137

aerosol　悬浮颗粒　04.661

aero stabilizer　*气流稳定器　06.156

after burner　后燃器　04.713

after-fracture visibility test　破碎后的能见度试验　06.283

agricultural ground clearance　农艺地隙　09.058

agricultural tractor　农业拖拉机　09.002

air brake valve　气制动阀　11.016

air cleaner　空气滤清器　04.341

air compressor　气泵　11.010

air-conditioning evaporator mounting point　空调蒸发器安装点　06.136

air-conditioning system　空调系统　07.172，15.014

air-condition switch compensation　空调开关修正，*空调开关补偿　04.853

air-cooled charge air cooler　风冷式增压空气冷却器　04.598

air-cooled engine　风冷发动机　04.155

air-cooled engine fan　风冷发动机风扇　04.613

air-cooled oil cooler　风冷式机油冷却器　04.595

air cooling　气冷，*风冷　04.589

aircraft cleaning truck　飞机清洗车　02.136

aircraft food delivery truck　航空食品装运车　02.134

air dam skirt　阻风板　06.156

air filter　空气滤清器　04.341

air filter clog warning sensor　空气滤清器堵塞报警传感器　07.153

air-fuel ratio control of gasoline engine　汽油机空燃比控制　04.821

air horn　气喇叭　07.051

air inlet valve　进气门　04.275

airplane water feeder　飞机供水车　02.096

air pressure gauge　气压表　07.136

air-spring-type suspension　空气弹簧悬架　05.200

air storage reservoir　储气筒　11.011

air-tightness　气密性　05.327

alarm monitoring　报警监测　04.855

aligning stiffness　回正刚度　03.098

aligning stiffness coefficient　回正刚度系数　03.101

aligning torque　回正力矩　03.089

aligning torque stiffness　*回正力矩刚度　03.098

aligning torque stiffness coefficient　*回正力矩刚度系数　03.101

alkaline fuel cell　碱性燃料电池　01.103

all-speed governor　全程式调速器　04.409

alternative fuel　代用燃料　01.082

alternator regulator　交流发电机调节器　07.024

altitude compensation　海拔高度修正，*海拔高度补偿　04.852

altitude compensator　海拔高度补偿器　04.428

ambient pressure　环境压力　04.105

ambient temperature　环境温度　04.106

ambulance　救护车　02.057

ammeter　电流表　07.132

AMT　机械式自动变速器　05.101

analog signal　模拟量信号　04.816

analysis interference　[分析]干扰　04.755

angle between spray orifices　喷孔夹角　04.466

angle of approach　接近角　01.013

angle ratio of steering system　转向系角传动比　13.011

angular position actuator　角度位置执行器　04.487

angular position sensor　角度位置传感器　04.484

antenna motor　天线电动机　07.017

anti-bumping clearance　防撞间隙　04.018

anti-diesel device　防继燃装置　04.510

anti-hijacking vehicle　防暴车　02.074

anti-interference ignition cable　高压阻尼线　04.566

antilock braking system　防抱装置　03.255

antilock device　防抱装置　03.255

anti-overturning coefficient　抗翻系数　09.051

anti-theft device　防盗装置　06.074

anti-violence water tanker　防暴水罐车　02.111

apex　三角胶条　05.260

A pillar　*A柱　06.139

apparatus van　仪器车　02.066

approach angle　接近角　01.013

approach angle of crawler　履带前倾角　12.066

armoured passenger car　防弹车　02.016

articulated bus　铰接客车　02.023

articulated connecting-rod　主副连杆　04.221

articulated frame　铰接架　12.011

articulated steering　折腰转向　13.005

articulated vehicle　铰接列车　02.201

ash tray　烟灰盒　06.217

aspect ratio　高宽比　05.293

asphalt-distributing tanker　沥青洒布车　02.107

assembled camshaft　组合式凸轮轴　04.256

assembled crankshaft　装配式曲轴　04.230

assembly repair　总成修理　08.153

asymmetrical beam　非对称光　07.085

asymptotic pressure of braking　制动渐近压力　05.514

asymptotic stability　渐近稳定性　03.171

asynchronous injection　异步喷射　04.516

AT　自动液力变速器　05.097

atomization　雾化　04.469

automatic braking system　自动制动系　05.471

automatic clutch　自动离合器　05.008

automatic mechanical transmission　机械式自动变速器　05.101

automatic protection monitoring　自动保护监测　04.856

automatic shift　自动换档　05.114

automatic transmission　自动液力变速器　05.097

automobile reversing radar system　倒车声音影像系统，*停车辅助系统　07.177

automotive positive locking differential　牙嵌式自由轮差速器　05.171

auxiliary console　副仪表板　06.190

auxiliary fire vehicle　后援消防车　02.180

auxiliary gearbox　副变速器　05.076

auxiliary headlamp　辅助前照灯　07.065

auxiliary transmission　副变速器　05.076

average contact pressure　平均接地压力　12.047

average contact pressure of tire　轮胎平均接地压力　05.320

average input current　平均输入电流　04.574

axial-flow turbine　轴流式涡轮，*轴流式透平　04.319

axial-plunger distributor injection pump　轴向柱塞式分配泵，*单柱塞式分配泵　04.377

axle　车桥　05.537

axle control　轴控制　03.258

axle shaft　半轴　05.177

B

back leakage　回油　04.455

backlight　后窗玻璃，*后挡玻璃　06.249

back-to-chest vibration applied to human body　人体前后振动　03.231

back-up buzzer　倒车报警器　07.058

back-up lamp　倒车灯　07.098

bad condition of vehicle　汽车不良技术状况　08.006

baggage compartment　行李舱　06.034

baggage compartment carpet　行李舱地毯　06.164

baggage compartment floor　行李舱地板　06.163

baggage compartment lid　行李舱盖　06.166

baggage compartment lining　行李舱衬里　06.165

balance weight　平衡重　04.241，平衡配重　05.358

ball-impact test　抗冲击试验　06.295

ball yoke　球叉　05.137

band brake　带式制动器　11.021

banked direction control valve　多路阀　14.062

barring　盘车　08.026

base metal catalyst　普通金属催化剂　04.698

base-mounted fuel injection pump　平底安装式喷油泵　04.382

basic control MAP of boost pressure　增压压力控制基本 MAP 图　04.840

basic control MAP of injected fuel quantity of diesel engine　柴油机喷油量控制基本 MAP 图　04.841

basic gearbox　主变速器　05.075

basic MAP of injection duration control　喷油脉宽控制基本 MAP 图　04.842

basic MAP of injection duration control for CR system　共轨系统喷油脉宽控制基本 MAP 图　04.843

basic MAP of injection timing control　喷油正时控制基本 MAP 图　04.844

basic transmission　主变速器　05.075

battery　蓄电池　01.112

battery carrier　电池承载装置　01.126

battery changeover switch　起动转换开关　07.162

battery electric vehicle　纯电动汽车　02.206

battery main switch　电源总开关　07.161

battery management system　电池管理系统　01.109

bead　胎圈　05.259

bead heel　胎踵　05.248

bead ring　钢丝圈　05.261

bead seat　胎圈座　05.220

bead toe　胎趾　05.249

bead unseating　脱圈　05.325

bead unseating resistance　脱圈阻力　05.326

bead width　胎圈宽度　05.301

beam center　光束中心，*亮区　07.091

bearing housing　轴承体　04.317

bedding-in pattern　磨合痕迹　08.077

Beer-Lambert law　比尔-朗伯定律　04.770

belt　带束层　05.255

belt line　腰线　06.045

belt sag　传动带垂度　08.065

belt tensioner　皮带张紧装置　04.272

bench test　台架试验　04.120

benzopyrene　苯并芘　04.669

bevel epicyclic hub reductor　行星锥齿轮式轮边减速器　05.163

bias-ply tire　斜交轮胎　05.236

bias tire　带束斜交胎　05.237

bi-fuel vehicle　两用燃料汽车　02.228

bimetallic fuel indicator　双金属式燃油表指示器　07.144

bimetallic oil pressure indicator　双金属式油压表指示器　07.139

bimetallic oil pressure sensor　双金属式油压表传感器　07.149

bimetallic temperature indicator　双金属式温度表指示器　07.154

bimetallic temperature sensor　双金属式温度表传感器，＊感温塞，＊水温塞　07.155

binding clip　夹箍　06.106

biodiesel　生物柴油　01.098

biodiesel vehicle　生物柴油汽车　02.231

biomass liquid fuel　生物质液体燃料，＊生物质燃油　01.097

Birfield universal joint　非同心圆球笼式万向节　05.135

bisection beam　等分梁　06.194

bitone horn　双音喇叭　07.055

black-out lamp　防空灯　07.081

black smoke　黑烟　04.672

bloodmobile　采血车　02.073

bloom　钢化彩虹　06.261

blow-off　吹除　04.731

blue smoke　蓝烟　04.673

board edge iron　包边　06.324

body　车身　06.001

body accessories　车身附件　06.201

body bottom　车身底部　06.043

body covering　车身覆盖件　06.066

body cover panel　车身覆盖件　06.066

body exterior　车身外部　06.048

body floor　车身地板　06.115

body front　车身前部　06.039

body front wall　车身前围　06.138

body gate　货箱栏板　06.309

body interior　车身内部　06.047

body in white　白车身　06.016

body jacking point　车身举升点　06.038

body mechanism　车身机构　06.069

body mounting　车身悬置　06.037

body nose　车身前部　06.039

body rear end　车身尾部　06.041

body rear wall　车身后围　06.158

body repair　车身修复　08.157

body roof　车顶，＊车身顶盖　06.125

body side wall　车身侧围　06.172

body skeleton　车身骨架　06.036

body skin　车身蒙皮　06.067

body skirt　车身裙部　06.046

body structural member　车身结构件　06.061

body tail　车身尾部　06.041

body top　车身顶部　06.042

bodywork length　车身长度　01.017

bogie　台车　12.028

bonneted body　长头车身　06.007

bonneted cab　长头驾驶室　06.021

boost compensator　增压补偿器　04.427

boost pressure　增压压力　04.038

boost pressure sensor　增压压力传感器　04.801

bottom dead center　下止点　04.010

bourdon tube pressure gauge　弹簧管式压力表　07.131

bourdon tube temperature gauge　弹簧管式温度表　07.128

box/stake truck　仓栅式汽车　02.125

B pillar　＊B柱　06.177

brace　定位拉条　06.335

bracket　托架　06.065

brake　制动器　05.493，11.020

brake back plate　制动底板　05.528

brake chamber　制动气室　11.019

brake cylinder　制动油缸　11.018

brake drag　制动拖滞　03.247

brake hysteresis　制动器滞后　03.243

brake lining　制动衬片　05.529

brake lining assembly　制动衬片总成　05.522

brake master cylinder　制动主缸　11.009

brake mean effective pressure　平均有效压力　04.091

brake noise　制动噪声　03.276

brake power　有效功率　04.093

brake thermal efficiency　有效热效率　04.097

brake torque　有效转矩，＊有效扭矩　04.086

braking adhesion　制动附着性　05.337

braking adhesion coefficient　制动附着系数　03.104

braking alarm device　制动报警装置　05.517

braking control device　制动控制装置　11.012

braking control force　制动操纵力　11.027

braking deceleration　制动减速度　03.253

braking deviation　制动跑偏　11.037

braking distance　制动距离　03.249，11.033

braking distribution ratio　制动力分配比　03.248

braking energy feedback indicator　制动能量回收指示器　07.148

braking force 制动力 03.244，11.029

braking force coefficient 制动力系数 03.095

braking force proportioning device 制动力比例调节装置 05.518

braking mechanics 制动力学 03.241

braking pedal 制动踏板 05.491

braking pedal device 制动踏板装置 11.013

braking rate 制动强度 03.254

braking reacting time 制动反应时间 11.030

braking stability test 制动稳定性试验 03.202

braking system 制动系 11.001

braking system hysteresis 制动系滞后 03.242

braking torque 制动力矩 03.246，11.028

braking work 制动功 03.251

break away 侧滑 03.182

breaker 缓冲层 05.253

breakerless ignition system 无触点点火系 04.552

breaking energy 破坏能 05.322

bright viewing distance 认视距离 07.088

broken corner 缺角 06.270

brushless alternator 无刷交流发电机 07.003

built-in fuel pump 内置式燃油泵 04.524

built-in voltage regulator 内装式调节器 07.030

built-up crankshaft 组合式曲轴 04.229

bulk cement delivery tanker 散装水泥运输车 02.093

bullet-resisting glass 防弹玻璃 06.245

bumper 保险杠 06.152

bumper arm 保险杠支架 06.153

bumper cover 保险杠外罩 06.155

bumper damper 保险杠吸能装置 06.154

burnt 结焦 08.080

burst pressure 爆破压力 05.323

bus 客车 02.018

bus road train 客车列车 02.198

bus semi-trailer 客车半挂车 02.191

bus trailer 客车挂车 02.186

buzzer 蜂鸣器 07.059

hypass lubricating oil filter 分流式机油滤清器 04.633

bypass valve 旁通阀 04.641

C

cab 驾驶室 06.018，15.001

cabin 驾驶室 06.018

calibration gas 标定气 04.759

caliper disk brake 钳盘式制动器 11.024

cam 凸轮 04.253

camber 车轮外倾 03.050，前轮外倾角 12.060

camber angle 车轮外倾角 03.051

camber stiffness 外倾刚度 03.097

camber stiffness coefficient 外倾刚度系数 03.100

camber thrust 外倾侧向力，*外倾推力 03.080

cam disk 端面凸轮 04.403

cam follower 凸轮从动件 04.290

cam ring 内凸轮环 04.402

camshaft drive mechanism 凸轮轴传动机构 04.260

camshaft position sensor 凸轮轴位置传感器 04.793

capacitor discharge ignition system 电容放电式点火系 04.553

capacitor of ignition distributor 分电器电容器 04.565

capacitor-type flasher 电容式闪光器 07.109

capped inflation test 闭气试验 05.331

cap ply 冠带层 05.254

caravan 旅居挂车 02.195

caravan semi-trailer 旅居半挂车 02.193

carbon canister 炭罐 04.735

carbon canister storage device 炭罐储存装置 04.734

carbon canister vent valve 炭罐通气阀 04.736

carbon dioxide 二氧化碳 04.677

carbon-dioxide fire vehicle 二氧化碳消防车 02.179

carbon monoxide 一氧化碳 04.651

carbon residue 积炭 08.078

carburetor 化油器 04.499

carburetor air tunnel 化油器空气道 04.501

carburetor bowl 化油器浮子室 04.500

carburetor choke 化油器阻风门 04.505

carburetor choke tube 化油器喉管 04.502

carburetor engine 化油器式发动机 04.133

carburetor float chamber 化油器浮子室 04.500

carburetor venturi 化油器喉管 04.502

car carrier　车辆运输车　02.144

carcass　胎体　05.251

cardan universal joint　十字轴式万向节　05.132

cargo body　货箱　06.299

cargo body side post　货箱侧柱　06.322

cargo body underframe　货箱底架　06.308

cargo floor　货箱底板　06.304

carpet　地毯　06.118

carrier frame　托架　06.065

carrier roller　托轮　12.044

cash transport van　运钞车　02.044

catalyst　催化剂　04.693

catalyst aging　催化剂老化　04.701

catalyst converter　催化转化器　04.687

catalyst poisoning　催化剂中毒　04.700

catalytic combustion analyzer　催化燃烧分析仪
　　04.753

catalytic converter　催化转化器　04.687

catalytic trap　催化捕集器　04.719

cavitation corrosion　穴蚀　08.079

cavity pocket　气泡　04.477

ceiling lamp　顶灯　07.075

cementing manifold truck　固井管汇车　02.153

center-axle trailer　中置轴挂车　02.194

centering ball　定心钢球　05.138

center of tire contact　轮胎接地中心　03.072

center pillar　中柱　06.177

center plate　中间压盘　05.019

central frame　中间框架　06.196

centrifugal advance mechanism　离心提前机构，*离心
　　式点火提前装置　04.562

centrifugal automatic clutch　离心式自动离合器
　　05.009

centrifugal impeller　离心式叶轮　04.325

centrifugal mechanical governor　离心机械式调速器
　　04.406

centrifugal oil filter　离心式机油滤清器　04.631

CFC　氯氟化碳　04.678

chafer　胎圈包布　05.262

chain-assembly tension adjuster　链条总成张紧调节装
　　置　04.265

chain drive　链传动　04.262

change regularity of technical condition of vehicle　汽

车技术状况变化规律　08.011

characteristic speed　特征车速　03.177

charge air bypass control system　增压空气旁通控制系
　　统　04.331

charge air cooler　增压空气冷却器　04.596

charge indicator relay　充电指示继电器　07.033

charger　充电器　07.037

charging inlet　充电接口　07.035

charred　结焦　08.080

chassis dynamometer　底盘测功机　01.055

chemical analysis van　化验车　02.055

chemiluminescent detector analyzer　化学发光检测器
　　分析仪　04.752

child restraint system　儿童约束系统　06.213

child seat　儿童座椅　06.210

chip　爆边　06.269

chipping　剥蚀　08.081

chlorofluorocarbon　氯氟化碳　04.678

choke opener　阻风门开启器　04.507

chopper　斩波器　07.045

cigar lighter　点烟器　06.216

circlip　挡圈　04.199

circuit breaker　电路断电器　07.169

circular floor　圆地板　06.193

circulative cooling　循环冷却　04.590

city-bus　城市客车　02.020

clamp-mounted injector　压板安装式喷油器　04.447

cleaning tanker　清洗车　02.106

clearance radius of semi-trailer　半挂车间隙半径
　　01.030

clearance zone　容身区　15.009

clevis　U 形挂钩　14.070

closed angle control　闭合角控制　04.832

closed body　闭式车身　06.010

closed-center hydraulic system　闭心式液压系统
　　14.010

closed-circuit hydraulic system　闭式循环液压系统
　　14.012

closed-loop control　闭环控制　03.144

closed-loop control of boost pressure　增压压力的闭环
　　控制　04.838

clutch　离合器　05.001，10.008

clutch cover　离合器盖　05.031，10.027

clutch operation mechanism　离合器操纵机构　05.012

clutch pedal　离合器踏板　05.034

clutch pedal lever　离合器踏板臂　05.036

clutch pedal lever seal　离合器踏板密封套　05.040

clutch pedal mounting bracket　离合器踏板支座　05.037

clutch pedal return spring　离合器踏板回位弹簧　05.038

clutch pedal shaft　离合器踏板轴　05.035

clutch plate　从动盘　05.017

clutch plate lining　从动盘摩擦衬片　05.021

clutch release cable　离合器分离拉索　05.039

clutch release master cylinder　离合器操纵[机构]液压主缸　05.048

clutch release shaft　离合器分离轴　05.046

clutch shaft　离合器轴　05.030

clutch torque reserve coefficient　离合器转矩储备系数　10.022

CNG　压缩天然气　01.089

CNG electric hybrid vehicle　气电混合动力汽车　02.214

CNG fuel line　压缩天然气管路　04.543

CNG pressure regulator　压缩天然气减压器　04.547

CNG solenoid valve　压缩天然气电磁阀　04.542

CO　一氧化碳　04.651

CO_2　二氧化碳　04.677

coal liquifaction oil　煤制油　01.095

coarsely ground edge　粗磨边　06.274

coast-down method　滑行法　01.069

coat hook　衣帽钩　06.215

coaxial drive starter　同轴式起动机　07.010

coefficient for drawbar pull　牵引力系数　03.288

coefficient of adhesion　附着系数　03.023

coefficient of centripetal acceleration effect　向心加速度影响系数　03.222

coefficient of centripetal acceleration effect on steering force　操舵力的向心加速度影响系数　03.223

coefficient of contact　接地系数　05.319

coefficient of drawbar pull　牵引力系数　09.028

coefficient of rolling resistance　滚动阻力系数　12.054

coefficient of weight on front wheel　前轮质量分配系数　09.093

coefficient of weight on rear wheel　后轮质量分配系数 09.094

coiled tubing unit　连续油管作业车　02.160

coil-on-plug ignition module　一体化点火线圈-火花塞点火控制模块　04.587

coin box　投币箱　06.234

cold fuel filter clogging　低温燃滤堵塞　08.066

cold lining test　制动衬片冷态试验　03.268

cold spark plug　冷型火花塞　04.569

collar shift　啮合套换档　05.082，10.036

color identification test　颜色识别试验　06.282

combination headlamp　组合前灯　07.066

combination instrument　组合仪表　07.115

combination tail lamp　组合后灯　07.101

combination vehicles　汽车列车　02.196

combinatory gearbox　组合式变速器　05.072

combinatory transmission　组合式变速器　05.072

combined crawler　组合式履带　12.035

combined multi-axle control　组合式多轴控制　03.261

combined water　结合水　04.670

combining weighted vibration acceleration　联合加权振动加速度　09.066

combustible mixture　可燃混合气　04.047

combustion chamber　燃烧室　04.066

combustion pressure limitation　燃烧压力限制　04.848

combustion residue　燃烧残余物　08.082

comfort cab　舒适驾驶室　15.003

command and communication fire vehicle　通信指挥消防车　02.064

command van　指挥车　02.067

commercial vehicle　商用车[辆]　02.017

common-rail fuel injection system　共轨式喷油系统　04.365

common-rail fuel injector　共轨式喷油器　04.437

common-rail pressure sensor　共轨压力传感器　04.800

common supply and control line　供能控制共用管路　05.509

communication van　通信车　02.061

compartment door　开启件　06.078

compartment lid hinge　舱盖铰链　06.229

compartment lid lock　舱盖锁　06.230

compartment opening　舱口　06.052

compensating radius　校正半径　05.356

compensating side　校正面　05.354

compensating side unbalance mass　校正面不平衡质量　05.353

complete checkout　竣工检验　08.140

complete electric vehicle curb mass　电动汽车整车整备质量　01.041

complete fault　完全故障　08.050

complete maintenance　二级维护　08.038

complete vehicle curb mass　整车整备质量　01.037

complex curved glass　复合曲面玻璃　06.252

compliance in suspension　悬架柔性　03.069

compliance steer　柔性转向　03.166

composite control　综合控制　14.016

composite cylinder　复合材料气瓶　04.531

compositive cluster　独立式组合仪表　15.022

compound transmission　组成式变速箱　10.030

compressed natural gas　压缩天然气　01.089

compressed natural gas vehicle　压缩天然气汽车　02.224

compression ignition　压燃　04.049

compression ignition engine　压燃式发动机　04.146

compression pressure in a cylinder　气缸压缩压力　04.103

compression ratio　[公称]压缩比　04.017

compression refuse collector　压缩式垃圾车　02.120

compression resistance　压实阻力　03.297

compression ring　气环　04.209

compressor casing　压气机壳　04.316

compressor surge　压气机喘振　08.067

concentric slave cylinder　同心式工作缸　05.053

concrete mixing carrier　混凝土搅拌运输车　02.097

concrete pump truck　混凝土泵车　02.173

condition monitoring　工况监测　04.854

conductor table　售票台　06.235

conformity of production　生产一致性　01.053

conicity　锥度效应　05.364

connecting rod　连杆　04.213

connecting-rod big end　连杆大头　04.216

connecting-rod big end bearing　连杆大头轴承　04.225

connecting-rod bottom end　连杆大头　04.216

connecting-rod bottom end bearing　连杆大头轴承　04.225

connecting-rod cap　连杆大头盖　04.217

connecting-rod length　连杆长度　04.214

connecting-rod shank　连杆杆身　04.218

connecting-rod small end　连杆小头　04.215

connecting-rod small end bearing　连杆小头轴承　04.226

connecting-rod top end　连杆小头　04.215

connecting-rod top end bearing　连杆小头轴承　04.226

connector　插接器　07.165

consequential damage　二次损坏　08.068

console　操纵柜　15.023

consolidated replacement part　统一更换件　08.016

constant mesh gearbox　常啮式变速器　05.066

constant mesh transmission　常啮式变速器　05.066

constant-pressure delivery valve　等压出油阀　04.399

constant-pressure exhaust manifold　定压排气歧管　04.338

constant-proportion composite control　定比例综合控制　14.017

constant speed fuel consumption per 100km　等速百公里燃料消耗量　03.028

constant velocity universal joint　等速万向节　05.131

constant-volume delivery valve　等容出油阀　04.398

constant-volume sampler　定容取样器　04.779

consumable part　易损件　08.012

contact area　接地面积　12.045

contact area holding ratio　接地面积保持率　05.340

contact breaker　断电器　04.559

contact breaker current　断电触点电流　04.576

container platform vehicle　集装箱运输车　02.143

continuous braking system　连续制动系　05.484

continuously variable transmission　机械无级变速器　05.103

continuously variable transmission　无级变速　10.033

continuous regeneration device　连续再生装置　04.727

continuous sampling　连续取样法　04.778

control algorithm　控制算法　04.811

control arm　控制臂　05.202

control cycle　控制周期　03.266

control device　控制装置　05.490

control frequency　控制频率　03.267

controller overheat warning device　控制器过热报警装置　07.159

control line　控制管路　05.508

conventional body　长头车身　06.007，普通货箱　06.300

conventional cab　长头驾驶室　06.021

conventional fuel injector　常规喷油器　04.432

conventional ignition system　传统点火系统　04.550

convergent modulation　收敛性调节　05.125

conversion efficiency　转化效率　04.710

converter　变换器　07.042

convertible　敞篷车　02.006

convertible body　敞式车身　06.009

convertible saloon　活顶乘用车　02.003

convertor　变换器　07.042

coolant temperature sensor　冷却液温度传感器　04.797

cooling airduct　导风罩　04.618

cooling fan motor　冷风电动机　07.014

cooling fin　散热片，* 肋片　04.619

cooling system　冷却系统　04.592

cord　帘线　05.257

cord density　帘线密度　05.297

corner fitting of gate　栏板包角　06.325

cornering adhesion　转弯附着性　05.338

cornering drag　侧偏阻力　03.083

cornering force　转弯力　03.081

cornering squeal　侧偏尖叫声　05.374

cornering stiffness　侧偏刚度　03.096

cornering stiffness coefficient　侧偏刚度系数　03.099

corrected power　修正功率　04.094

corrosive pitting　点蚀　08.084

corrugated edge　荷叶边　06.276

cotton transport vehicle　运棉车　02.114

countershaft　中间轴　05.088

coupe　双门乘用车　02.005

couple unbalance value　力偶不平衡量　05.352

course angle　行进方向角　03.138

courtesy light　踏步灯　07.077

cover　外胎　05.242，盖　06.108

cowl　车颈　06.049

cowl board　前隔板　06.143

cowl bulkhead shield　前隔板护面　06.144

cowl crossrail　前隔板横梁　06.148

cowl side panel　前隔板侧板　06.146

cowl top　车颈上盖板　06.147

C pillar　* C 柱　06.159

cradle-mounted fuel injection pump　弧形底安装式喷油泵　04.381

crane/lift truck　起重举升汽车　02.130

crank　曲柄　04.232

crankcase　曲轴箱　04.169

crankcase breather　曲轴箱呼吸器　04.189

crankcase door　曲轴箱检查孔盖　04.170

crankcase emission　曲轴箱排放物　04.648

crankcase emission control system　曲轴箱排放物控制系统　04.732

crankcase end cover　曲轴箱端盖　04.171

crankcase scavenging　曲轴箱扫气　04.030

crank connecting-rod ratio　曲柄连杆比　04.234

crank journal　主轴颈　04.231

crank pin　曲柄销　04.235

crank radius　曲柄半径　04.233

crankshaft　曲轴　04.227

crankshaft position sensor　曲轴位置传感器，* 曲轴转速与位置传感器　04.790

crankshaft pulley　曲轴带轮　04.242

crank web　曲柄臂　04.237

crash test　碰撞试验　01.064

crawler　履带　12.032

crawler pitch　履带节距　12.069

crawler sag　履带下垂量　12.071

crawler tractor　履带拖拉机　09.015

crawler traveling device　履带行走装置　12.027

crevice corrosion　缝隙腐蚀　08.083

crew cab　双排座驾驶室　06.024

critical fault　致命故障　08.052

critical speed　临界车速　03.178，临界速度　05.334

cross　十字轴　05.145

cross-flow radiator　横流式散热器　04.604

cross passenger car　交叉型乘用车　02.014

crosswind sensitivity　侧风敏感性　03.159

crosswind stability test　横风稳定性试验　03.200

crown　胎冠　05.245

crown cord angle　胎冠帘线角度　05.296

current fault　当前故障　08.117

current limiter　电流限制器　07.022

curvature height of tread surface　行驶面弧度高　05.299

cushion　缓冲垫　06.329

cut-off line　明暗截止线　07.094

cutout relay　截流继电器　07.031

CVT　机械无级变速器　05.103

cylinder　气缸　04.176，油缸　14.064

cylinder accessory　气瓶附件　04.534

cylinder block　气缸体　04.174

cylinder block end cover　气缸体端盖　04.175

cylinder bore diameter　缸径　04.007

cylinder cover　气缸盖　04.181

cylinder for CNG vehicle　车用压缩天然气气瓶　04.533

cylinder for LPG vehicle　车用液化石油气气瓶　04.532

cylinder for vehicle　车用气瓶　04.529

cylinder head　气缸盖　04.181

cylinder head bolt　气缸盖螺栓　04.182

cylinder head gasket　气缸盖垫片　04.185

cylinder head ring gasket　气缸盖密封环　04.186

cylinder head stud　气缸盖螺栓　04.182

cylinder liner　气缸套　04.177

cylindrically curved glass　单曲面玻璃　06.251

D

daily maintenance　日常维护　08.035

damage speed　损坏速度　05.335

damping of steering system　转向系阻尼　03.040

damping variable shock absorber　阻尼可调减振器　05.208

dart test　落箭试验　06.297

dash side panel　前围侧板　06.145

datum radius　零点半径　05.295

dazzle　眩目　07.086，眩光　07.087

DC/DC converter　DC/DC 电源变换器　07.046

DC generator　直流发电机　07.002

DC generator regulator　直流发电机调节器　07.021

DCT　双离合器变速器　05.102

dead center　止点　04.009

deceleration dilution　减速减稀　04.823

deceleration fuel cutoff　减速断油　04.824

deceleration-sensing device　减速度感受装置　05.521

declared operating condition　标定工况　04.075

declared power　标定功率　04.077

declared speed　标定转速　04.080

decorative rib　装饰线　05.263

de Dion-type suspension　德迪翁式悬架　05.197

deflection　下沉量　05.312

deflection ratio　下沉率　05.313

deflector　导流板　06.157

degraded coolant　变质冷却剂　08.115

degraded oil　变质机油　08.113

degree of understeer　不足转向度　03.228

delamination　脱胶　06.267

delivery control mechanism　油量调节机构　04.392

delivery test　出厂试验　04.128

delivery valve assembly　出油阀偶件　04.397

delivery valve with return-flow restriction　阻尼出油阀　04.400

demountable tanker carrier　背罐车　02.117

denatured fuel ethanol　变性燃料乙醇　01.085

departure angle　离去角　01.014

derivative tractor　变型拖拉机　09.020

derrick-building truck　井架安装车　02.150

derrick truck　测试井架车　02.148

detachable container garbage collector　车厢可卸式垃圾车　02.123

detection equipment of vehicle　汽车检测设备　08.131

detection norm of vehicle　汽车检测技术规范　08.130

detection operation of vehicle　汽车检测作业　08.129

detection parameter of vehicle dynamic performance　汽车动力性检测参数　08.125

detection parameter of vehicle fuel economy　汽车燃料经济性检测参数　08.127

detection parameter of vehicle safety　汽车安全性检测参数　08.126

detection parameter of vehicle emission　汽车排放性能

检测参数 08.128

detection specification of vehicle 汽车检测技术规范 08.130

detector 检测器 04.747

detonation 爆震，＊爆燃 04.073

dewpoint corrosion 露点腐蚀 08.085

DFCO 减速断油 04.824

diagnostic equipment of vehicle 汽车诊断设备 08.135

diagnostic norm of vehicle 汽车诊断技术规范 08.138

diagnostic operation of vehicle 汽车诊断作业 08.137

diagnostic parameter of vehicle 汽车诊断参数 08.136

diagnostic specification of vehicle 汽车诊断技术规范 08.138

diagonal control 对角控制 03.260

diagonal tire 斜交轮胎 05.236

dial 标度盘，＊刻度盘 07.121

diameter at rim bead seat 胎圈着合直径 05.302

diaphragm spring clutch 膜片弹簧离合器 05.006

diaphragm-type fuel pump 膜片式燃油泵 04.521

diesel electric hybrid vehicle 油电混合动力汽车 02.213

diesel engine 柴油机 04.136

diesel fuel filter 柴油滤清器 04.479

diesel fuel system 柴油机燃油系统 04.361

diesel knock 柴油机敲缸，＊粗暴燃烧 04.072

diesel particulate 柴油机颗粒 04.662

diesel smoke 柴油机排烟 04.671

difference of sideslip angles 侧偏角差 03.225

differential 差速器 05.165，10.046

differential-geared wheel reductor 行星锥齿轮式轮边减速器 05.163

differential lock 差速锁 05.174，10.047

differential locking factor 差速器锁紧系数 05.176

differential with side ring and radial cam plate 凸轮滑块式差速器 05.170

diffuser 扩压器 04.326

diffusion combustion 扩散燃烧 04.052

digit wheel 数字轮，＊鼓轮 07.120

dilution air 稀释空气 04.782

dilution tunnel 稀释通道 04.783

dimethyl ether engine 二甲醚发动机 04.144

dipstick 油标尺 04.644

direct control gearbox 直接操纵变速器 05.069

direct control transmission 直接操纵变速器 05.069

direct drive 直接档 05.084

direct drive piezo crystal fuel injector 直接驱动压电晶体式喷油器 04.441

direct injection 直接喷射 04.062

direct-injection diesel engine 直接喷射式柴油机，＊直喷式柴油机 04.137

direct-injection gasoline engine 缸内直喷式汽油机 04.135

directional pattern 有向花纹 05.273

direct methanol fuel cell 直接甲醇燃料电池 01.101

direct replacement part 直接更换件 08.017

discharged energy 释放能量 01.127

disk brake 盘式制动器 05.496，11.023

disk-type horn 盆形电喇叭 07.048

disk wheel 辐板式车轮 05.217

distance between compensating sides 校正面间距 05.355

distance between fifth-wheel coupling pin and front end of towing vehicle 牵引座牵引销孔至车辆前端的距离 01.028

distance between jaw and front end of towing vehicle 牵引装置至车辆前端的距离 01.027

distance between seats 座椅间距 06.032

distributor 分配器 14.054

distributor cap 分电器盖 04.560

distributor fuel injection pump 分配式喷油泵 04.376

distributorless ignition system 无分电器点火系 04.555

distributor of conventional ignition system 传统点火系统分电器 04.558

distributor rotor 分火头 04.561

disturbance response 扰动响应 03.149

diurnal breathing loss 昼间换气损失 01.058

divergent instability 发散不稳定性 03.169

divergent modulation 发散性调节 05.124

divided combustion chamber 分隔式燃烧室 04.068

divided wheel 对开式车轮 05.218

dog clutch 牙嵌式离合器 10.010

door 车门 06.080

door actuating device 车门开闭装置 06.223

door arm rest 车门扶手 06.183

door arrester 车门开度限制器 06.222

door frame 门框 06.085

door hinge 门铰链 06.221

door impact beam 车门防撞杆 06.180

door inner panel 车门内板 06.179

door inner shield 车门内护板 06.182

door inner skin 车门内板 06.179

door latch 门锁 06.224

door lining 车门衬里 06.181

door lock 门锁 06.224

door opening 门孔 06.050

door outer panel 车门外板 06.178

door outer skin 车门外板 06.178

door pillar 门柱 06.176

door sash 门窗框 06.100

door sill 门槛 06.086

door stop 车门开度限制器 06.222

door vent window 车门通风窗 06.096

door window 车门窗 06.091

double-acting cylinder 双作用油缸 14.065

double-arm-type suspension 双横臂式悬架 05.186

double-cardan universal joint 双联万向节 05.141

double clutch 双离合器 10.021

double-deck bus 双层客车 02.024

double-drag-link linkage 双纵拉杆转向机构 13.033

double-reduction final drive 双级主减速器 05.155

double-reduction thru-drive 双级贯通式主减速器 05.159

double road train 双挂列车 02.202

double-row seat cab 双排座驾驶室 06.024

double semi-trailer road train 双半挂列车 02.203

double-stage gearbox 三轴式变速器 05.059

double-stage transmission 三轴式变速器 05.059

double-stage voltage regulator 双级电磁振动式调节器 07.027

double-trailing-arm-type suspension 双纵臂式悬架 05.187

double wishbone suspension 双横臂式悬架 05.186

downshift 降档 05.112

D pillar ＊D柱 06.160

draft control 阻力控制 14.014

drag force 牵引阻力 03.086

drawbar 牵引钩 14.069

drawbar length 牵引杆长 01.022

drawbar power 挂钩牵引功率 03.285

drawbar pull 挂钩牵引力 03.283

drawbar pull of tractor 拖拉机牵引力 09.027

drawbar tractor combination 牵引杆挂车列车 02.200

drawbar trailer 牵引杆挂车 02.185

draw-gear length 牵引架长 01.021

dressing-out 修磨表面 08.048

drinking-water set 饮水机 06.236

drive axle 驱动桥 05.150

drive axle housing 驱动桥壳 05.538

drive efficiency 驱动效率 03.287

driven plate 从动盘 05.017，10.025

driven plate lining 从动盘摩擦衬片 05.021

driver's weight adjustment device 驾驶员体重调节装置 15.017

driver aid 试车助驾仪，＊司机助 01.056

driver viewing distance 驾驶员目视距离 03.173

driver zone 驾驶区 06.028

drive shaft 驱动轴 05.148，传动轴 10.028

drive-sprocket pitch 驱动轮节距 12.068

driving adhesion 驱动附着性 05.336

driving adhesion coefficient 驱动附着系数 03.103

driving and cornering adhesion 驱动转弯附着性 05.339

driving force 驱动力 03.012

driving force coefficient 驱动力系数 03.094

driving range 续驶里程 01.044

driving sprocket ［履带］驱动轮 12.041

driving torque 驱动力矩 03.091

driving wheel 驱动轮 12.020

dropping-fishing truck 投捞车 02.151

drum brake 鼓式制动器 05.495

drum-method endurance test 转鼓法耐久试验 05.328

dry brake 干式制动器 11.026

dry liner 干缸套 04.179

dry mass 结构质量 01.040，09.089

dual-bed converter 双床式转化器 04.689

dual-catalyst system 双床催化系统，＊双重催化系统 04.692

dual-circuit braking system 双回路制动系 05.479

dual-clutch transmission 双离合器变速器 05.102

dual driving wheel 双排驱动轮 12.022

dual-fuel engine 双燃料发动机 04.141

dual-fuel vehicle 双燃料汽车 02.229

dual-mass flywheel 双质量飞轮 05.033

dual spacing 双轮中心距 05.216

dual wheel 双式车轮 05.212

durability 耐久性 09.068

dynamic balancer 动平衡机构 04.246

dynamic loaded radius 动负荷半径 05.371

dynamic radius 动力半径 12.051

dynamic sampling *动态取样法 04.778

dynamic unbalance 动不平衡 05.350

dynamo 直流发电机 07.002

E

earthed cable 搭铁电缆 07.168

earth-fixed axis system 地面固定坐标系 03.106

ECE 15-mode test cycle 欧洲 ECE 15 工况试验循环 01.066

ECE 13-mode test procedure 欧洲 ECE 13 工况试验规程 01.068

economical speed 经济车速 03.005

ECU 电子控制单元, *电子控制器 04.806

edge-type filter 缝隙式滤清器, *滤清针 04.454

efficiency of running gears 行走效率 12.056

efficiency of undercarriages 行走效率 12.056

EGR 排气再循环 04.349

EGR control valve 排气再循环控制阀 04.357

EGR cooler 排气再循环冷却器 04.359

EGR filter 排气再循环过滤器 04.360

EGR gas 再循环排气 04.350

EGR pressure regulator 排气再循环调压阀 04.356

EGR rate 排气再循环率 04.358

elastic suspension 弹性悬架 12.025

electrically controlled air horn 电控气喇叭 07.052

electrically heated catalyst 电加热催化器 04.712

electrically heated safety glass 电热安全玻璃 06.255

electric fan 电动风扇 04.612

electric flat fuel injector 片阀式电动喷油器 04.436

electric fuel injector 电动喷油器 04.433

electric fuel pump 电动燃油泵 04.522

electric hole fuel injector 孔式电动喷油器 04.434

electric horn 电喇叭 07.047

electric machine 电机 07.001

electric motor controller 电动机控制器 07.036

electric pintle fuel injector 轴针式电动喷油器 04.435

electric power steering gear 电动转向装置 05.421

electric power steering system 电动转向系 05.388

electric power steering system assisted by steering pinion 转向齿轮助力式电动转向系 05.390

electric power steering system assisted by steering rack 转向齿条助力式电动转向系 05.391

electric power steering system assisted by steering shaft 转向轴助力式电动转向系 05.389

electric power steering system solely assisted by steering rack 单独助力式电动转向系 05.392

electric vehicle 电动汽车 02.205

electro-hydraulic power steering 电动液压助力转向 05.419

electro-hydraulic power steering system in control of cylinder divided flow 动力缸分流控制式电液转向系 05.385

electro-hydraulic power steering system in control of flow 流量控制式电液转向系 05.384

electro-hydraulic power steering system in control of reaction pressure 压力反馈控制式电液转向系 05.386

electro-hydraulic power steering system in control of valve characteristic 阀特性控制式电液转向系 05.387

electrohydraulic speed governor 电-液调速器 04.412

electro-hydraulic steering gear 电液转向装置 05.420

electrohydraulic valve actuating mechanism 电液气门驱动机构 04.251

electrolytic corrosion 电解腐蚀 08.086

electromagnetic clutch 电磁离合器 05.010

electromagnetic fuel indicator 电磁式燃油表指示器 07.145

electromagnetic oil pressure indicator 电磁式油压表指示器 07.140

electromagnetic retarder 电磁缓速器 05.502

electromagnetic temperature indicator 电磁式温度表指示器 07.142

electromagnetic valve actuating mechanism 电磁气门驱动机构 04.252

electromagnetic vibrating-type regulator 电磁振动式调节器 07.025

electronically controlled carburetor 电控化油器 04.511

electronically controlled distributor pump 电控分配泵 04.379

electronically controlled EGR system 电子控制式排气再循环系统 04.355

electronically controlled electric fuel pump 电控电动汽油泵 04.528

electronically controlled fuel injection system of gasoline engine 汽油机电控燃油喷射系统 04.362

electronically controlled hydraulic nozzle 电控液压式泵喷油嘴 04.464

electronically controlled ignition system 电子控制的点火系 04.554

electronically controlled in-line pump 电控直列泵 04.371

electronically controlled nozzle 电控泵喷油嘴 04.463

electronically controlled thermostat 电控节温器 04.617

electronically controlled unit pump 电控单体泵 04.374

electronic-controlled throttle 电子节气门 04.345

electronic control unit 电子控制单元，＊电子控制器 04.806

electronic/electric actuator 电子/电气执行器 04.485

electronic/electric speed governor 电子/电气调速器 04.411

electronic speedometer 电子车速里程表 07.118

electronic tachometer 电子转速表 07.126

electropneumatic speed governor 电-气调速器 04.413

elementary maintenance 一级维护 08.037

elevating platform fire truck 登高平台消防车 02.137

emblem and name plate 标牌 06.238

emergency door 安全门 06.083

emergency exit 紧急出口 06.055，15.011

emergency hammer 应急锤 06.232

emergency rescue fire vehicle 抢险救援消防车 02.181

emergency service vehicle 救险车 02.081

emergency steering 熄火转向 13.008

emergency warning lamp 警告灯 07.105

emission concentration 排放物浓度 01.047

emission correction method 排放物校正方法 04.786

emission factor 排放系数，＊排放因子 04.680

emission index 排放指数 04.681

emission pollutant 排放污染物 04.645

emission standard 排放标准，＊排放法规 01.045

enclosed cab 封闭驾驶室 15.004

end-flange-mounted fuel injection pump 端面法兰安装式喷油泵 04.380

endurance test 耐久性试验 04.124

energizing interval 励磁时间间隔，＊［触点］闭合角 04.573

energy absorber 吸能件 06.076

energy-absorbing steering column 能量吸收式转向管柱 05.398

energy-assisted braking system 助力制动系 05.473

energy storage device 储能装置 01.111

energy supplying device 供能装置 05.489

energy supplying device for braking 制动供能装置 11.008

energy transfer device for braking 制动传能装置 11.017

engaging element 换档元件 05.126

engine block 机体 04.172

engine camshaft 发动机凸轮轴 04.254

engine compartment 发动机舱 06.033

engine compartment lid 发动机舱盖 06.149

engine displacement 发动机排量 04.016

engine-driven supercharger 机械增压器 04.308

engine hour meter 发动机工作小时表 07.138

engine management system 发动机管理系统 04.788

engine mounting system 发动机悬置系统 07.179

engine rebuilding 发动机再造 08.156

engine remanufacture 发动机再造 08.156

engine speed 发动机转速 04.079

engine speed governor　发动机调速器　04.405

engine swept volume　发动机排量　04.016

engine tune-up　发动机检修　08.154

engine type　发动机型式　04.117

enhanced reflecting safety glazing material　增强反射型安全窗用玻璃材料　06.246

entire bogie　整体台车　12.029

entire crawler　整体式履带　12.034

entire frame　全架　12.008

EOBD　欧洲车载诊断系统　08.134

epidemic control vehicle　防疫车　02.054

equalizing bogie　平衡台车　12.030

equalizing-type suspension　平衡悬架　05.184

equipment of vehicle maintenance　汽车维护设备　08.043

erosion　穴蚀　08.079

ethanol　乙醇，＊酒精　01.084

ethanol gasoline　乙醇汽油　01.086

ethanol vehicle　乙醇汽车　02.233

European On-Board Diagnosis　欧洲车载诊断系统　08.134

EU-test cycle　欧盟试验循环　01.067

EV　电动汽车　02.205

evaporant control valve　蒸发物控制阀　04.739

evaporative emission　蒸发排放物　04.647

evaporative emission control system　蒸发排放物控制系统　04.733

evaporative system leak monitor　蒸发系统泄漏监控器　04.738

excess air ratio　过量空气系数　04.046

excessive consumption of fuel　燃油消耗量过高　08.061

excessive consumption of oil　机油消耗量过高　08.062

exhaust aftertreatment device　排气后处理装置，＊排气净化装置　04.686

exhaust back pressure　排气背压　04.039

exhaust back pressure control EGR system　排气背压控制式排气再循环系统　04.352

exhaust bypass control system　废气旁通控制系统　04.329

exhaust emission　排气排放物，＊尾气　04.646

exhaust gas recirculation　排气再循环　04.349

exhaust gas temperature limitation　排气温度限制　04.846

exhaust manifold　排气歧管　04.337

exhaust pipe　排气总管　04.336

exhaust plume　排气油烟　08.069

exhaust-pollution detection for gasoline vehicle under steady-state loaded mode　汽油车稳态加载污染物排放检测　08.145

exhaust pulse scavenging　排气脉动扫气　04.031

exhaust smoke detection for diesel vehicle under lug-down　柴油车加载减速污染物排放检测，＊lug-down 测试　08.146

exhaust temperature　排气温度　04.108

exhaust valve　排气门　04.276

expansion tank　＊膨胀水箱　04.607

explosive mix and charge vehicle　炸药混装车　02.175

explosives transport van　爆破器材运输车　02.051

exterior trim　外饰件　06.071

external characteristic　外特性　04.113

external fuel pump　外置式燃油泵　04.523

external hydraulic service　液压输出　14.049

external mounted headlamp　外装式前照灯　07.064

F

fade coefficient of clutch　离合器衰减系数　10.024

fan clutch　风扇离合器　04.614

fan shroud　风扇罩　04.615

fastener　卡扣　06.107

fatigue crack　疲劳裂纹　08.087

fatigue fracture　疲劳断裂　08.088

fault code　故障代码　08.120

fault diagnosis　故障诊断　04.857

fault rate　故障率　08.116

FCEV　燃料电池电动汽车　02.220

feedback path　反馈通道　04.810

feed forward path　前馈通道　04.809

feed line　供给管路　05.504

fender　挡泥板　06.113，15.025

FFV 灵活燃料汽车 02.230

field of vision 视野 01.043，09.060

field relay 磁场继电器 07.032

fifth wheel coupling 牵引座 07.175

fifth- wheel lead for calculation of length 长度计算用牵引座前置距离 01.025

filament shield 配光屏 07.072

filling capacity 灌注量 09.095

filling limit valve 限量充装阀 04.536

filter 滤清器 04.538

filter base 滤清器座 04.636

filter cell 滤光室 04.746

filter element 滤芯 04.343

filter element assembly 滤芯总成 04.637

filter housing 滤清器外壳 04.635

filter-type smokemeter 滤纸式烟度计 04.768

final drive 主减速器 05.153，最终传动 10.053

final driving transmission 主传动，* 最终传动 05.151

finely ground edge 细磨边 06.273

fire-extinguishing water tanker 水罐消防车 02.108

fitting line 装配标线 05.264

fixed control 固定控制 03.139

fixed shaft gearbox 固定轴式变速器 05.058

fixed shaft transmission 固定轴式变速器 05.058

fixed shift point 固定换档点 05.123

fixed throttle characteristic 速度特性 04.112

fixed tread front axle 固定轮距式前轴 12.015

flame ionization detector analyzer 氢火焰离子化检测器分析仪 04.748

flange 翻边 06.111

flange-mounted injector 法兰安装式喷油器 04.446

flap 垫带 05.244

flasher 闪光器 07.108

flat back body 平背车身 06.008

flat overall girth of inner tube 内胎平叠外周长 05.305

flat width of inner tube 内胎平叠断面宽度 05.304

fleet test 快速里程试验 05.330

flexible fuel vehicle 灵活燃料汽车 02.230

flexible shaft 软轴，* 挠性轴 07.170

flexible universal joint 挠性万向节 05.133

floatation 浮动性 05.345

floating control 浮动控制 14.013

flood control 淹缸控制 04.828

floor board 底板面板 06.305

floor frame 底板边梁 06.307

floor panel 地板面板 06.116

floor side frame 下边梁 06.120

floor strip 底板压条 06.306

floor tunnel 地板通道 06.117

flow characteristic of power steering pump 转向油泵流量特性 05.466

flow control valve 流量控制阀 14.061

flow limiter 流量限制器 04.495

flow method of vehicle maintenance 汽车维护流水作业法 08.041

fluid coupling 液力偶合器 05.105

fluid pumping vehicle 排液车 02.156

fluid start 液力起步 05.109

flush mounted headlamp 内装式前照灯 07.063

fluttering oscillation 振抖 08.063

fluttering vibration 振抖 08.063

flyweight 飞锤 04.417

flyweight cage 飞锤支架 04.418

flywheel 飞轮 04.243

flywheel battery 飞轮蓄能装置，* 飞轮电池 01.124

flywheel casing 飞轮壳，* 离合器壳 05.020

foam-filled tire 发泡填充轮胎 05.239

foam fire tanker 泡沫消防车 02.109

fog lamp 雾灯 07.073

foot board 踏脚板，* 踏步板 06.087

foot-print area 印痕面积 05.315

foot room 脚部空间 06.031

foot-to-head vibration applied to human body 人体垂直振动 03.233

force control 力控制 03.140

forced feed lubrication 强制润滑 04.621

forced shift 强制换档 05.118

force-feed cooling 强制冷却 04.591

forestry tractor 林业拖拉机 09.004

forward control cab 平头驾驶室 06.019

forward-control passenger car 短头乘用车 02.009

forward efficiency 正效率 05.434，13.026

forward velocity 前进速度 03.128

forword control body 平头车身 06.005

four-link-type suspension 四连杆式非独立悬架 05.191

four-stroke cycle 四冲程循环 04.005

four-stroke engine 四冲程发动机 04.130

four-wheel drive tractor 四轮驱动拖拉机 09.014

fracturing pipeline truck 压裂管汇车 02.154

fracturing truck 压裂车 02.166

fragmentation test 碎片状态试验 06.296

frame 车架 05.532，框架 06.063，机架 12.007

frameless 无架 12.009

free control 自由控制 03.141

free play of steering wheel 转向盘自由行程 05.439

free radius 自由半径 05.370

free rolling wheel 自由滚动车轮 03.076

free running of steering wheel 转向盘自由行程 13.014

freeze frame 冻结状态 08.121

frequency characteristics 频率特性 03.161

frequency response 频率响应 03.160

frequency response test 频率响应试验 03.211

fretting rust 微动腐蚀 08.092

frictional fatigue fracture 摩擦疲劳断裂 08.091

friction brake 摩擦式制动器 05.494

friction clutch 摩擦式离合器 05.002，10.009

friction of steering system 转向系摩擦力 03.039

friction power 摩擦功率 04.095

front axle *前桥 10.052，前轴 12.012

front board 前栏板，*前板 06.310

front body shell 车前板制件 06.068

front cross member 前横梁 06.122

front drive axle 前驱动桥 10.052

front end supporter 前端框架 06.150

front fitting radius of semi-trailer 半挂车前回转半径 01.031

front-mounted linkage 前悬挂装置 14.025

front overhang 前悬 01.011

front pillar 前柱 06.139

front position lamp 前位灯 07.096

front projection area 迎风面积 03.018

front PTO 前动力输出轴 10.058

front sheet metal 车前板制件 06.068

front side member 前纵梁 06.121

front wall inner shield 前围内护板 06.142

front wall panel 前围板 06.141

front wall skeleton 前围骨架 06.140

front wall skin *前围蒙皮 06.141

front wheel 前轮 12.017

front window 前窗 06.089

fuel and vapor separator 油气分离器 04.720

fuel cell 燃料电池 01.099

fuel cell electric vehicle 燃料电池电动汽车 02.220

fuel cell vehicle *燃料电池汽车 02.220

fuel consumption 燃料消耗量 04.099

fuel consumption per hour 小时燃料消耗量 03.032，小时燃油消耗量 09.039

fuel consumption per 100t·km 百吨公里燃料消耗量 03.031

fuel control rack 油量调节齿杆 04.393

fuel control rod *油量调节拉杆 04.393

fuel control sleeve 油量调节套 04.394

fuel damper 燃油阻尼器 04.496

fuel delivery evenness adjustment 供油均量调整 04.395

fuel economy 燃料经济性 03.027，燃油经济性 09.038

fuel filler lid 加油口盖 06.188

fuel fill level control device 油面控制装置 01.073

fuel gauge 燃油表 07.130

fuel injection 燃料喷射 04.061

fuel injection pump 喷油泵 04.367

fuel injection quantity per cycle 每循环喷油量 04.473

fuel injection rate 喷油速率 04.474

fuel injector 喷油器 04.431

fuel injector opening pressure 喷油器开启压力，*启喷压力 04.470

fuel injector shank diameter 喷油器体外径 04.453

fuel level warning sensor 燃油油量报警传感器 07.158

fuel pressure test 燃油压力测试 08.143

fuel pump motor 燃油泵电动机 07.015

fuel pump mounting height 喷油泵安装高度 04.452

fuel quantity modification and limitation 喷油量修正和限制 04.845

fuel rack position sensor 位置传感器 04.482

fuel rail 燃油轨 04.492

fuel rail pressure regulator 油轨压力调节器 04.527

fuel shift switch 燃料转换开关 04.539

fuel supply pump 输油泵 04.478

fuel system of carburetor engine 化油器式发动机燃油系统 04.366

fuel tank 燃油箱 15.026

fuel tanker 运油车 02.091

fuel tank puff loss 燃油箱喘息损失 01.075

full-floating axle shaft 全浮式半轴 05.178

full-flow end-of-line smokemeter 全流管端式烟度计 04.765

full-flow lubricating oil filter 全流式机油滤清器 04.632

full-flow sampling 全流取样法 04.774

full-flow smokemeter 全流式烟度计 04.763

full hybrid vehicle 重度混合动力汽车 02.211

full load characteristic 外特性 04.113

full-power braking system 动力制动系 05.474

full-trailer length 全挂车长度 01.004

fuzzy control algorithm 模糊控制算法 04.814

G

gang way 通道 06.056

garbage dump truck 自卸式垃圾车 02.119

gas chromatograph 气相色谱仪 04.751

gas compressor vehicle 压缩机车 02.174

gas engine 燃气发动机，*煤气机 04.139

gas fuel injector 气体燃料喷射器 04.549

gas liquifaction oil 天然气制油 01.096

gasoline electric hybrid vehicle 油电混合动力汽车 02.213

gasoline engine 汽油机 04.132

gasoline evaporative emission control 汽油蒸发污染物控制 04.837

gasoline-injection engine 汽油喷射式发动机 04.134

gasoline pump 汽油泵 04.520

gasoline solenoid valve 汽油电磁阀 04.540

gas-pressurized monotube shock absorber 充气单筒式减振器 05.206

gas-pressurized twin-tube shock absorber 充气双筒式减振器 05.207

gas spring 气弹簧 06.231

gas-tight housing 气密盒 04.535

gas turbine 燃气轮机 04.168

gate board 栏板内板 06.314

gate bottom rail 栏板下梁 06.316

gate chain 栏板链条 06.328

gate hinge 栏板铰链 06.326

gate hinge inside strip 栏板铰链内压条 06.327

gate lock 栏板锁栓 06.330

gate panel 栏板外板 06.313

gate top rail 栏板上梁 06.315

gear box 变速器 05.057，变速箱 10.029

gear differential 齿轮式差速器 05.166

gear drive 齿轮传动 04.261

gear pump 齿轮泵 14.052

gear ratio 传动比 05.094

general purpose agricultural tractor 一般用途农业拖拉机 09.005

general purpose drawbar trailer 通用牵引杆挂车 02.188

general purpose goods vehicle 普通货车 02.031

geometric fuel delivery stroke 几何供油行程 04.391

glare 眩目 07.086，眩光 07.087

glass lens 配光镜 07.070

glass lifter 玻璃升降器 06.228

glass-plastic safety glazing material 塑玻复合安全窗用玻璃材料 06.240

glass regulator 玻璃升降器 06.228

glaze 瓷釉 08.093

glaze-busting 清除瓷釉 08.047

glove box 杂物箱 06.191

good condition of vehicle 汽车完好技术状况 08.005

goods drawbar trailer 牵引杆货车挂车 02.187

goods road train 货车列车 02.199

goods vehicle 货车 02.030

grabbing 发哨 03.275

grab handle 拉手 06.218

grab rail 扶手杆 06.219

grade drag 坡度阻力 03.019

gravity braking system 重力制动系 05.476

groove 花纹沟 05.277，槽 06.109

groove arrangement angle 花纹沟排列角度 05.281

groove wall inclination angle 花纹沟壁倾斜角 05.280

gross tractive force 驱动力 12.052

gross vehicle mass 车辆总质量 01.038

ground contact length of crawler 履带接地长度 12.070

group injection 分组喷射 04.518

guard frame 货架，*保险架 06.318

guard frame handle 货架拉手 06.321

guard frame outside post 货架边柱 06.320

guard frame rail 货架横梁 06.319

gudgeon pin 活塞销 04.198

guide 槽 06.109

guide board 路线牌 06.233

guide wheel 导向轮 04.269

gutter 锁圈槽 05.224

H

hairline crack 发裂 08.094

Hall crankshaft position sensor 霍尔式曲轴位置传感器 04.792

handicapped person carrier 伤残运送车 02.042

hang-up 拖尾 04.756

hard-top body *硬顶车身 06.010

harmonic supercharging 谐波增压 04.021

hatchback 仓背式乘用车 02.007

hatchback body *仓背式车身 06.012

hazard warning lamp 危险报警闪光灯 07.104

HC 碳氢化合物 04.652

head-form test 人头模型试验 06.293

headlamp 前照灯 07.060

headrest 头枕 06.209

head room 头部空间 06.030

head-up display windscreen 屏显前窗玻璃 06.248

hearse 殡仪车 02.052

heat balance test 热平衡试验 04.123

heat discoloration 热变色 08.095

heated bitumen tanker 沥青运输车 02.090

heated flame ionization detector analyzer 加热式氢火焰离子化检测器分析仪 04.749

heated oxygen sensor 加热型氧传感器 04.803

heater 暖风装置 06.200

heater motor 暖风电动机 07.013

heat fade coefficient of brake 制动器热衰减系数 11.036

heating and ventilation system 采暖通风系统 07.171，15.013

heat release rate 放热率 04.059

heat release rate curve 放热规律曲线 04.060

heavy-duty engine 重载发动机 04.166

heavy tractor 重型拖拉机 09.024

height adjustable suspension 车高可调悬架 05.196

height of center of mass 质心高度 01.020

height of chassis above ground 车架高度 01.015

height of coupling face 牵引座结合面高度 01.026

height of towing attachment 牵引装置高度 01.024

HEV 混合动力汽车 02.207

high beam 远光 07.082

high-cycle fatigue fracture 高周疲劳断裂 08.089

high efficiency window of three-way catalyst 三效催化剂高效窗口 04.704

highest ambient temperature 最高工作环境温度 09.076

high-gate cargo body 高栏板货箱 06.301

high-pressure fuel pipe assembly 高压油管部件 04.498

high-pressure supply pump 高压供油泵 04.491

high-pressure turbocharger 高压涡轮增压器 04.312

high-speed returnability test 高速回正性能试验 03.198

highway pattern 公路花纹 05.270

hillside tractor 坡地拖拉机 09.008

hill starting ability 坡道起步能力 03.009

hi-lo unit 增矩器 10.039

history fault 历史故障 08.118

hitch coupler 快速挂结装置 14.050

hitch point　悬挂点　14.029

hold-off pressure　释放压力　05.515

hole-type nozzle　孔式喷油嘴　04.461

homogeneous charge compression ignition　均质充量压缩自燃　04.055

homogeneous charge compression ignition engine　均质充气压燃式发动机　04.147

hood　机罩　15.024

hook　钩形挂钩　14.071

hop　跳动　05.377

horizontal convergence distance　水平汇聚距离　14.042

horizontal coordinate of the center of tractor mass　质心纵向坐标　09.087

horizontal engine　卧式发动机　04.159

horizontally opposed engine　水平对置发动机　04.162

horizontally split connecting-rod　水平切口连杆　04.219

horn relay　喇叭继电器　07.034

hot-film air mass flowmeter　热膜式空气质量流量计　04.819

hot lining test　制动衬片热态试验　03.269

hot soak loss　热浸损失　01.059

hot spark plug　热型火花塞　04.570

hot spot　过热区　08.096

hot-wire air mass flowmeter　热线式空气质量流量计　04.818

hot-wire-type flasher　热丝式闪光器　07.110

hub reductor　轮边减速器　05.161

HUD windscreen　HUD 玻璃　06.248

hunting　游车　08.070

hybrid electric vehicle　混合动力汽车　02.207

hydraulic aerial cage　高空作业车　02.135

hydraulic brake valve　液压制动阀　11.015

hydraulic clutch　液压离合器　10.013

hydraulic fuel injection timing advance device　液压式喷油提前器　04.430

hydraulic hitch system　液压悬挂系　14.001

hydraulic hitch system with inlet control　吸油路调节式液压悬挂系　14.005

hydraulic hitch system with outlet control　压力油路调节式液压悬挂系　14.006

hydraulic hitch system with partial separated units　半分置式液压悬挂系　14.004

hydraulic hitch system with separated units　分置式液压悬挂系　14.003

hydraulic hitch system with throttle control　节流式液压悬挂系　14.008

hydraulic hitch system with unloading function　卸荷式液压悬挂系　14.007

hydraulic lash adjuster　液压间隙调节器　04.299

hydraulic lifter　液压提升器　14.055

hydraulic lock　液力锁紧　08.071

hydraulic operation mechanism　液压式操纵机构　05.014

hydraulic power steering　液压助力转向器　05.418

hydraulic power steering gear　液压动力转向装置　05.417

hydraulic power steering system　液压动力转向系　05.383

hydraulic power steering system response characteristic　液压动力转向系灵敏度特性　05.463

hydraulic pump　液压泵　14.051

hydraulic servo piezo crystal fuel injector　液压伺服压电晶体式喷油器　04.440

hydrocarbon　碳氢化合物　04.652

hydrodynamic drive　液力传动　05.104

hydrodynamic retarder　液力缓速器　05.500

hydrodynamic torque converter　液力变矩器　05.106

hydrodynamic transmission　液力变速器　05.096

hydrodynamic transmission system　液力传动系　10.004

hydrogen electric hybrid vehicle　氢电混合动力汽车　02.215

hydrogen-fueled engine　燃氢发动机　04.145

hydrogen proton exchange membrane fuel cell　氢质子交换膜燃料电池　01.102

hydroplaning　滑水效应　03.188

hydro-pneumatic spring-type suspension　油气弹簧悬架　05.201

hydrostatic lock　液力锁紧　08.071

hydrostatic steering　液压转向　13.007

hydrostatic steering unit　液压转向器　13.020

hydrostatic transmission system　液压传动系　10.003

I

instrument panel　仪表板　06.189，仪表盘　07.114，15.019

instrument panel assembly　仪表板总成　07.113

instrument panel lamp　仪表灯　07.078

insulated van　保温车　02.047

insulation failure warning device　漏电报警装置　07.160

insulation resistance monitoring system　绝缘电阻监测系统　07.173

insulation safety glazing material　中空安全窗用玻璃材料　06.244

intake air temperature sensor　进气温度传感器　04.798

intake manifold absolute pressure sensor　进气歧管绝对压力传感器　04.796

integral body　承载式车身　06.002

integral gear train　整体式传动齿轮系　04.247

integral power steering gear　整体式动力转向器　05.408

integrate alternator　整体式交流发电机　07.004

integrated cluster　集成式组合仪表　15.021

integrated hydraulic hitch system　整体式液压悬挂系　14.002

integrated refueling emission control system　整体式加油排放控制系统　01.076

integrated starter generator　一体式起动发电机　07.006

inter-axial-mounted linkage　轴间悬挂装置　14.027

inter-axis PTO　轴间动力输出轴　10.059

inter-cooler　*中冷器　04.596

interference　[分析]干扰　04.755

interior trim　内饰件　06.070

interlayer boil　胶合层气泡　06.263

interlayer dirt　胶合层杂质　06.264

interlayer discoloration　胶合层变色　06.268

intermediate disk　中间压盘　05.019

intermittent fault　偶发故障　08.119

internal combustion engine　内燃机　04.001

internal leakage of steering control valve　转向控制阀内泄漏量　05.454

internal supporter tire　内支撑轮胎　05.240

interruption current　断电流　04.575

interurban coach　长途客车　02.021

in-use vehicle　在用车　01.002

in-vehicle GPS navigation system　汽车 GPS 导航系统　07.178

inverter　逆变器　07.043

investigation vehicle　勘察车　02.060

isocandela curve　等光强曲线　07.093

isolux curve　等照度曲线　07.092

J

jack-knifing　折叠　03.186

jack-up　举升　03.185

jack-up test of suspension　悬架举升试验　03.215

K

Karman vortex air flow sensor　卡门涡街式空气流量计　04.820

kerbing rib　防擦线　05.265

kick-back　转向盘反冲　03.191

kick-back test　反冲试验　03.203

kingpin　主销　05.540

kingpin castor　立轴后倾角　12.062

kingpin castor angle　主销后倾角　03.055

kingpin inclination　主销内倾　03.052，立轴内倾角　12.061

kingpin inclination angle　主销内倾角　03.053

kingpin offset　主销偏移距　03.054

knock classification control　爆震分级控制　04.834

knock closed-loop control　爆震闭环控制　04.833

knock fuzzy control　爆震模糊控制　04.835

knock individual control　爆震分缸控制　04.836

knock sensor　爆震传感器　04.805

knock window　爆震窗　04.839

L

lack of power　乏力　08.059

lacquering　漆膜　08.097

laminated safety glazing material　夹层安全窗用玻璃
材料　06.243

lamp housing　灯壳，＊灯罩　07.069

lane change test　移线试验　03.206

large tractor　大型拖拉机　09.023

lateral adhesion coefficient　横向附着系数　03.102

lateral coordinate of the center of tractor mass　质心横
向坐标　09.088

lateral force coefficient　横向力系数　03.093

lateral force deviation　侧向力偏移　05.363

lateral force of tire　轮胎横向力　03.078

lateral force variation　侧向力波动　05.361

lateral overturning angle of slope　横向极限翻倾角
09.049

lateral run-out　侧向尺寸偏差　05.368

lateral sliding angle　横向滑移角　09.050

lateral slip　横向滑移量　03.058

lateral stability　侧向稳定性　05.348

lateral velocity　横向速度　03.129

lawn and garden tractor　草坪和园艺拖拉机　09.010

law of injection　喷油规律　04.475

lead-acid battery　铅酸蓄电池　01.120

leading shoe　领蹄　05.524

leaf-spring-type suspension　钢板弹簧悬架　05.185

leakage　泄漏　08.056

leak-off　回油　04.455

lean mixture　稀混合气　04.044

lean mixture combustion　稀薄燃烧　04.053

lean NO$_x$ trap　稀燃氮氧化物吸附还原　04.703

lens　配光镜　07.070

LEV　低排放车　01.048

leveling adjustment　水平调节范围　14.036

lever-loaded clutch　杠杆压紧式离合器　10.012

license plate lamp　牌照灯　07.074

lid　盖　06.108

lifting time　提升时间　14.044

lift of wheel　车轮提升高度　01.033

lighting vehicle　照明车　02.082

light-off temperature　起燃温度　04.711

limited flow　限制流量　05.451

limited slip differential　防滑差速器　05.167，10.048

limiting device　限位器　06.079

limiting technical condition of vehicle　汽车极限技术
状况　08.010

linear position actuator　线性位置执行器　04.486

linear position sensor　线性位置传感器　04.483

lined shoe　制动蹄　05.523

lining bedding　衬片磨合　05.531

lining board　衬板　06.104，衬垫　06.331

lining burnishing　衬片磨合　05.531

lining effectiveness test after fade and recovery　衰退和
恢复后的衬片效能试验　03.272

lining fade test　制动衬片衰退试验　03.270

lining plate　衬板　06.104

lining profile　衬片轮廓　05.530

lining recovery test　制动衬片恢复试验　03.271

lining wear test　衬片磨损试验　03.273

linkage　悬挂装置　14.022

linkage-operated double-acting clutch　联动操纵的双作
用离合器　10.017

link-pin mesh　节销式啮合　12.043

link point　铰接点　14.032

lint　绒毛　06.265

liquefied gas tanker　液化气体运输车　02.089

liquefied natural gas　液化天然气　01.090

liquefied natural gas vehicle　液化天然气汽车　02.223

liquefied petroleum gas　液化石油气　01.087

liquefied petroleum gas engine　液化石油气发动机
04.143

liquefied petroleum gas vehicle　液化石油气汽车
02.222

liquid nitrogen truck　液氮车　02.158

liquid nitrogen vehicle　液氮汽车　02.236

lithium air battery　锂空气电池，＊金属锂燃料电池

01.121

lithium ion battery 锂离子蓄电池 01.119

livestock and poultry carrier 畜禽运输车 02.128

load 负荷 04.085

load characteristic 负荷特性 04.111

loaded section width 负荷下断面宽度 05.314

loaded vehicle mass 满载车质量 01.039

load-sensing device 感载装置 05.519

locking differential 强制锁止式差速器 05.172

lock ratio 锁止系数 05.175，10.049

lock-up torque converter 锁止式液力变矩器 05.107

logging truck 测井车 02.165

longitudinal force of tire 轮胎纵向力 03.079

longitudinal force variation 纵向力波动 05.362

longitudinal overturning angle of slope 纵向极限翻倾角 09.047

longitudinal pattern 纵向花纹 05.268

longitudinal sliding angle 纵向滑移角 09.048

longitudinal velocity 纵向速度 03.125

lookup table algorithm 查表算法 04.812

low-cycle fatigue fracture 低周疲劳断裂 08.090

low-deck body 低台货箱 06.302

low emission vehicle 低排放车 01.048

lower beam 近光 07.083

lower calorific value of fuel 燃料低热值 04.058

lower hitch point 下悬挂点 14.031

lower hitch-point clearance 下悬挂点间隙 14.038

lowering-speed control valve 下降速度控制阀 14.059

lowering valve 下降阀 14.058

lower link point 下铰接点 14.034

lower-link sensing 下拉杆传感 14.020

lower-spring injector 调压弹簧下置式喷油器 04.443

lowest starting temperature 极限冷起动温度 09.075

low-floor bus 低地板客车 02.025

low heat rejection engine 低散热发动机 04.157

low-pressure turbocharger 低压涡轮增压器 04.311

low-speed returnability test 低速回正性能试验 03.197

low-temperature liquid tanker 低温液体运输车 02.088

LPG 液化石油气 01.087

LPG electric hybrid vehicle 气电混合动力汽车 02.214

LPG fuel line 液化石油气管路 04.544

LPG solenoid valve 液化石油气电磁阀 04.541

LPG-tube pressure relief valve 液化石油气管路卸压阀 04.545

lubricating motor 润滑泵电动机 07.020

lubricating oil consumption 机油消耗量 04.101

lubricating oil filter 机油滤清器 04.628

lubricating oil pump 机油泵 04.626

lubricating oil suction strainer 机油集滤器 04.627

lubrication system 润滑系统 04.620

lubricator 润滑器 04.642

lug-down method [烟度测量]加载减速法 01.061

lug-down method of smoke measurement [烟度测量]加载减速法 01.061

luggage compartment 行李舱 06.034

luminous intensity distribution 配光，*光形分布 07.089

luminous reflectance 可见光反射比 06.279

M

magnetic crankshaft position sensor 磁电式曲轴位置传感器 04.791

magnetic inductive speedometer 磁感应式车速里程表 07.117

magnetic inductive tachometer 磁感应式转速表 07.125

magnetic powder clutch 磁粉离合器 05.011

main bearing 主轴承 04.238

main bearing cap 主轴承盖 04.173

main body 车身本体 06.035

main clutch 主离合器 10.014

main combustion period 主燃期 04.057

main control valve 主控制阀 14.056

main drive 中央传动 10.045

main fuel system　主油系　04.503

main oil gallery　主油道　04.625

main shaft　第二轴　05.087

maintainability　维修保养方便性　08.031，09.071

maintenance interval of vehicle　汽车维护周期　08.045

maintenance schedule　维修计划　08.032

major fault　严重故障　08.053

major repair of engine　发动机大修　08.155

major repair of vehicle　汽车大修　08.151

malfunction code　故障代码　08.120

malfunction indicator light　故障[指示]灯　07.079

manifold absolute pressure/intake air temperature sensor　进气歧管绝对压力/进气温度传感器　04.799

manual control　人为控制　03.142

manually shifted gearbox　手动换档变速器　05.068

manually shifted transmission　手动换档变速器　05.068

manual shift　人工换档　05.113

manual steering　机械转向　13.006

manual steering gear　机械转向器　05.400，13.019

manual steering system　机械转向系　05.381

marker lamp　示廓灯　07.103

masking effect　遮蔽阴影　09.061

mass-distribution ratio　质量分配比　01.019

mass emission　质量排放量　04.682

master connecting-rod　主连杆　04.222

master cylinder piston　主缸活塞　05.049

master cylinder piston return spring　主缸活塞回位弹簧　05.051

master cylinder push rod　主缸推杆　05.050

maximum actuating force required to operate control　最大操纵力　09.072

maximum centripetal acceleration　最大向心加速度　03.174

maximum continued sparking speed　最高连续发火转速　04.584

maximum cylinder pressure　最高气缸压力　04.104

maximum design total mass　最大设计总质量　01.036

maximum drawbar pull　最大挂钩牵引力　03.284，最大牵引力　09.030

maximum force exerted in full range　最大提升力　14.048

maximum fuel stop　最大油量限制器　04.396

maximum grade　最大爬坡度　03.008

maximum height of surmountable obstacle　最大越障高度　03.278，09.055

maximum idling speed　最高空载转速　04.083

maximum indicated lateral acceleration　最大指示横向加速度　03.176

maximum internal dimensions of body　车厢内部最大尺寸　01.018

maximum lateral acceleration　最大横向加速度　03.175

maximum-minimum speed governor　两极式调速器　04.410

maximum operation mass　最大使用质量　09.091

maximum PTO power　最大动力输出轴功率　09.036

maximum speed　最高车速　03.002

maximum speed（1 km）　最高车速（1 km）　03.003

maximum thirty-minute speed　30 min 最高车速　03.004

maximum torque　最大转矩　04.087

maximum usable length of chassis behind cab　驾驶室后车架最大可用长度　01.016

maximum width of surmountable trench　最大越沟宽度　09.056

maximum width of trench-crossing　最大越沟宽度　03.279

max rotating angle of pitman arm shaft　摇臂轴最大转角　05.441

max swing angle of steering pitman arm　转向摇臂最大摆角　05.442

max working pressure　最大工作压力　05.448

McPherson strut suspension　麦弗逊式悬架　05.199

mean braking deceleration　平均制动减速度　11.035

mean indicated pressure　平均指示压力　04.090

mean piston speed　活塞平均速度　04.084

mechanical braking system　机械制动系　11.004

mechanical efficiency　机械效率　04.098

mechanical fuel injection pump　机械式喷油泵，＊机械控制式喷油泵，＊传统喷油泵　04.368

mechanical fuel injection timing advance device　机械式喷油提前器　04.429

mechanically engaged drive starter　机械啮合式起动机　07.007

mechanical operation mechanism　机械式操纵机构
　05.013

mechanical steering　机械转向　13.006

mechanical supercharging　机械增压　04.022

mechanical transmission　机械式变速器　05.099

mechanical transmission system　机械传动系　10.002

median longitudinal plane of tractor　拖拉机纵向中心
　面　09.077

median plane of track　履带中心面　09.079

median plane of wheel　车轮中心平面　03.047，车轮
　中心面　09.078

mesh filter　网式捕集器　04.718

metal crawler　金属履带　12.033

metal fuel cell　金属燃料电池，*金属空气电池
　01.108

metal fuel cell vehicle　金属燃料电池汽车　02.235

metallic cylinder　金属气瓶　04.530

metering sleeve　计量滑套　04.404

methane　甲烷　04.654

methanol　甲醇　01.083

methanol vehicle　甲醇汽车　02.232

method of vehicle maintenance on universal post　汽车
　维护定位作业法　08.042

methylcyclopentadienyl manganese tricarbonyl　甲基环
　戊二烯三羰基锰　01.094

methyl tertiary butyl ether　甲基叔丁基醚　01.093

metrology vehicle　计量车　02.059

microbial fuel cell　微生物燃料电池　01.107

micro hybrid electric vehicle　微混合动力汽车
　02.208

middle-beam frame　脊梁式车架　05.534

middle tractor　中型拖拉机　09.022

mild hybrid electric vehicle　轻度混合动力汽车
　02.209

mileage counter　里程计数器　07.119

mileage test　里程试验　05.329

milk tanker　鲜奶运输车　02.092

minibus　小型客车　02.019

minimum clearance radius　最小水平通过半径
　09.044

minimum control speed　最低控制速度　03.264

minimum engine starting temperature　发动机最低起动
　温度　04.109

minimum ground clearance　最小离地间隙　03.280，
　09.057

minimum idling speed　最低空载转速　04.082

minimum opening pressure of safety valve　安全阀开启
　压力　14.046

minimum operating speed of ignition system　点火系统
　最低工作转速　04.583

minimum operation mass　最小使用质量　09.090

minimum setting pressure of safety valve　安全阀调定
　压力　14.045

minimum turning circle diameter　最小转弯直径
　01.034

minimum turning circle radius　最小转向圆半径
　09.043

minimum turning diameter test　最小转弯直径试验
　03.193

minimum turning radius　最小转向半径　09.045

minimum width of flatting flap　垫带最小展平宽度
　05.307

minor fault　一般故障　08.054

minor repair of vehicle　汽车小修　08.152

miscellaneous hazardous material tanker　杂项危险物
　品罐式运输车　02.099

miscellaneous hazardous material van　杂项危险物品厢
　式运输车　02.050

misfire　失火　08.072

mismatch　叠差　06.266

mixer　混合器　04.548

mobile aircraft landing stairs　机场客梯车　02.176

mobile bee-keeper　养蜂车　02.129

mobile canteen　餐车　02.069

mobile drill　钻机车　02.147

mobile lavatory　厕所车　02.070

mobile library　图书馆车　02.072

mobile loudspeaker　宣传车　02.062

mobile monitor　监测车　02.058

mobile movie projector　电影放映车　02.083

mobile post office　邮政车　02.049

mobile shower bath　淋浴车　02.077

mobile steam generator　锅炉车　02.159

mobile store　售货车　02.075

mobile work shop　工程车　02.076

mobility over unprepared terrain　通过性　03.277

moderate hybrid electric vehicle 中度混合动力汽车 02.210

modified part 更改件 08.018

modulatable braking 可调节制动 05.511

mold mark 模具痕迹 06.259

molten carbonate fuel cell 熔融碳酸盐燃料电池 01.105

moment of inertia of steering system 转向系转动惯量 03.045

mono-fuel vehicle 单燃料汽车 02.227

monolithic diesel particulate filter 整体式柴油机颗粒捕集器 04.717

monolithic substrate 整体式载体 04.707

monotone horn 单音喇叭 07.054

motion sickness 晕车 03.240

motor caravan 旅居车 02.068

motor vehicle 汽车 01.001

motor vehicle length 汽车长度 01.003

motor vehicle wheel base 汽车轴距 01.008

mottled pattern 应力斑 06.262

movement range 动力提升行程 14.035

moving axis system 运动坐标系 03.107

moving magnet ammeter 动磁式电流表 07.134

moving magnet fuel indicator 动磁式燃油表指示器 07.146

moving magnet oil pressure indicator 动磁式油压表指示器 07.141

moving magnet temperature indicator 动磁式温度表指示器 07.143

MPV 多功能汽车 02.010

mud and snow pattern 泥雪花纹 05.274

mud and snow tire 泥雪轮胎 05.232

mudguard 挡泥板 06.113

multiaxle-steering-type steering linkage 多桥转向式转向传动机构 05.432

multi-cable plug 复合插头 07.163

multi-cable socket 复合插座 07.164

multi-circuit braking system 多回路制动系 05.480

multiclutch limited-slip differential 摩擦片式防滑差速器 05.169

multi-countershaft gearbox 多中间轴变速器 05.062

multi-countershaft transmission 多中间轴变速器 05.062

multi-cylinder camshaftless fuel injection pump 多缸无凸轮轴式喷油泵 04.375

multi-fuel engine 多种燃料发动机 04.140

multi-line braking system 多管路制动系 05.483

multi-link independent suspension 多连杆式独立悬架 05.192

multi-plate clutch 多盘离合器 05.005

multipoint injection 多点喷射 04.514

multipurpose goods vehicle 多用途货车 02.032

multi-purpose vehicle 多功能汽车 02.010

multi-wheel control 多轮控制 03.257

muscular energy braking system 人力制动系 05.472

N

natural aspiration 自然吸气 04.019

natural gas 天然气 01.088

natural gas engine 天然气发动机 04.142

natural gas vehicle 天然气汽车 02.221

natural hydrate vehicle 天然气水合物汽车 02.226

naturally aspiration engine *自然吸气式发动机 04.149

needle lift 针阀升程 04.467

negative torque control 转矩负校正 04.425

neural network algorithm 神经网络算法 04.813

neutral stability 中性稳定性 03.172

neutral steer 中性转向 03.162

neutral steering line 中性转向线 03.179

new tire dimension 新胎尺寸 05.284

nickel-cadmium battery 镍镉蓄电池 01.115

nickel-iron battery 铁镍蓄电池 01.113

nickel-metal hydride battery 镍氢蓄电池 01.114

nickel-zinc battery 锌镍蓄电池 01.118

nitrogen generating truck 氮气发生车 02.157

nitrogen oxide 氮氧化物 04.650

nitrogen oxide selective catalytic reduction 氮氧化物选择催化还原 04.702

NO$_x$　氮氧化物　04.650
noble metal catalyst　贵金属催化剂　04.697
noise at operator's position　驾驶员操作位置处噪声　09.074
noise emitted by accelerating tractor　动态环境噪声　09.073
noise limitation　噪声限制　04.850
nominal aspect ratio　名义高宽比　05.294
nominal clearance volume　公称余隙容积　04.013
nominal compression ratio　[公称]压缩比　04.017
nominal cylinder volume　公称气缸容积　04.014
nominal overall diameter　名义外直径　05.287
nominal section width　名义断面宽度　05.290
nominal steering angle　名义转向角　03.035
nominal volume　公称容积　04.012
non-constant velocity universal joint　不等速万向节　05.130
non-continuous braking system　非连续制动系统　05.486
nondispersive infrared analyzer　不分光红外线分析仪　04.742

non-independent PTO　非独立式动力输出轴　10.061
non-independent-suspension-type steering linkage　非独立悬架式转向传动机构　05.430
non-integrated refueling emission control system　非整体式加油排放控制系统　01.077
non-methane hydrocarbon　非甲烷碳氢化合物　04.656
non-methane organic gas　非甲烷有机气体　04.655
non-power hydraulic braking　人力液压制动　11.005
non-pressurized lubrication　非压力润滑　04.622
non-regeneration emission test　无再生排放试验　04.785
non-supercharged engine　非增压发动机　04.149
normal tire　普通轮胎　05.230
norm of vehicle maintenance　汽车维护规范　08.034
norm of vehicle repair　汽车修理规范　08.149
notchback body　*折背式车身　06.013
nozzle dribble　喷油器滴漏　08.098
nozzle holder　喷油器体　04.450
nozzle retaining nut　喷油嘴紧帽　04.465
null setting　调零机构　07.123

O

OBD　车载诊断系统，*随车诊断系统　08.132
OBD-Ⅱ　第二代车载诊断标准　08.133
obliquely split connecting-rod　斜切口连杆　04.220
obstacle avoidance test　绕过障碍物试验　03.205
odor　臭味　04.679
off-board charger　非车载充电器　07.039
off-road bus　越野客车　02.027
off-road goods vehicle　越野货车　02.035
off-road passenger car　越野乘用车　02.011
off-road pattern　越野花纹　05.269
off-road vehicle for desert　沙漠车　02.183
offset cab　侧置驾驶室　06.022
oil control ring　油环　04.210
oil-cooled engine　油冷发动机　04.156
oil cooler　机油冷却器　04.593
oil filter　滤油器　14.067
oil filter rotor　机油滤清器转子，*转鼓　04.638
oil level indicator　油面指示器　04.643

oil level warning sensor　机油油量报警传感器　07.151
oil pan　油底壳　04.187
oil pressure gauge　油压表　07.129
oil pressure regulating valve　机油调压阀　04.640
oil relief valve　机油安全阀　04.639
oil reservoir　转向油罐　05.426
oil sludge　油泥　08.114
oil sump　油底壳　04.187
on-board charger　车载充电器　07.038
on-board diagnosis　车载诊断系统，*随车诊断系统　08.132
on-board diagnosis-Ⅱ　第二代车载诊断标准　08.133
on-board fault diagnosis　在线故障诊断　04.859
on-board refueling vapor recovery device　车载加油蒸气回收装置　01.074
one-box-type body　一厢式车身　06.011
one-piece camshaft　整体式凸轮轴　04.255

one-piece crankshaft　整体式曲轴　04.228

one-way clutch of hydrodynamic torque converter　液力变矩器单向离合器　05.108

on/off-road pattern　混合花纹　05.271

ON/OFF signal　开关信号　04.815

opacity　消光度，＊不透光度　04.771

open-center hydraulic system　开心式液压系统　14.009

open-circuit hydraulic system　开式循环液压系统　14.011

open combustion chamber　开式燃烧室　04.067

opening line　开缝线　06.053

open-loop control　开环控制　03.143

open-top body　敞式车身　06.009

operating condition　工况　04.074

operating fork　分离叉　05.045

operating fork ball-end　分离[拨]叉球头支座　05.044

operating fork return spring　分离叉回位弹簧　05.047

operation of vehicle maintenance　汽车维护作业　08.033

operation of vehicle repair　汽车修理作业　08.148

operation van　手术车　02.071

operator's seat　驾驶座　15.015

operator's workplace　驾驶员工作空间　15.008

opposed-piston engine　对动活塞式发动机　04.163

optical deviation　光学偏移，＊角偏差　06.281

optical smokemeter　光学式烟度计　04.766

optimum power performance shift pattern　最佳动力性换档规律　03.026

orchard and vineyard tractor　果园和葡萄园拖拉机　09.009

originally equipped catalytic converter　原装催化转化器　04.690

oscillatory angle of front axle　前轴摆角　12.059

oscillatory instability　振荡不稳定性　03.170

out of control　失控　08.058

outset wheel　外偏距车轮　05.215

outside door handle　车门外手柄　06.185

outside-installed final drive　外置式最终传动　10.055

outside rear mirror　外后视镜　06.204

overall air-fuel ratio　总空燃比　04.040

overall circumference　外周长　05.285

overall diameter　外直径　05.286

overall height of tractor　拖拉机总高　09.082

overall length of tractor　拖拉机总长　09.080

overall width　总宽度　05.291

overall width of tractor　拖拉机总宽　09.081

over drive　超速档　05.085

overhang of towing attachment　牵引装置悬伸　01.023

overhead camshaft　顶置凸轮轴　04.257

overhead console　高位仪表板　06.192

overhead-valve engine　顶置气门发动机　04.164

overheat　过热　08.057

overrun shift　超限换档　05.116

overspeed fuel cutoff of gasoline engine　汽油机超速断油　04.825

overspeed fuel cutoff of vehicle　汽车超速断油　04.826

overspeed limitation　转速超速限制　04.849

oversteer　过度转向　03.164

overtaking accelerating time　超车加速时间　03.007

overturning limit angle　倾斜极限角　03.181

overturning moment　翻倾力矩　03.070

overturning moment distribution　翻倾力矩分配　03.071

overturning moment of tire　轮胎翻转力矩　03.087

oxidation catalyst　氧化型催化剂　04.694

oxygenated fuel　含氧燃油　01.092

oxygen sensor　氧传感器　04.802

P

pad　衬块　05.526

paddy-field tractor　水田拖拉机　09.007

paddy-field wheel　水田轮　12.021

painted body　涂装车身　06.017

parallel hybrid electric vehicle　并联式混合动力汽车　02.216

parallel-serial hybrid electric vehicle　混联式混合动力汽车　02.218

parameter for technical condition of vehicle　汽车技术状况参数　08.009

parameter of vehicle detection　汽车检测参数　08.124

parasitic loss　附加损失　05.369

parking braking control device　驻车制动操纵装置　11.014

parking braking performance　驻车制动性能　09.053

parking braking system　驻车制动系　05.469，11.003

parking lamp　停车灯　07.102

partial fault　局部故障　08.051

partial-flow sampling　部分流取样法　04.775

partial-flow smoke meter　部分流式烟度计　04.764

partially on-board charger　部分车载充电器　07.040

particulate matter　颗粒物　04.660

particulate trap　颗粒捕集器，*颗粒过滤器　04.716

parts per million carbon　百万分率碳　04.754

parts reclamation　零部件修复　08.159

parts repair　零件修理　08.158

part throttle shift　部分油门开度换档　05.117

passenger car　乘用车　02.001

passenger car trailer combination　乘用车列车　02.197

passenger cell　客舱　06.027

passenger zone　乘客区　06.029

passing ability　通过性　09.054

pattern block　花纹块　05.275

pattern depth　花纹深度　05.279

pattern for traction　牵引型花纹　05.272

pattern rib　花纹条　05.276

pattern sipe　花纹细缝　05.278

pavement irregularity sensitivity　路面不平敏感性　03.158

pavement irregularity sensitivity test　路面不平敏感性试验　03.219

pavement maintenance truck　路面养护车　02.171

peak-to-peak value　峰间值　05.366

pellcted substrate　颗粒状载体　04.708

pencil injector　笔式喷油器　04.445

performance test　性能试验　04.121

periodical regeneration trap oxidizer　周期性再生捕集氧化装置　04.728

periodic maintenance　定期维护　08.036

peripheral dimension　外缘尺寸　05.283

PHEV　插电式混合动力汽车　02.219

phosphoric acid fuel cell　磷酸燃料电池　01.104

photochemically reactive hydrocarbon　光化学活性碳氢化合物　04.657

photochemical smog　光化学烟雾　04.658

photographic smoke measurement　烟度照相测量　04.769

pickup　轻便客货两用车，*皮卡　02.015

PI control　比例积分控制　03.146

PID control　比例积分微分控制　03.147

piezo crystal fuel injector　压电晶体式喷油器　04.439

pilot injection　预喷射　04.064，引燃喷射　04.065

pilot injection gas engine　*喷油引燃式燃气发动机　04.141

pilot line　操纵管路　05.506

pintaux nozzle　分流轴针式喷油嘴，*品陶式喷油嘴　04.460

pintle nozzle　轴针式喷油嘴　04.457

piston　活塞　04.193

piston bottom part　*活塞下部　04.196

piston bowl　活塞顶凹腔　04.201

piston burning　活塞烧焦　08.100

piston charring　活塞烧焦　08.100

piston compression height　活塞压缩高度　04.211

piston cooling gallery　活塞冷却通道　04.212

piston crown　活塞头部　04.195

piston displacement　活塞排量，*气缸工作容积　04.015

piston junk　顶岸　04.204

piston pin　活塞销　04.198

piston pin bushing　活塞销衬套　04.197

piston pump　柱塞泵　14.053

piston ring　活塞环　04.208

piston ring belt　活塞环带　04.203

piston ring groove　活塞环槽　04.206

piston ring land　活塞环岸　04.205

piston skirt　活塞裙部　04.196

piston swept volume　活塞排量，*气缸工作容积　04.015

piston top　活塞顶　04.200

piston top insert　活塞顶镶圈　04.202

piston upper part　*活塞上部　04.195

piston with controlled thermal expansion　可控热膨胀活塞　04.194

pitch　纵倾　03.112，立柱倾角　14.039

pitch axis　纵倾轴　03.114

pitching moment of inertia of sprung mass　簧上质量纵倾转动惯量　03.119

pitch velocity　纵倾角速度　03.131

pitch vibration of human body　人体俯仰振动　03.235

pitman arm　转向臂　13.028

pitting　麻点　08.099

plane refueller　飞机加油车　02.103

planetary double-reduction final drive　行星齿轮式双级主减速器　05.156

planetary gearbox　行星齿轮变速器　05.064

planetary transmission　行星齿轮变速器　05.064，行星式变速箱　10.031

planetary wheel reductor　行星圆柱齿轮式轮边减速器　05.162

plasma transport van　血浆运输车　02.043

plastic safety glazing material　塑料安全窗用玻璃材料　06.241

platform frame　平台式车架　05.536

platform road train　平板列车　02.204

plug-in hybrid electric vehicle　插电式混合动力汽车　02.219

plumb derrick truck　立放井架车　02.149

plunger and barrel assembly　柱塞偶件　04.385

plunger matching parts　柱塞偶件　04.385

plunger pre-stroke　柱塞预行程　04.389

plunger return spring　柱塞回位弹簧　04.387

plunger stroke　柱塞全行程　04.388

ply　帘布层　05.256

ply steer　角度效应　05.365

PM　颗粒物　04.660

pneumatic braking　气压制动　11.007

pneumatic cement-discharging tanker　下灰车　02.098

pneumatic governor　气动调速器　04.407

pneumatic horn　气喇叭　07.051

pneumatic tire　充气轮胎　05.226

pneumatic trail　轮胎拖距　03.092

point gap　触点间隙，＊白金间隙　04.564

polarized electromagnetic ammeter　极化电磁式电流表　07.133

pole transport truck　运材车　02.145

police dog carrier　警犬运输车　02.045

police van　警用车　02.040

polished edge　抛光边　06.272

portable lamp　工作灯　07.080

ported vacuum control EGR system　孔口真空度控制式排气再循环系统　04.351

position based electronically controlled fuel injection system　位置控制式电控燃油喷射系统　04.363

position control　位置控制　14.015

position light　示廓灯　07.103

positive crankcase ventilation device　曲轴箱强制通风装置　04.190

positive crankcase ventilation valve　曲轴箱强制通风阀　04.191

positive torque control　转矩正校正　04.424

post combustion　后燃　08.073

power-assisted braking system　助力制动系　05.473

power-assisted hydraulic braking　液压制动　11.006

power-assisted shift gearbox　动力助力换档变速器　05.071

power-assisted shift transmission　动力助力换档变速器　05.071

power-assisted steering　液压助力转向　13.009

power control　能量控制　01.128

power cylinder　转向动力缸　05.424

power performance　动力性　03.001

power per liter　升功率　04.078

power shift　动力换档　10.038

power source van　电源车　02.080

power steering pump　转向油泵　05.425

power steering system　动力转向系　05.382

power-take-off　取力器，＊动力输出装置　07.174

power-take-off belt pulley　动力输出带轮　10.065

power-take-off clutch　动力输出离合器　10.015

power-take-off shaft　动力输出轴　10.056

power-take-off shaft power　动力输出轴功率　09.035

power turbine　动力涡轮　04.321

pre-combustion chamber　预燃室　04.069

pre-engaged drive starter　电磁啮合式起动机　07.008

pre-flame reaction　焰前反应　04.050

premixing combustion　预混合燃烧　04.051

pre-opened play of steering control valve　转向控制阀预开隙　05.452

pressure adjusting spring　调压弹簧　04.451

pressure charging　增压　04.020

pressure control valve　压力控制阀　04.493

pressure distribution in the contact patch　接地面压力分布　05.342

pressure loss characteristic of steering control valve　转向控制阀压力降特性　05.464

pressure loss in steering control valve　转向控制阀压力降　05.455

pressure plate　压盘　05.018，10.026

pressure-sensing device　感压装置　05.520

pressure testing　压力试验　08.144

pressure warning sensor　压力报警传感器　07.152

pressure-wave supercharger　气波增压器　04.309

pressure-wave supercharging　气波增压　04.024

pressurization system　加压系统　15.012

pressurized lubrication　*压力润滑　04.621

pre-stroke adjustment　预行程调整　04.390

primary inspection　初检　08.139

primary shaft　第一轴　05.086

primary supply voltage of ignition coil　点火线圈初级供电电压　04.572

primary vision area　主视区　06.257

prison van　囚车　02.041

process inspection　过程检验　08.141

production program of vehicle maintenance　汽车维护生产纲领　08.044

productivity　生产率　09.069

product of inertia of sprung mass about x and z axes　簧上质量对 x 轴和 z 轴的惯性积　03.121

profiled edge　倒圆　06.271

propeller shaft　传动轴　05.149

proportional control　比例控制　03.145

proportional integral control　比例积分控制　03.146

proportional integral differential control　比例积分微分控制　03.147

proportional sampling　比例取样　04.776

protection pressure　保护压力　05.513

proton exchange membrane fuel cell　质子交换膜燃料电池　01.100

PT fuel injector　PT 喷油器　04.449

PT fuel pump　PT 燃油泵　04.481

PT fuel system　PT 燃油系统　04.480

PTO　动力输出轴　10.056

PTO clutch　动力输出离合器　10.015

PTO power　动力输出轴功率　09.035

PTO power at standard speed　标准转速下的动力输出轴功率　09.037

pulling　跑偏　03.274

pullman saloon　高级乘用车　02.004

pulse converter　脉冲转换器　04.340

pulse exhaust manifold　脉动排气歧管　04.339

pulse response test　脉冲响应试验　03.213

pulse signal　脉冲量信号　04.817

pumper　泵浦消防车　02.178

pumping　泵气效应　05.373

pump truck　抽油泵运输车　02.146

puncture resistance　抗刺扎性　05.378

purge valve　清除阀　04.737

purifying　净化　04.684

purifying rate　净化率　04.685

push-rod　推杆　04.295

push-rod fork　分离拨叉　05.043

Q

quick-acting choke　快动阻风门　04.506

quick-action hydraulic coupler　液压快换接头　14.068

quick-heat intake manifold　速热式进气歧管　04.335

R

rack and pinion steering gear　齿轮齿条式转向器　05.403

rack and pinion steering gear with central output　中间输出型齿轮齿条式转向器　05.406

rack and pinion steering gear with lateral one-end output 侧向单端输出型齿轮齿条式转向器 05.405

rack and pinion steering gear with lateral two-end output 侧向两端输出型齿轮齿条式转向器 05.404

radial-flow turbine 径流式涡轮 04.320

radial force variation 径向力波动 05.360

radial-plunger distributor injection pump 径向柱塞式分配泵 04.378

radial run-out 径向尺寸偏差 05.367

radial tire 子午线轮胎 05.238

radiator 散热器，*冷却水箱 04.603

radiator bottom tank 散热器下水箱 04.606

radiator core 散热器芯子 04.608

radiator fan 散热器风扇 04.610

radiator grill 散热器面罩 06.151

radiator header 散热器上水箱 04.605

radiator pressure cap 散热器压力盖 04.609

radiator shutter 散热器百叶窗 04.611

radiator top tank 散热器上水箱 04.605

rail pressure limiter 轨压限制器 04.497

ramp angle 纵向通过角 03.281，09.059

range change gearbox 分段式组合变速器 05.074

range change transmission 分段式组合变速器 05.074

rapid combustion period 速燃期 04.056

rare earth catalyst 稀土催化剂 04.699

rated drawbar pull 标定牵引力 09.029

rated power 标定功率 04.077

rated speed 标定转速 04.080

rated working pressure 额定工作压力 05.449

rate of braking 制动强度 03.254

ratio of cornering radius 转弯半径比 03.224

reactive exhaust manifold *反应式排气歧管 04.714

reading lamp 阅读灯 07.076

ready mixed dry mortar truck 干拌砂浆运输车 02.094

rear axle *后桥 10.051

rear body 车身后部 06.040

rear bulkhead 后隔板 06.161

rear bulkhead shield 后隔板护面 06.162

rear cross member 后横梁 06.124

rear door 后车门 06.084

rear door window 后门窗 06.092

rear drive axle 后驱动桥，*后桥 10.051

rear end panel 后端板 06.167

rear-engine bus body 后置发动机客车车身 06.014

rear fitting radius of semi-trailer towing vehicle 半挂牵引车后回转半径 01.029

rear gate 后栏板 06.312

rear gate side post 后栏板侧柱 06.323

rear-mounted linkage 后悬挂装置 14.028

rear overhang 后悬 01.012

rear pillar 后柱 06.159

rear position lamp 后位灯 07.097

rear PTO 后动力输出轴 10.057

rear side member 后纵梁 06.123

rear wall inner shield 后围内护板 06.171

rear wall outer panel 后围蒙皮 06.170

rear wall skeleton 后围骨架 06.169

rear wall skin 后围蒙皮 06.170

rear wheel 后轮 12.018

rear-wheel drive tractor 后轮驱动拖拉机 09.013

rear window 后窗 06.090

rear window shelf 后隔板 06.161

rebuilt part 再制件 08.020

recall 召回 01.054

reciprocating internal combustion engine 往复式内燃机 04.002

recirculating-ball rack and sector steering gear 循环球-齿条齿扇式转向器 05.402

recirculating ball steering gear 循环球式转向器 05.401，13.021

recondition 修复 08.028

reconditioned part 修复件 08.014

reconnaissance fire vehicle 勘察消防车 02.065

recoverability rate 可回收利用率 08.021

rectifier 整流器 07.044

recyclability 可再利用性 08.022

reduction catalyst 还原型催化剂 04.695

reference cell 参比室 04.745

reference energy consumption 能量消耗率 03.033

reference fuel 基准燃料 01.079

reflector 反光器 06.338，反射镜 07.071

reflex reflector 反射器 07.107

refrigerated van 冷藏车 02.048

refueling emission 加油排放物 04.649

refueling emission control system 加油排放物控制系

reworked part　修复件　08.014

rib　筋　06.110

rich mixture　浓混合气　04.045

ride comfort　平顺性　03.230

ride rate　悬架有效刚度　03.062

riding comfort　乘坐舒适性　09.062

rigid axle suspension　非独立悬架　05.182

rigid suspension　刚性悬架　12.024

rim　轮辋　05.221

rim slip test　轮辋错动试验　03.217

ring groove insert　活塞环槽镶圈　04.207

ring gumming　活塞环结胶　08.101

ring scuffing　活塞环拉缸　08.102

ring sticking　活塞环胶结　08.103

road lineation vehicle　道路划线车　02.172

road test method　[烟度测量]道路试验法　01.063

road test method of smoke measurement　[烟度测量]道路试验法　01.063

rocker　摇臂　04.296

rocker arm　摇臂　04.296

rocker arm bracket　摇臂座　04.300

rocker arm shaft　摇臂轴　04.301

roll　侧倾　03.111

roll axis　侧倾轴　03.068

roll center　侧倾中心　03.067

roller tappet　滚轮挺柱　04.287，滚轮挺柱组件　04.386

rolling circumference　滚动周长　05.288

rolling moment arm　侧倾力臂　03.117

rolling moment of inertia of sprung mass　簧上质量侧倾转动惯量　03.118

rolling radius　滚动半径　12.058

rolling resistance　滚动阻力　03.014，12.053

rolling resistance coefficient　滚动阻力系数　03.015

rolling resistance moment　滚动阻力矩　03.088

roll-over protective structure　翻倾防护装置　15.006

roll rate of autobody　车身侧倾度　03.229

roll response　侧倾响应　03.156

roll restrictor　横向稳定器　05.209

roll steer　侧倾转向　03.165

roll stiffness　侧倾刚度　03.066

roll velocity　侧倾角速度　03.130

roll vibration of human body　人体侧倾振动　03.234

roof baggage rack　车顶行李架　06.134

roof cross member　车顶横梁　06.128

roof drain　车顶流水槽　06.132

roof frame　车顶骨架　06.129

roof inner shield　车顶内护板　06.131

roof inner skin　车顶内护板　06.131

roof ladder　车顶梯　06.135

roof outer panel　车顶蒙皮　06.130

roof outer skin　车顶蒙皮　06.130

roof panel　车顶板，＊顶盖　06.126

roof side frame　上边梁　06.127

roof skeleton　车顶骨架　06.129

roof ventilator　车顶通风装置　06.133

roof window　顶窗　06.093

Roots compressor　罗茨式压气机　04.328

rope hook　绳钩　06.337

rotary control valve　转阀式转向控制阀　05.423

rotary distributor injection pump　＊转子式分配泵　04.378

rotary piston engine　旋转活塞式发动机　04.167

rotating mass conversion factor　旋转质量换算系数　03.021

rotating torque of steering gear　转向器转动力矩　05.443

row-crop tractor　中耕拖拉机　09.006

rubber crawler　橡胶履带　12.037

rubber-metal crawler　橡胶-金属履带　12.036

running gears　行走系　12.001

running gears of wheeled tractor　轮式行走系　12.002

running-in　磨合　08.029

running-in maintenance　磨合维护　08.040

running loss　运转损失　01.060

Rzeppa universal joint　同心圆球笼式万向节　05.134

S

safety airbag　安全气囊　06.212

safety airbag mounting point　安全气囊安装点

06.060

safety belt 安全带 06.211

safety belt anchor point 安全带固定点 06.059

safety cab 安全驾驶室 15.005

safety factor of strength 爆破强度安全系数 05.324

safety glazing material 安全窗用玻璃材料 06.239

safety sign 安全标志 15.027

safety valve 安全阀 14.063

saloon 普通乘用车，＊轿车 02.002

sample cell 样气室 04.743

sampling 取样 04.773

sampling bag 取样袋 04.780

sampling probe 取样探头 04.781

sand mixing truck 混砂车 02.167

sash window 升降窗 06.095

scale 标度盘，＊刻度盘 07.121

scavenging 扫气 04.029

score 拉伤 08.104

screw-mounted fuel injector 螺套安装式喷油器 04.448

scrubber 洗涤器 06.203

seal 密封件 06.072

sealed beam unit 封闭式灯光组 07.067

sealed headlamp 封闭式前照灯 07.061

sealed housing for evaporative emission determination 密闭室测定蒸发排放物法 01.065

seasonal maintenance 季节性维护 08.039

seat 座椅 06.208

seat adjustment motor 座位移动电动机 07.018

seat belt 安全带 06.211，15.007

seat belt anchor point 安全带固定点 06.059

seat index point 驾驶座标志点 15.018

seat mounting point 座椅安装点 06.058

secondary air injection device 二次空气喷射装置 04.715

secondary available voltage 次级有效电压 04.579

secondary braking system 应急制动系 05.468

secondary image 副像，＊重像 06.280

secondary injection 二次喷射 04.476

secondary line 应急管路 05.510

secondary output voltage 次级输出电压 04.578

secondary voltage rise time 次级电压上升时间 04.577

section height 断面高度 05.292

section width 断面宽度 05.289

sedan 普通乘用车，＊轿车 02.002

seizure 咬死 08.105

select-high 高选 03.263

select-low 低选 03.262

self-diagnosis 自诊断 08.142

self-loading garbage truck 自装卸式垃圾车 02.121

self-locking differential with dog clutch 牙嵌式自由轮差速器 05.171

self-locking-type differential 自锁式差速器 05.168

self-propelled chassis 自走底盘 09.025

semi-active suspension 半主动悬架 05.195

semiautomatic mechanical transmission 半自动换档机械式变速器 05.100

semiconductor-assisted ignition system 半导体辅助点火系 04.551

semi-continuous braking system 半连续制动系 05.485

semi-crawler tractor 半履带拖拉机 09.016

semi-detached PTO 半独立式动力输出轴 10.062

semi-floating axle shaft 半浮式半轴 05.179

semi-forword control body 短头车身 06.006

semi-forword control cab 短头驾驶室 06.020

semi-frame 半架 12.010

semi-integral body 半承载式车身 06.003

semi-integral power steering gear 半整体式动力转向器 05.409

semi-rigid suspension 半刚性悬架 12.026

semi-sealed beam unit 半封闭式灯光组 07.068

semi-sealed headlamp 半封闭式前照灯 07.062

semi-trailer 半挂车 02.190

semi-trailer length 半挂车长度 01.005

semi-trailer towing vehicle 半挂牵引车 02.033

semi-trailer wheel base 半挂车轴距 01.009

scnsitivity control valve 灵敏度控制阀 14.060

sensor 传感器 04.789

separate frame construction body 非承载式车身 06.004

sequence injection 顺序喷射 04.519

serial hybrid electric vehicle 串联式混合动力汽车 02.217

service braking performance 行车制动性能 09.052

service braking system　行车制动系　05.467，11.002

service plug　维护插接器　07.041

shake　摇振　03.239

shearing resistance　抗切割性　05.379

shear stress distribution in the contact patch　接地面切向力分布　05.343

shelf　搁梁　06.198

shell-type horn　螺旋形电喇叭　07.049

shift　换档　05.080，10.034

shift cycling　换档循环　05.121

shift detent mechanism　换档锁定机构　05.090，10.041

shift fork　拨叉　05.089，10.043

shift hysteresis　换档滞后　05.120

shift interlock mechanism　换档互锁机构　05.091，10.042

shift point　换档点　05.119

shift schedule　换档规律　05.122

shift smoothness　换档平稳性　05.128

shift timing　换档定时　05.127

shimmy　摆振　03.190

shimmy of front wheel　前轮摆振　12.064

shiner　磨边残留　06.275

ship-type tractor　船式拖拉机　09.018

shock absorber　减振器　05.203

shoe　蹄铁　05.527

shoe brake　蹄式制动器　11.022

shot-bag test　霰弹袋试验　06.298

shoulder　胎肩　05.246

shoulder point　胎肩点　05.300

side body　车身侧部　06.044

side-by-side connecting-rod　并列连杆　04.224

side control　边控制　03.259

side door　车身侧门　06.081

side force of tire　轮胎侧向力　03.082

side gate　侧栏板，* 货箱边板　06.311

side-mounted linkage　侧悬挂装置　14.026

side pivoted rocker　从动摆臂　04.291

side pivoted rocker bracket　从动摆臂支座　04.293

side pivoted rocker pin　从动摆臂销轴　04.292

side-rail frame　边梁式车架　05.533

sideslip angle of vehicle　汽车侧偏角　03.137

side-to-side vibration applied to human body　人体侧向振动　03.232

side-valve engine　侧置气门发动机　04.165

side velocity　侧向速度　03.126

sidewall　胎侧　05.247

side wall inner shield　侧围内护板　06.175

side wall outer panel　侧围蒙皮　06.174

side wall skeleton　侧围骨架　06.173

side wall skin　侧围蒙皮　06.174

side window　侧窗　06.094，侧窗玻璃　06.250

side window pillar　侧后窗柱　06.160

signal lamp　信号灯　07.095

silencer　消声器　04.348

silver-cadmium battery　镉银蓄电池　01.117

silver-zinc battery　锌银蓄电池　01.116

simple cab　简易驾驶室　15.002

simultaneously injection　同时喷射　04.517

single-acting cylinder　单作用油缸　14.066

single-hed converter　单床式转化器　04.688

single-circuit braking system　单回路制动系　05.478

single clutch　单离合器　10.020

single countershaft gearbox　单中间轴变速器　05.060

single countershaft transmission　单中间轴变速器　05.060

single curved glass　单曲面玻璃　06.251

single-cylinder fuel injection pump　单缸喷油泵，* 单体泵　04.373

single-line braking system　单管路制动系　05.481

single-oblique-arm-type suspension　单斜臂式悬架　05.190

single-plate clutch　单盘离合器，* 单片离合器　05.003

single-point injection　单点喷射　04.513

single-reduction final drive　单级主减速器　05.154

single-reduction thru-drive　单级贯通式主减速器　05.158

single-row seat cab　单排座驾驶室，* 普通驾驶室　06.023

single-speed governor　单极式调速器　04.408

single-stage lubricating oil filter　单级机油滤清器　04.629

single-stage voltage regulator　单级电磁振动式调节器　07.026

single steady speed method　[烟度测量]稳定单速法

01.062

single steady speed method of smoke measurement ［烟度测量］稳定单速法 01.062

single-swing-arm-type suspension 单横臂式悬架 05.188

single-trailing-arm-type suspension 单纵臂式悬架 05.189

single wheel 单式车轮 05.211

sinkage 下陷量 03.294，12.048

skeleton 骨架 06.062

skid resistant performance 抗滑性能 05.344

skid steering 侧滑转向 13.010

slalom test 蛇行试验 03.207

slave connecting-rod 副连杆 04.223

slave cylinder 工作缸 05.052

slave cylinder piston 工作缸活塞 05.056

slave cylinder piston return spring 工作缸活塞回位弹簧 05.055

slave cylinder push rod 工作缸推杆 05.054

sleeper 卧铺 06.214

sleeper cab 带卧铺驾驶室 06.025

sleeper coach 卧铺客车 02.026

sleeve 护套 06.336

slide bars 滑动导杆 04.268

slide rail 张紧滑轨 04.267

sliding armature starter 电枢移动式起动机 07.009

sliding door 滑动门，* 拉门 06.082

sliding door guide 滑动门导轨 06.187

sliding gear gearbox 滑动齿轮变速器 05.065

sliding gear shift 滑动齿轮换档 05.081，10.035

sliding gear transmission 滑动齿轮变速器 05.065

sliding-pillar-type suspension 烛式悬架 05.198

sliding sleeve 啮合套 05.079

sliding tappet 滑动挺柱 04.286

sliding window 滑动窗 06.097

slip 滑转率 03.291，12.055

slip angle of tire 轮胎侧偏角，* 偏离角 03.074

slip energy 滑摩功 05.016

slipping braking adhesion coefficient 制动滑移附着系数 03.105

slipping work 滑摩功 10.023

slip rate 滑移率 03.075

sludge tipper 污泥自卸车 02.113

small tractor 小型拖拉机 09.021

smoke evacuation fire vehicle 排烟消防车 02.182

smoke limitation 冒烟限制 04.847

smokemeter 烟度计 04.762

smoke opacimeter 消光烟度计，* 不透光烟度计 04.767

smooth tread 光胎面 05.282

snow blower 除雪车 02.170

SO_2 二氧化硫 04.676

soil propelling force 土壤推力 03.295

soil pushing resistance 推土阻力 03.298

soil resistance 土壤阻力 03.296

solar cell 太阳能电池 01.125

solar power vehicle 太阳能汽车 02.234

soldier carrier 运兵车 02.046

solenoid valve responsive time 电磁阀关闭响应时间 04.490

solenoid-valve-type fuel injector 电磁阀式喷油器 04.438

solid oxide fuel cell 固态氧化物型燃料电池 01.106

solid-state regulator 集成电路调节器 07.029

solid tire 实心轮胎 05.229

solid tire base width 实心轮胎基部宽度 05.303

soluble organic fraction 可溶性有机物成分 04.666

solvent extractable fraction 可溶萃取成分 04.665

soot 碳烟 04.675

sound control EGR system 音控式排气再循环系统 04.354

space velocity 空速 04.705

span gas 量距气 04.760

spare part 备件 08.015

spark air gap 火花间隙 04.571

spark duration 火花持续时间 04.582

spark ignition 点燃 04.048

spark ignition engine 点燃式发动机 04.148

spark plug 火花塞 04.568

special ambient test 特殊环境试验 04.126

special bus 专用客车 02.028

special construction special purpose vehicle 特种结构专用作业汽车 02.142

special construction vehicle 特种结构汽车 02.140

special drawbar trailer 专用牵引杆挂车 02.189

special goods box/stake truck 仓栅式专用运输汽车

02.126

special goods tipper 专用自卸作业汽车 02.124

specialized goods crane/lift truck 起重举升专用运输汽车 02.131

specialized goods special construction vehicle 特种结构专用运输汽车 02.141

specialized goods tanker 罐式专用运输汽车 02.086

specialized goods tipper 专用自卸运输汽车 02.112

specialized goods van 厢式专用运输汽车 02.038

special purpose box/stake truck 仓栅式专用作业汽车 02.127

special purpose crane/lift truck 起重举升专用作业汽车 02.132

special purpose passenger car 专用乘用车 02.013

special purpose tanker 罐式专用作业汽车 02.087

special purpose van 厢式专用作业汽车 02.039

special purpose vehicle 专用汽车 02.036

special semi-trailer 专用半挂车 02.192

special tire 特殊轮胎 05.231

specification of vehicle maintenance 汽车维护规范 08.034

specification of vehicle repair 汽车修理规范 08.149

specific dry mass 结构比质量 09.092

specific emission 比排放量 04.683

specific fuel consumption 燃料消耗率 04.100

specific fuel consumption for PTO power 动力输出轴燃油消耗率 09.041

specific fuel consumption for traction power 牵引燃油消耗率 09.040

specific lubricating oil consumption 机油消耗率 04.102

specific power 比功率 03.025

specific pressure 比压 03.292，09.096

speed governing rate 调速率 04.414

speed governor characteristic 调速特性 04.115

speed governor control lever 调速器控制手柄，*调速手柄，*油门手柄 04.415

speed governor housing 调速器壳体 04.416

speed governor spring 调速弹簧 04.419

speedometer 车速里程表 07.116

speed ratio 速比 05.095

sphericity 球面度 06.277

spider 十字轴 05.145

spin-on cartridge lubricating oil filter 旋装式机油滤清器 04.634

splash lubrication 飞溅润滑 04.623

split-pin crankshaft 错开曲柄销式曲轴 04.236

splitter change gearbox 插入式组合变速器 05.073

splitter change transmission 插入式组合变速器 05.073

split torque drive transmission 分流式液力变速器 05.098

spoiler 扰流板 06.168

spool control valve 滑阀式转向控制阀 05.422

sport utility vehicle 运动型多功能汽车 02.012

spray angle 喷雾锥角 04.468

spray dispersal angle *喷雾扩散角 04.468

spring braking system 弹簧制动系 05.477

spring-loaded clutch 弹簧压紧式离合器 10.011

sprocket wheel 链轮 04.263

sprung mass 簧上质量，*悬挂质量 03.115

spur-geared wheel reductor 圆柱齿轮式轮边减速器 05.164

squish 挤流 04.035

stability 稳定性 09.046

stabilizer anti-roll bar 横向稳定器 05.209

stacked cell 组合气室 04.744

stage Ⅰ refueling control device 阶段Ⅰ加油控制装置 01.071

stage Ⅱ refueling control device 阶段Ⅱ加油控制装置 01.072

stage vehicle 舞台车 02.084

stairs 楼梯 06.220

stall remedy 失速补救 04.827

stall start 失速起步 05.110

standard pintle nozzle 标准轴针式喷油嘴 04.458

standard speed of PTO 动力输出轴标准转速 10.064

standard test environment 标准试验环境 04.118

stand-by indicator 可运行指示器 07.147

standing start accelerating time 原地起步加速时间 03.006

standing wave 驻波 05.333

starter 起动机 07.005

starting aid 起动辅助措施 04.110

starting cable 起动电缆 07.167

starting excess fuel device 起动加浓装置 04.426

starting motor 起动机 07.005

starting test 起动试验 04.122

start spring 起动弹簧 04.420

state of charge 电池荷电状态 01.110

static loaded performance 静负荷性能 05.310

static loaded radius 静负荷半径 05.311，静力半径 12.057

static margin 静态裕度 03.180

static settlement 静沉降 14.047

static steering-effort test 静态操舵力试验 03.214

static unbalance 静不平衡 05.349

static unbalance value 静不平衡量 05.351

station wagon 旅行车 02.008

steady state 稳态 03.150

steady-state condition 稳态工况 04.076

steady-state cornering test 稳态回转试验 03.192

steady-state force and moment property 稳态力和力矩特性 05.346

steady-state response 稳态响应 03.152

steering angle 转向角 03.034

steering axle beam 转向桥 05.539

steering clutch 转向离合器 10.019

steering column 转向管柱 05.397

steering control force 转向操纵力 13.017

steering control mechanism 转向操纵机构 05.393

steering control mechanism with adjustable steering wheel 转向盘可调式转向操纵机构 05.394

steering control moment 转向操纵力矩 13.018

steering control valve 转向控制阀 13.030

steering drag link 转向直拉杆 05.427

steering-effort test 转向轻便性试验 03.208，操舵力试验 03.218

steering force 操舵力，*转向力 03.041

steering force characteristic of electric power steering system 电动转向系转向力特性 05.462

steering force charactcristic of electro-hydraulic power steering system 电液转向系转向力特性 05.461

steering force characteristic of hydraulic power steering system 液压动力转向系转向力特性 05.460

steering force for keeping a given control 保舵力 03.042

steering gear angle ratio 转向器角传动比 05.411，13.023

steering gear angle ratio characteristic 转向器角传动比特性 05.456

steering gear clearance 转向器传动间隙 05.440

steering gear clearance characteristic 转向器传动间隙特性 05.458

steering gear efficiency 转向器传动效率 05.433，13.025

steering gear efficiency characteristic 转向器传动效率特性 05.459

steering gear linear-angle ratio 转向器线角传动比 05.412

steering gear linear-angle ratio characteristic 转向器线角传动比特性 05.457

steering gear max output torque 转向器最大输出扭矩 05.447

steering geometry 转向几何学 03.038

steering knuckle 转向节 05.541

steering knuckle bolt 主销 05.540

steering linkage 转向传动机构 05.429，13.031

steering mechanism for crawler tractor 履带转向机构 10.050

steering metering pump 转向计量泵 13.029

steering moment 操舵力矩，*转向力矩 03.043，转向力矩 05.445，13.015

steering moment for keeping a given control 保舵力矩 03.044

steering nut 转向螺母 05.413

steering pinion 转向齿轮 05.415

steering rack 转向齿条 05.416

steering resisting moment 转向阻力矩 05.446，13.016

steering response 转向响应 03.148

steering sensitivity 转向敏感性，*转向增益 03.157

steering system 转向系 05.380，13.001

steering system angle ratio 转向系角传动比 05.410

steering system for crawler tractor 履带拖拉机转向系 13.003

steering system for wheeled tractor 轮式拖拉机转向系 13.002

steering system stiffness 转向系刚度 05.436

steering tie rod 转向横拉杆 05.428

steering transmission shaft assembly 转向传动轴总成 05.395

steering wheel 转向盘 05.399，导向轮 12.019

steering wheel angle　转向盘转角　03.036

steering-wheel-releasing stability test　撒手稳定性试验　03.201

steering worm　转向蜗杆　05.414

step lamp　踏步灯　07.077

stepless speed changing　无级变速　05.093

step plate　踏脚板，＊踏步板　06.087

step response test　阶跃响应试验　03.212

step speed changing　有级变速　05.092

step transmission　有级变速　10.032

sterilizing vehicle　消毒车　02.063

stiffness of steering system　转向系刚度　13.012

stoichiometric air-fuel ratio　理论空燃比，＊化学计量空燃比　04.042

stoichiometric mixture　理论混合气　04.043

stop lamp　制动灯　07.099

stopping distance　制动距离　03.249

stove　加热装置　04.346

straight motion stability　直线行驶稳定性　03.167

stratified charge combustion　分层充气燃烧　04.054

street sprinkler　洒水车　02.105

stress pattern　应力斑　06.262

stroke　行程　04.008

strong hybrid vehicle　重度混合动力汽车　02.211

substrate　载体　04.706

suction-type excrement tanker　吸粪车　02.101

suction-type sewer scavenger　吸污车　02.100

sulfate　硫酸盐　04.668

sulfur dioxide　二氧化硫　04.676

sun visor　遮阳板　06.207

super capacitor　超级电容　01.123

supercharged engine　增压发动机　04.150

supercharging　增压　04.020

supercharging intercooling　增压中冷　04.028

supercharging ratio　增压比　04.026

supplementary device on towing vehicle for towed vehicle　牵引车上用于挂车的附加装置　05.503

supplementary lubrication　辅助润滑　04.624

supply line　供能管路　05.507

supply valve with over flow valve　带有过流阀的供给阀　04.537

support　支架　06.064

supporting roller　支重轮　12.038

support post　栏板立柱　06.317

suppressor resistor　阻尼电阻　04.567

surface crack　表面裂纹　08.106

surge　喘振　04.027

suspension　悬架　05.181，12.023

suspension geometry　悬架几何学　03.046

suspension longitudinal stiffness　悬架纵向刚度　03.060

suspension roll　悬架上的侧倾　03.063

suspension roll angle　簧上质量侧倾角　03.064

suspension roll stiffness　悬架侧倾刚度　03.065

suspension seat　悬架式驾驶座　15.016

suspension transverse stiffness　悬架横向刚度　03.061

suspension vertical stiffness　悬架垂直刚度　03.059

SUV　运动型多功能汽车　02.012

sweeper truck　扫路车　02.169

swept-body dump truck　车厢可卸式汽车　02.116

swept-body refuse collector　摆臂式垃圾车　02.122

swept-body tipper　摆臂式自装卸车　02.115

swirl　涡流　04.033

swirl combustion chamber　涡流燃烧室　04.070

swirl ratio　涡流比　04.034

symmetrical beam　对称光　07.084

synchromesh gearbox　同步器式变速器　05.067

synchromesh transmission　同步器式变速器　05.067

synchronized PTO　同步式动力输出轴　10.063

synchronized shift　同步器换档　05.083，10.037

synchronizer　同步器　05.078，10.040

synchronous belt　同步带　04.270

synchronous belt drive　同步带传动　04.271

synchronous injection　同步喷射　04.515

synthesis frame　综合式车架　05.535

synthesis fuel consumption per 100 km　综合百公里燃料消耗量　03.030

T

tachograph　行驶记录表　07.137

tachometer　转速表　07.124

tailing　拖尾　04.756

tanker　罐式汽车　02.085

tank normal vapor vent　燃油箱正常蒸气通风道　04.740

tank refueling vapor vent　燃油箱加油蒸气通风道　04.741

tank vehicle　罐式汽车　02.085

tappet　挺柱　04.285

tappet guide　挺柱导套　04.289

tappet roller　挺柱滚轮　04.288

tarpaulin rod　篷杆　06.197

technical check　技术检验　08.123

technical inspection　技术检验　08.123

telescopic energy-absorbing steering transmission shaft assembly　伸缩吸能式转向传动轴总成　05.396

telescopic front axle　伸缩套管式前轴　12.013

telescopic shock absorber　筒式减振器　05.204

telescopic tarpaulin　伸缩篷　06.195

temperature compensation　温度修正，*温度补偿　04.851

temperature gauge　温度表　07.127

temperature-modulated air cleaner　调温式空气滤清器　04.342

temperature warning sensor　温度报警传感器　07.156

temporary-use spare tire　临时使用的备用轮胎　05.233

tension-buffer device　张紧缓冲装置　12.039

tension idler　*张紧轮　12.040

tensioning force of crawler　履带张紧力　12.065

tensioning pulley　张紧带轮　04.273

tensioning wheel　张紧轮　04.266

test bench　试验台架　04.119

test cycle　试验循环　01.057

test diagnosis　测试诊断　04.858

test fuel　试验燃油　01.080，试验燃料　04.787

test mass of electric vehicle　电动汽车试验质量　01.042

test of braking on curve　弯道制动试验　03.195

test of effect of sudden power change　功率突变影响试验　03.194

test of J turn　J形转弯试验　03.209

test of overturning immunity　抗翻倾试验　03.216

THC　总碳氢　04.653

theoretical displacement of power steering pump　转向油泵理论排量　05.450

theoretical travel speed　理论速度　03.289，09.031

thermal cracking　热龟裂　08.107

thermal electric hybrid vehicle　热电混合动力汽车　02.212

thermal fatigue　热疲劳　08.108

thermal reactor　热反应器　04.714

thermo-shock test　热冲击试验　04.125

thermostat　节温器　04.616

thickness of flap center　垫带中部厚度　05.308

thickness of flap edge　垫带边缘厚度　05.309

three-box-type body　三厢式车身　06.013

three-layer bearing bush　三层减摩合金轴瓦　04.239

three-pivot cardan　三销轴　05.147

three-pivot universal joint　三销式万向节　05.143

three-point linkage　三点悬挂装置　14.023

three-quarter floating axle shaft　四分之三浮式半轴　05.180

three-way catalyst　三效催化剂　04.696

throttle　节气门　04.344

throttle body injection　*节气门体喷射　04.513

throttle buffering device　节气门缓冲装置　04.509

throttle control EGR system　节气门控制式排气再循环系统　04.353

throttle positioner　节气门定位器　04.508

throttle position sensor　节气门位置传感器　04.795

throttling pintle nozzle　节流轴针式喷油嘴　04.459

thru-drive　贯通式主减速器　05.157

thrust bearing　止推轴承　04.240

thrust cup　止推座　04.294

tie rod linkage　转向梯形机构　13.032

tilt cab　翻转式驾驶室　06.026

tilting system　翻转机构　06.199

time based electronically controlled fuel injection system　时间控制式燃油喷射系统，*电控燃油喷射系统，*电喷系统　04.364

timing chain　正时链条　04.264

timing gear cover　正时齿轮室盖　04.188

timing rotor　定时转子　04.585

tire　轮胎　05.225

tire axis system　轮胎坐标系　03.073

tire burst response test　轮胎爆破响应试验　03.204

trap bypass valve 捕集器旁通阀 04.730

trap oxidation system 捕集氧化系统 04.723

trap oxidizer 捕集器氧化装置 04.721

trapped air-fuel ratio 实际空燃比 04.041

trapping coefficient 新气利用系数 04.032

trap regeneration cycle 捕集器再生循环 04.724

travel-mode cycle fuel consumption per 100 km 行驶循环工况百公里燃料消耗量 03.029

travel resistance 行驶阻力 03.013

travel speed 实际速度 03.290, 09.032

tread 胎面 05.250

tread contact length 胎面接地长度 05.317

tread contact width 胎面接地宽度 05.318

tread pattern 胎面花纹 05.266

tread surface width 行驶面宽度 05.298

treated laminated safety glazing material 经处理夹层安全窗用玻璃材料 06.242

tree sprinkling tanker 绿化喷洒车 02.104

trigger to regeneration 再生触发信号 04.725

trim 工作点, *平衡点 03.151

trim angle of crawler 履带后倾角 12.067

trip 压条 06.105

trip counter 短程里程器 07.122

tripod 三叉架 05.146

tripod-type universal joint 三叉架式万向节 05.139

tri-pronged-type universal joint 三叉臂式万向节 05.140

tritone horn 三音喇叭 07.056

trolley bus 无轨电车 02.029

truck body 货车车身 06.015

truck with loading crane 随车起重运输车 02.133

trumpet projector 扬声筒 07.057

trumpet-type horn 筒形电喇叭 07.050

T-type temporary-use spare tire T型临时使用的备用轮胎 05.234

tubeless tire 无内胎轮胎 05.228

tube thickness 内胎厚度 05.306

tube tire 有内胎轮胎 05.227

tuck-in 卷入 03.183

tumble flow 滚流, *横轴涡流 04.036

turbine blade 涡轮叶片 04.323

turbine inlet casing 涡轮进气壳 04.314

turbine nozzle ring 涡轮喷嘴环 04.324

turbine outlet casing 涡轮排气壳 04.315

turbine wheel 涡轮工作轮 04.322

turbocharged and intercooled engine 涡轮增压中冷发动机 04.152

turbocharged engine 废气涡轮增压发动机 04.151

turbocharger 废气涡轮增压器 04.310

turbocharger rotor 涡轮增压器转子 04.318

turbocharging 涡轮增压 04.023

turbocompound engine 涡轮复合发动机 04.153

turnability 转向操纵性 09.042

turning 盘车 08.026

turning clearance circle 转弯通道圆 01.035

turn light indicator 转向信号灯指示器 07.106

turn signal lamp 转向信号灯 07.100

TV recording and relaying vehicle 电视车 02.053

twin-countershaft gearbox 双中间轴变速器 05.061

twin-countershaft transmission 双中间轴变速器 05.061

twin-plate clutch 双盘离合器, *双片离合器 05.004

twin-shaft gearbox 两轴式变速器 05.063

twin-shaft transmission 两轴式变速器 05.063

twin-tube shock absorber 双筒式减振器 05.205

two-box-type body 两厢式车身 06.012

two-direction traveling tractor 双向行驶拖拉机 09.019

two-line braking system 双管路制动系 05.482

two-point linkage 两点悬挂装置 14.024

two-speed final drive 双速主减速器 05.160

two-spring injector 双弹簧喷油器 04.444

two-stage lubricating oil filter 二级机油滤清器 04.630

two-stage supercharging 两级增压 04.025

two-stroke cycle 二冲程循环 04.006

two-stroke engine 二冲程发动机 04.131

type approval 型式认证 01.051

type test 定型试验 04.127

U

U-bolt　U 形螺栓，＊骑马螺栓　06.332

U-bolt block　U 形螺栓垫块　06.334

U-bolt plate　U 形螺栓垫板　06.333

ULEV　超低排放车　01.049

ultra low emission vehicle　超低排放车　01.049

unbalance　不平衡　08.074

under body　＊车身下部　06.043

undercarriages　行走系　12.001

undercarriages of crawler tractor　履带行走系　12.003

undercarriages with entire bogie of crawler tractor　整体台车履带行走系　12.004

undercarriages with equalizing bogie of crawler tractor　平衡台车履带行走系　12.005

undercarriages with independent bogie of crawler tractor　独立台车履带行走系　12.006

underframe　底架　06.119

understeer　不足转向　03.163

under-view mirror　下视镜　06.206

uniformity　均匀性　05.359

unit body　承载式车身　06.002

universal joint　万向节　05.129

unleaded gasoline　无铅汽油　01.081

unsprung mass　簧下质量　03.116

uphill speed　爬坡车速　03.010

upper body　＊车身上部　06.042

upper hitch point　上悬挂点　14.030

upper link point　上铰接点　14.033

upper-link sensing　上拉杆传感　14.019

upper-spring injector　调压弹簧上置式喷油器　04.442

upshift　升档　05.111

V

vacuum advance mechanism　真空提前机构，＊真空式点火提前装置　04.563

valve　气门　04.274

valve aperture　气门嘴孔　05.223

valve bridge　阀桥　04.302

valve cage　阀壳　04.284

valve collet　气门锁夹　04.279

valve drive mechanism　气门驱动机构　04.248

valve guide　气门导管　04.281

valve hole　气门嘴孔　05.223

valve key　气门锁夹　04.279

valve lash　气门间隙　04.297

valve lash adjuster　气门间隙调整螺钉　04.298

valve lift　气门升程　04.303

valve mechanism casing　配气机构箱　04.183

valve mechanism cover　气缸盖罩　04.184

valve-needle-covered orifice nozzle　无压力室喷油嘴　04.462

valve overlap　气门重叠　04.307

valve rotator　气门旋转机构　04.259

valve seat insert　气门座圈　04.282

valve seat pitting　阀座点蚀　08.110

valve spring　气门弹簧　04.277

valve spring retainer　气门弹簧座　04.278

valve spring washer　气门弹簧垫圈　04.280

valve stem seal　阀杆油封圈　04.283

valve timing　气门定时　04.305

valve train　＊气门驱动系　04.248

van　厢式[汽]车　02.037

van body　厢式货箱　06.303

van-body tipper　厢式自卸车　02.118

vane-type flasher　翼片式闪光器　07.111

vaporizer pressure regulator　蒸发减压器　04.546

vapor lock in the fuel system　燃油系统气阻　08.075

vapor recovery nozzle　蒸气回收加油枪　01.078

variable geometry turbocharger　可变几何截面涡轮增压器　04.313

variable length intake manifold　可变长度进气歧管　04.334

variable-proportion composite control　变比例综合控制

14.018

variable rate sampling 变比率取样 04.777

variable resistance fuel level sensor 可变电阻式燃油表传感器 07.157

variable resistance oil pressure sensor 可变电阻式油压表传感器 07.150

variable speed governor 全程式调速器 04.409

variable valve actuating mechanism 可变气门驱动机构 04.249

variable valve actuating mechanism with camshaft 有凸轮轴的可变气门机构 04.250

variable valve lift 可变气门升程 04.304

variable valve timing 可变气门正时 04.306

varnishing 漆膜 08.097

vehicle axis system 汽车坐标系 03.108

vehicle fault 汽车故障 08.049

vehicle heading angle 汽车方位角 03.136

vehicle height 车高 01.007

vehicle maintainability 汽车维修性 08.002

vehicle maintenance 汽车维护 08.030

vehicle maintenance and repair 汽车维修 08.001

vehicle pitch angle 车身纵倾角 03.135

vehicle repair 汽车修理 08.147

vehicle roll angle 车身侧倾角 03.134

vehicle speed 水平车速 03.124

vehicle technical condition 汽车技术状况 08.003

vehicle type 车辆型式 01.052

vehicle wear-out 汽车耗损 08.004

vehicle width 车宽 01.006

velocity vector at center of mass 质心速度矢量 03.123

V-engine V 型发动机 04.161

vermiculated pattern 蠕状痕迹 08.111

versatility 综合利用性 09.070

vertical clearance of wheel 车轮动行程 01.032

vertical convergence distance 垂直汇聚距离 14.043

vertical coordinate of the center of tractor mass 质心高度坐标 09.086

vertical force of tire 轮胎垂直力 03.077

vertical velocity 垂直速度 03.127

vibration applied to particular parts of human body 人体局部振动 03.237

vibration sound 振动声 05.376

vibration transmission factor for seat 驾驶座振动传递系数 09.065

vibration transmitted to handle 扶手把振动 09.064

vibrator 可控震源车 02.168

vision area 视区 06.256

volatile organic compound 挥发性有机化合物 04.659

voltage regulator 电压调节器 07.023

voltmeter 电压表 07.135

volume ratio of combustion 燃烧室容积比 04.071

volume reducer 减容器 04.401

V-type fuel injection pump V 型喷油泵 04.372

W

waist line 腰线 06.045

walking tractor 手扶拖拉机 09.017

warming-up 暖机 04.129

warning pressure 报警压力 05.512

washcoat 载体涂层 04.709

washer 洗涤器 06.203

washer motor 洗涤泵电动机 07.019

waste gate 废气旁通阀 04.330

water-cooled charge air cooler 水冷式增压空气冷却器 04.597

water-cooled engine 水冷发动机 04.154

water-cooled oil cooler 水冷式机油冷却器 04.594

water cooling 水冷 04.588

water feeder 供水车 02.095

water jacket 水套 04.180, 冷却水套 04.602

water lift force 水膜升力 05.341

water profile control and shutoff truck 调剖堵水车 02.161

water pump 水泵 04.599

water pump housing 水泵壳 04.600

water pump impeller 水泵叶轮 04.601

water supply fire tanker 供水消防车 02.110

water tower fire truck 举高喷射消防车 02.138

wear rate 磨损率 08.112

weight point angle 重点位置角 05.357

Weiss universal joint 球叉式万向节，＊曲槽型万向节 05.136

well 轮辋槽 05.222

well-controlling pipeline truck 井控管汇车 02.152

well service truck 通井车 02.164

well-washing truck 洗井车 02.155

wet brake 湿式制动器 11.025

wet clutch 湿式离合器 05.007，10.018

wet liner 湿缸套 04.178

wheel 车轮 05.210，12.016

wheel alignment 车轮定位 03.049

wheel base 轴距 09.083

wheel center 车轮中心 03.048

wheeled tractor 轮式拖拉机 09.012

wheel-fixed axis system 车轮固结坐标系 03.110

wheel housing 轮罩 06.114

wheel lift 车轮抬起 03.184

wheel opening 轮口 06.054

wheel reductor 轮边减速器 05.161

wheel steering 车轮转向 13.004

wheel torque 车轮力矩 03.090

wheel track 轮距 01.010

wheel tread 轮距 09.084

white smoke 白烟 04.674

whole body vibration 全身振动 03.238

whole body vibration of operator 驾驶员全身振动 09.063

wide-range oxygen sensor 宽域氧传感器 04.804

winch [越野车]绞盘 07.176

winch of off-road vehicle [越野车]绞盘 07.176

window 车窗 06.088

window blinds 窗帘 06.227

window catch 窗钩扣 06.225

window frame 车窗框 06.099

window glass 车窗玻璃 06.098

window guide 车窗玻璃导轨 06.102

window guide channel 车窗玻璃滑槽 06.103

window latch 窗插销 06.226

window lift motor 门窗电动机 07.016

window opening 窗口 06.051

window shade 窗帘 06.227

window strip 车窗玻璃密封条 06.101

window surround 车窗框 06.099

windscreen 前窗玻璃，＊前风挡玻璃 06.247

wind tunnel test 风洞试验 03.220

wing 翼子板 06.112

wiper 刮水器 06.202

wiper motor 刮水电动机 07.012

wire arraying vehicle for seismic exploration 地震装线车 02.079

wireline truck 试井车 02.162

wire wheel 辐条式车轮 05.219

wiring harness 电线束 07.166

withdrawal fork 分离叉 05.045

working ability of vehicle 汽车工作能力 08.007

working cycle 工作循环 04.004

working medium 工质 04.003

workover rig 修井作业车 02.163

worm and peg steering gear 蜗杆指销式转向器 05.407，曲柄指销式转向器 13.022

Y

yaw 横摆 03.113

yawing moment of inertia of sprung mass 簧上质量横摆转动惯量 03.120

yawing moment of inertia of vehicle 汽车横摆转动惯量 03.122

yaw response 横摆响应 03.155

yaw velocity 横摆角速度 03.132

yaw vibration of human body 人体横摆振动 03.236

yoke 万向节叉 05.144

Z

zero emission vehicle　零排放车　01.050

zero gas　零气　04.757

zero grade air　零点气　04.758

zeroset wheel　零偏距车轮　05.214

ZEV　零排放车　01.050

zinc air battery　锌空气电池，* 锌氧电池　01.122

zone-tempered glass　区域钢化玻璃　06.254

汉 英 索 引

A

阿克曼转向角　Ackerman steering angle　03.037

安全标志　safety sign　15.027

安全窗用玻璃材料　safety glazing material　06.239

安全带　safety belt，seat belt　06.211，seat belt　15.007

安全带固定点　seat belt anchor point，safety belt anchor point　06.059

安全阀　safety valve　14.063

安全阀开启压力　minimum opening pressure of safety valve　14.046

安全阀调定压力　minimum setting pressure of safety valve　14.045

安全驾驶室　safety cab　15.005

安全门　emergency door　06.083

安全气囊　safety airbag　06.212

安全气囊安装点　safety airbag mounting point　06.060

B

白车身　body in white　06.016

*白金间隙　point gap　04.564

白烟　white smoke　04.674

百吨公里燃料消耗量　fuel consumption per 100t·km　03.031

百万分率碳　parts per million carbon　04.754

摆臂式垃圾车　swept-body refuse collector　02.122

摆臂式自装卸车　swept-body tipper　02.115

摆振　shimmy　03.190

半承载式车身　semi-integral body　06.003

半导体辅助点火系　semiconductor-assisted ignition system　04.551

半独立式动力输出轴　semi-detached PTO　10.062

半分置式液压悬挂系　hydraulic hitch system with partial separated units　14.004

半封闭式灯光组　semi-sealed beam unit　07.068

半封闭式前照灯　semi-sealed headlamp　07.062

半浮式半轴　semi-floating axle shaft　05.179

半刚性悬架　semi-rigid suspension　12.026

半挂车　semi-trailer　02.190

半挂车长度　semi-trailer length　01.005

半挂车间隙半径　clearance radius of semi-trailer　01.030

半挂车前回转半径　front fitting radius of semi-trailer　01.031

半挂车轴距　semi-trailer wheel base　01.009

半挂牵引车　semi-trailer towing vehicle　02.033

半挂牵引车后回转半径　rear fitting radius of semi-trailer towing vehicle　01.029

半架　semi-frame　12.010

半连续制动系　semi-continuous braking system　05.485

半履带拖拉机　semi-crawler tractor　09.016

半整体式动力转向器　semi-integral power steering gear　05.409

半轴　axle shaft　05.177

半主动悬架　semi-active suspension　05.195

半自动换档机械式变速器　semiautomatic mechanical transmission　05.100

包边　board edge iron　06.324

保舵力　steering force for keeping a given control　03.042

保舵力矩　steering moment for keeping a given control　03.044

保护压力　protection pressure　05.513

保温车　insulated van　02.047

保险杠　bumper　06.152

保险杠外罩　bumper cover　06.155

保险杠吸能装置　bumper damper　06.154

保险杠支架　bumper arm　06.153

* 保险架　guard frame　06.318

报警监测　alarm monitoring　04.855

报警压力　warning pressure　05.512

爆边　chip　06.269

爆破器材运输车　explosives transport van　02.051

爆破强度安全系数　safety factor of strength　05.324

爆破压力　burst pressure　05.323

* 爆燃　detonation　04.073

爆震　detonation　04.073

爆震闭环控制　knock closed-loop control　04.833

爆震传感器　knock sensor　04.805

爆震窗　knock window　04.839

爆震分缸控制　knock individual control　04.836

爆震分级控制　knock classification control　04.834

爆震模糊控制　knock fuzzy control　04.835

备件　spare part　08.015

背罐车　demountable tanker carrier　02.117

苯并芘　benzopyrene　04.669

泵浦消防车　pumper　02.178

泵气效应　pumping　05.373

比尔-朗伯定律　Beer-Lambert law　04.770

比功率　specific power　03.025

比例积分控制　proportional integral control，PI control　03.146

比例积分微分控制　proportional integral differential control，PID control　03.147

比例控制　proportional control　03.145

比例取样　proportional sampling　04.776

比排放量　specific emission　04.683

比压　specific pressure　03.292，09.096

笔式喷油器　pencil injector　04.445

闭合角控制　closed angle control　04.832

闭环控制　closed-loop control　03.144

闭气试验　capped inflation test　05.331

闭式车身　closed body　06.010

闭式循环液压系统　closed-circuit hydraulic system　14.012

闭心式液压系统　closed-center hydraulic system　14.010

边控制　side control　03.259

边梁式车架　side-rail frame　05.533

变比例综合控制　variable-proportion composite control　14.018

变比率取样　variable rate sampling　04.777

变换器　converter，convertor　07.042

变速器　gear box，transmission　05.057

变速驱动器　transaxle　05.152

变速箱　transmission，gear box　10.029

变型拖拉机　derivative tractor　09.020

变性燃料乙醇　denatured fuel ethanol　01.085

变质机油　degraded oil　08.113

变质冷却剂　degraded coolant　08.115

标定工况　declared operating condition　04.075

标定功率　declared power，rated power　04.077

标定气　calibration gas　04.759

标定牵引力　rated drawbar pull　09.029

标定转速　declared speed，rated speed　04.080

标度盘　scale，dial　07.121

标牌　emblem and name plate　06.238

标准试验环境　standard test environment　04.118

标准轴针式喷油嘴　standard pintle nozzle　04.458

标准转速下的动力输出轴功率　PTO power at standard speed　09.037

表面裂纹　surface crack　08.106

殡仪车　hearse　02.052

并联式混合动力汽车　parallel hybrid electric vehicle　02.216

并列连杆　side-by-side connecting-rod　04.224

拨叉　shift fork　05.089，10.043

* HUD 玻璃　HUD windscreen　06.248

玻璃升降器　glass lifter，glass regulator　06.228

剥蚀　chipping　08.081

捕集器旁通阀　trap bypass valve　04.730

捕集器氧化装置　trap oxidizer　04.721

捕集器再生循环　trap regeneration cycle　04.724

捕集氧化系统　trap oxidation system　04.723

不等速万向节　non-constant velocity universal joint　05.130

不分光红外线分析仪　nondispersive infrared analyzer　04.742

不平衡　unbalance　08.074

* 不透光度　opacity　04.771

＊不透光烟度计　smoke opacimeter　04.767
不足转向　understeer　03.163
不足转向度　degree of understeer　03.228
部分车载充电器　partially on-board charger　07.040

部分流取样法　partial-flow sampling　04.775
部分流式烟度计　partial-flow smokemeter　04.764
部分油门开度换档　part throttle shift　05.117

C

采暖通风系统　heating and ventilation system
　　07.171，15.013
采血车　bloodmobile　02.073
参比室　reference cell　04.745
餐车　mobile canteen　02.069
残留碳颗粒　residual carbon particulate　04.664
残留压力单向阀　residual pressure check valve
　　04.526
残余压力　residual pressure　04.472
＊仓背式车身　hatchback body　06.012
仓背式乘用车　hatchback　02.007
仓栅式汽车　box/stake truck　02.125
仓栅式专用运输汽车　special goods box/stake truck
　　02.126
仓栅式专用作业汽车　special purpose box/stake truck
　　02.127
舱盖铰链　compartment lid hinge　06.229
舱盖锁　compartment lid lock　06.230
舱口　compartment opening　06.052
操舵力　steering force　03.041
操舵力的向心加速度影响系数　coefficient of cen-
　　tripetal acceleration effect on steering force　03.223
操舵力矩　steering moment　03.043
操舵力试验　steering-effort test　03.218
操纵管路　pilot line　05.506
操纵柜　console　15.023
槽　groove，guide　06.109
草坪和园艺拖拉机　lawn and garden tractor　09.010
侧窗　side window　06.094
侧窗玻璃　side window　06.250
侧风敏感性　crosswind sensitivity　03.159
侧后窗柱　side window pillar　06.160
侧滑　break away　03.182
侧滑转向　skid steering　13.010
侧栏板　side gate　06.311

侧偏刚度　cornering stiffness　03.096
侧偏刚度系数　cornering stiffness coefficient　03.099
侧偏尖叫声　cornering squeal　05.374
侧偏角差　difference of sideslip angles　03.225
侧偏阻力　cornering drag　03.083
侧倾　roll　03.111
侧倾刚度　roll stiffness　03.066
侧倾角速度　roll velocity　03.130
侧倾力臂　rolling moment arm　03.117
侧倾响应　roll response　03.156
侧倾中心　roll center　03.067
侧倾轴　roll axis　03.068
侧倾转向　roll steer　03.165
侧围骨架　side wall skeleton　06.173
侧围蒙皮　side wall skin, side wall outer panel　06.174
侧围内护板　side wall inner shield　06.175
侧向尺寸偏差　lateral run-out　05.368
侧向单端输出型齿轮齿条式转向器　rack and pinion
　　steering gear with lateral one-end output　05.405
侧向力波动　lateral force variation　05.361
侧向力偏移　lateral force deviation　05.363
侧向两端输出型齿轮齿条式转向器　rack and pinion
　　steering gear with lateral two-end output　05.404
侧向速度　side velocity　03.126
侧向稳定性　lateral stability　05.348
侧悬挂装置　side-mounted linkage　14.026
侧置驾驶室　offset cab　06.022
侧置气门发动机　side-valve engine　04.165
厕所车　mobile lavatory　02.070
测井车　logging truck　02.165
＊lug-down 测试　exhaust smoke detection for diesel
　　vehicle under lug-down　08.146
测试井架车　derrick truck　02.148
测试诊断　test diagnosis　04.858
差速器　differential　05.165，10.046

差速器锁紧系数　differential locking factor　05.176

差速锁　differential lock　05.174，10.047

插电式混合动力汽车　plug-in hybrid electric vehicle，PHEV　02.219

插接器　connector　07.165

插入式组合变速器　splitter change gearbox，splitter change transmission　05.073

查表算法　lookup table algorithm　04.812

柴油车加载减速污染物排放检测　exhaust smoke detection for diesel vehicle under lug-down　08.146

柴油机　diesel engine　04.136

柴油机颗粒　diesel particulate　04.662

柴油机排烟　diesel smoke　04.671

柴油机喷油量控制基本 MAP 图　basic control MAP of injected fuel quantity of diesel engine　04.841

柴油机敲缸　diesel knock　04.072

柴油机燃油系统　diesel fuel system　04.361

柴油滤清器　diesel fuel filter　04.479

长度计算用牵引座前置距离　fifth-wheel lead for calculation of length　01.025

长头车身　conventional body，bonneted body　06.007

长头驾驶室　conventional cab，bonneted cab　06.021

长途客车　interurban coach　02.021

常规喷油器　conventional fuel injector　04.432

常啮式变速器　constant mesh gearbox，constant mesh transmission　05.066

敞篷车　convertible　02.006

敞式车身　open-top body，convertible body　06.009

超车加速时间　overtaking accelerating time　03.007

超低排放车　ultra low emission vehicle，ULEV　01.049

超级电容　super capacitor　01.123

超速档　over drive　05.085

超限换档　overrun shift　05.116

车窗　window　06.088

车窗玻璃　window glass　06.098

车窗玻璃导轨　window guide　06.102

车窗玻璃滑槽　window guide channel　06.103

车窗玻璃密封条　window strip　06.101

车窗框　window frame，window surround　06.099

车顶　body roof　06.125

车顶板　roof panel　06.126

车顶骨架　roof skeleton，roof frame　06.129

车顶横梁　roof cross member　06.128

车顶流水槽　roof drain　06.132

车顶蒙皮　roof outer skin，roof outer panel　06.130

车顶内护板　roof inner shield，roof inner skin　06.131

车顶梯　roof ladder　06.135

车顶通风装置　roof ventilator　06.133

车顶行李架　roof baggage rack　06.134

车高　vehicle height　01.007

车高可调悬架　height adjustable suspension　05.196

车架　frame　05.532

车架高度　height of chassis above ground　01.015

车颈　cowl　06.049

车颈上盖板　cowl top　06.147

车宽　vehicle width　01.006

车辆型式　vehicle type　01.052

车辆运输车　car carrier　02.144

车辆总质量　gross vehicle mass　01.038

车轮　wheel　05.210，12.016

车轮定位　wheel alignment　03.049

车轮动行程　vertical clearance of wheel　01.032

车轮固结坐标系　wheel-fixed axis system　03.110

车轮力矩　wheel torque　03.090

车轮抬起　wheel lift　03.184

车轮提升高度　lift of wheel　01.033

车轮外倾　camber　03.050

车轮外倾角　camber angle　03.051

车轮中心　wheel center　03.048

车轮中心面　median plane of wheel　09.078

车轮中心平面　median plane of wheel　03.047

车轮转向　wheel steering　13.004

车门　door　06.080

车门衬里　door lining　06.181

车门窗　door window　06.091

车门防撞杆　door impact beam　06.180

车门扶手　door arm rest　06.183

车门开闭装置　door actuating device　06.223

车门开度限制器　door stop，door arrester　06.222

车门内板　door inner panel，door inner skin　06.179

车门内护板　door inner shield　06.182

车门内手柄　inside door handle　06.184

车门通风窗　door vent window　06.096

车门外板　door outer panel，door outer skin　06.178

车门外手柄　outside door handle　06.185

车前板制件　front body shell，front sheet metal
　06.068

车桥　axle　05.537

车身　body　06.001

车身本体　main body　06.035

车身侧部　side body　06.044

车身侧门　side door　06.081

车身侧倾度　roll rate of autobody　03.229

车身侧倾角　vehicle roll angle　03.134

车身侧围　body side wall　06.172

车身长度　bodywork length　01.017

车身底部　body bottom　06.043

车身地板　body floor　06.115

车身顶部　body top　06.042

* 车身顶盖　body roof　06.125

车身附件　body accessories　06.201

车身覆盖件　body cover panel，body covering　06.066

车身骨架　body skeleton　06.036

车身后部　rear body　06.040

车身后围　body rear wall　06.158

车身机构　body mechanism　06.069

车身结构件　body structural member　06.061

车身举升点　body jacking point　06.038

车身蒙皮　body skin　06.067

车身内部　body interior　06.047

车身前部　body front，body nose　06.039

车身前围　body front wall　06.138

车身裙部　body skirt　06.046

* 车身上部　upper body　06.042

车身外部　body exterior　06.048

车身尾部　body rear end，body tail　06.041

* 车身下部　under body　06.043

车身修复　body repair　08.157

车身悬置　body mounting　06.037

车身纵倾角　vehicle pitch angle　03.135

车速里程表　speedometer　07.116

车厢可卸式垃圾车　detachable container garbage collector　02.123

车厢可卸式汽车　swept-body dump truck　02.116

车厢内部最大尺寸　maximum internal dimensions of body　01.018

车用气瓶　cylinder for vehicle　04.529

车用压缩天然气气瓶　cylinder for CNG vehicle
　04.533

车用液化石油气气瓶　cylinder for LPG vehicle
　04.532

车载充电器　on-board charger　07.038

车载加油蒸气回收装置　on-board refueling vapor recovery device　01.074

车载诊断系统　on-board diagnosis，OBD　08.132

衬板　lining board，lining plate　06.104

衬垫　lining board　06.331

衬块　pad　05.526

衬片轮廓　lining profile　05.530

衬片磨合　lining bedding，lining burnishing　05.531

衬片磨损试验　lining wear test　03.273

承载式车身　unit body，integral body　06.002

城市客车　city-bus　02.020

乘客区　passenger zone　06.029

乘用车　passenger car　02.001

乘用车列车　passenger car trailer combination　02.197

乘坐舒适性　riding comfort　09.062

齿轮泵　gear pump　14.052

齿轮齿条式转向器　rack and pinion steering gear
　05.403

齿轮传动　gear drive　04.261

齿轮式差速器　gear differential　05.166

充电接口　charging inlet　07.035

充电器　charger　07.037

充电指示继电器　charge indicator relay　07.033

充气单筒式减振器　gas-pressurized monotube shock absorber　05.206

充气轮胎　pneumatic tire　05.226

充气双筒式减振器　gas-pressurized twin-tube shock absorber　05.207

重紧　retightening　08.027

* 重像　secondary image　06.280

抽油泵运输车　pump truck　02.146

臭味　odor　04.679

出厂试验　delivery test　04.128

* 出光直径　transmission diameter　07.090

出油阀偶件　delivery valve assembly　04.397

初检　primary inspection　08.139

除雪车　snow blower　02.170

储能装置　energy storage device　01.111

储气筒　air storage reservoir　11.011

*［触点］闭合角 energizing interval 04.573

触点间隙 point gap 04.564

畜禽运输车 livestock and poultry carrier 02.128

传动比 gear ratio 05.094, transmission ratio 10.005

传动带垂度 belt sag 08.065

传动系 transmission system 10.001

传动效率 transmission efficiency 10.007

传动轴 propeller shaft 05.149, drive shaft 10.028

传感器 sensor 04.789

传能装置 transmission device 05.492

传统点火系统 conventional ignition system 04.550

传统点火系统分电器 distributor of conventional ignition system 04.558

*传统喷油泵 mechanical fuel injection pump 04.368

船式拖拉机 ship-type tractor 09.018

喘振 surge 04.027

串联式混合动力汽车 serial hybrid electric vehicle 02.217

窗插销 window latch 06.226

窗钩扣 window catch 06.225

窗口 window opening 06.051

窗帘 window blinds, window shade 06.227

吹除 blow-off 04.731

垂直汇聚距离 vertical convergence distance 14.043

垂直速度 vertical velocity 03.127

纯电动汽车 battery electric vehicle 02.206

瓷釉 glaze 08.093

磁场继电器 field relay 07.032

磁电式曲轴位置传感器 magnetic crankshaft position sensor 04.791

磁粉离合器 magnetic powder clutch 05.011

磁感应式车速里程表 magnetic inductive speedometer 07.117

磁感应式转速表 magnetic inductive tachometer 07.125

次级电压上升时间 secondary voltage rise time 04.577

次级输出电压 secondary output voltage 04.578

次级有效电压 secondary available voltage 04.579

从动摆臂 side pivoted rocker 04.291

从动摆臂销轴 side pivoted rocker pin 04.292

从动摆臂支座 side pivoted rocker bracket 04.293

从动盘 clutch plate, driven plate 05.017, driven plate 10.025

从动盘摩擦衬片 clutch plate lining, driven plate lining 05.021

从动盘内扭转减振器 torsional damper in clutch disk 05.032

从蹄 trailing shoe 05.525

*粗暴燃烧 diesel knock 04.072

粗磨边 coarsely ground edge 06.274

催化捕集器 catalytic trap 04.719

催化剂 catalyst 04.693

催化剂老化 catalyst aging 04.701

催化剂中毒 catalyst poisoning 04.700

催化燃烧分析仪 catalytic combustion analyzer 04.753

催化转化器 catalytic converter, catalyst converter 04.687

错开曲柄销式曲轴 split-pin crankshaft 04.236

D

搭铁电缆 earthed cable 07.168

大型拖拉机 large tractor 09.023

代用燃料 alternative fuel 01.082

带式制动器 band brake 11.021

带束层 belt 05.255

带束斜交轮胎 bias tire 05.237

带卧铺驾驶室 sleeper cab 06.025

带有过流阀的供给阀 supply valve with over flow valve 04.537

怠速 idling 04.081

怠速弹簧 idle spring 04.421

怠速排放标准 idle speed emission standard 01.046

怠速油系 idle fuel system 04.504

怠速执行器 idle speed actuator 04.808

单床式转化器 single-bed converter 04.688

单点喷射 single-point injection 04.513

单独助力式电动转向系 electric power steering system solely assisted by steering rack 05.392

单缸喷油泵 single-cylinder fuel injection pump 04.373

单管路制动系 single-line braking system 05.481

单横臂式悬架 single-swing-arm-type suspension 05.188

单回路制动系 single-circuit braking system 05.478

单级电磁振动式调节器 single-stage voltage regulator 07.026

单级贯通式主减速器 single-reduction thru-drive 05.158

单级机油滤清器 single-stage lubricating oil filter 04.629

单级主减速器 single-reduction final drive 05.154

单极式调速器 single-speed governor 04.408

单离合器 single clutch 10.020

*单列式发动机 in-line engine 04.158

单轮控制 individual wheel control 03.256

单排座驾驶室 single-row seat cab 06.023

单盘离合器 single-plate clutch 05.003

*单片离合器 single-plate clutch 05.003

单曲面玻璃 cylindrically curved glass, single curved glass 06.251

单燃料汽车 mono-fuel vehicle 02.227

单式车轮 single wheel 05.211

*单体泵 single-cylinder fuel injection pump 04.373

单斜臂式悬架 single-oblique-arm-type suspension 05.190

单音喇叭 monotone horn 07.054

单中间轴变速器 single countershaft gearbox, single countershaft transmission 05.060

*单柱塞式分配泵 axial-plunger distributor injection pump 04.377

单纵臂式悬架 single-trailing-arm-type suspension 05.189

单作用油缸 single-acting cylinder 14.066

氮气发生车 nitrogen generating truck 02.157

氮氧化物 nitrogen oxide，NO_x 04.650

氮氧化物选择催化还原 nitrogen oxide selective catalytic reduction 04.702

当前故障 current fault 08.117

挡泥板 mudguard, fender 06.113, fender 15.025

挡圈 retaining ring, circlip 04.199

导风罩 cooling airduct 04.618

导流板 deflector 06.157

导流罩 aerofoil 06.137

导向轮 guide wheel 04.269，steering wheel 12.019

倒车报警器 back-up buzzer 07.058

倒车灯 back-up lamp 07.098

倒车声音影像系统 automobile reversing radar system 07.177

倒圆 profiled edge 06.271

道路划线车 road lineation vehicle 02.172

德迪翁式悬架 de Dion-type suspension 05.197

灯壳 lamp housing 07.069

*灯罩 lamp housing 07.069

登高平台消防车 elevating platform fire truck 02.137

等分梁 bisection beam 06.194

等光强曲线 isocandela curve 07.093

等容出油阀 constant-volume delivery valve 04.398

等速百公里燃料消耗量 constant speed fuel consumption per 100km 03.028

等速万向节 constant velocity universal joint 05.131

等压出油阀 constant-pressure delivery valve 04.399

等照度曲线 isolux curve 07.092

低地板客车 low-floor bus 02.025

低排放车 low emission vehicle，LEV 01.048

低散热发动机 low heat rejection engine 04.157

低速回正性能试验 low-speed returnability test 03.197

低台货箱 low-deck body 06.302

低温燃滤堵塞 cold fuel filter clogging 08.066

低温液体运输车 low-temperature liquid tanker 02.088

低选 select-low 03.262

低压涡轮增压器 low-pressure turbocharger 04.311

低周疲劳断裂 low-cycle fatigue fracture 08.090

底板边梁 floor frame 06.307

底板面板 floor board 06.305

底板压条 floor strip 06.306

底架 underframe 06.119

底盘测功机 chassis dynamometer 01.055

地板面板 floor panel 06.116

地板通道 floor tunnel 06.117

地面固定坐标系 earth-fixed axis system 03.106

地毯 carpet 06.118

地震装线车 wire arraying vehicle for seismic exploration 02.079

第二代车载诊断标准 on-board diagnosis-Ⅱ，OBD-Ⅱ 08.133

第二轴 main shaft 05.087

第一轴 primary shaft 05.086

点火电压储备 ignition voltage reserve 04.581

点火控制 ignition control 04.830

* 点火提前角 ignition advance angle 04.586

点火提前角控制 ignition advance angle control 04.831

点火系统最低工作转速 minimum operating speed of ignition system 04.583

点火线圈 ignition coil 04.556

点火线圈初级供电电压 primary supply voltage of ignition coil 04.572

点火正时 ignition timing 04.586

点燃 spark ignition 04.048

点燃式发动机 spark ignition engine 04.148

点蚀 corrosive pitting 08.084

点烟器 cigar lighter 06.216

电池承载装置 battery carrier 01.126

电池管理系统 battery management system 01.109

电池荷电状态 state of charge 01.110

电磁阀关闭响应时间 solenoid valve responsive time 04.490

电磁阀式喷油器 solenoid-valve-type fuel injector 04.438

电磁缓速器 electromagnetic retarder 05.502

电磁离合器 electromagnetic clutch 05.010

电磁啮合式起动机 pre-engaged drive starter 07.008

电磁气门驱动机构 electromagnetic valve actuating mechanism 04.252

电磁式燃油表指示器 electromagnetic fuel indicator 07.145

电磁式温度表指示器 electromagnetic temperature indicator 07.142

电磁式油压表指示器 electromagnetic oil pressure indicator 07.140

电磁振动式调节器 electromagnetic vibrating-type regulator 07.025

电动风扇 electric fan 04.612

电动机缓速器 retarder by electric traction motor 05.499

电动机控制器 electric motor controller 07.036

电动喷油器 electric fuel injector 04.433

电动汽车 electric vehicle，EV 02.205

电动汽车试验质量 test mass of electric vehicle 01.042

电动汽车整车整备质量 complete electric vehicle curb mass 01.041

电动燃油泵 electric fuel pump 04.522

电动液压助力转向 electro-hydraulic power steering 05.419

电动转向系 electric power steering system 05.388

电动转向系转向力特性 steering force characteristic of electric power steering system 05.462

电动转向装置 electric power steering gear 05.421

电机 electric machine 07.001

电加热催化器 electrically heated catalyst 04.712

电解腐蚀 electrolytic corrosion 08.086

电控泵喷油嘴 electronically controlled nozzle 04.463

电控单体泵 electronically controlled unit pump 04.374

电控电动汽油泵 electronically controlled electric fuel pump 04.528

电控分配泵 electronically controlled distributor pump 04.379

电控化油器 electronically controlled carburetor 04.511

电控节温器 electronically controlled thermostat 04.617

电控气喇叭 electrically controlled air horn 07.052

* 电控燃油喷射系统 time based electronically controlled fuel injection system 04.364

电控液压式泵喷油嘴 electronically controlled hydraulic nozzle 04.464

电控直列泵 electronically controlled in-line pump 04.371

电喇叭 electric horn 07.047

电流表 ammeter 07.132

电流限制器 current limiter 07.022

电路断电器 circuit breaker 07.169

* 电喷系统 time based electronically controlled fuel injection system 04.364

电-气调速器 electropneumatic speed governor

04.413

电热安全玻璃 electrically heated safety glass 06.255

电容放电式点火系 capacitor discharge ignition system 04.553

电容式闪光器 capacitor-type flasher 07.109

电视车 TV recording and relaying vehicle 02.053

电枢移动式起动机 sliding armature starter 07.009

电线束 wiring harness 07.166

电压表 voltmeter 07.135

电压调节器 voltage regulator 07.023

电液气门驱动机构 electrohydraulic valve actuating mechanism 04.251

电-液调速器 electrohydraulic speed governor 04.412

电液转向系转向力特性 steering force characteristic of electro-hydraulic power steering system 05.461

电液转向装置 electro-hydraulic steering gear 05.420

电影放映车 mobile movie projector 02.083

DC/DC 电源变换器 DC/DC converter 07.046

电源车 power source van 02.080

电源总开关 battery main switch 07.161

电子车速里程表 electronic speedometer 07.118

电子/电气调速器 electronic/electric speed governor 04.411

电子/电气执行器 electronic/electric actuator 04.485

电子节气门 electronic-controlled throttle 04.345

电子控制单元 electronic control unit，ECU 04.806

电子控制的点火系 electronically controlled ignition system 04.554

*电子控制器 electronic control unit，ECU 04.806

电子控制式排气再循环系统 electronically controlled EGR system 04.355

电子转速表 electronic tachometer 07.126

垫带 flap 05.244

垫带边缘厚度 thickness of flap edge 05.309

垫带中部厚度 thickness of flap center 05.308

垫带最小展平宽度 minimum width of flatting flap 05.307

叠差 mismatch 06.266

顶岸 top land，piston junk 04.204

顶窗 roof window 06.093

顶灯 ceiling lamp 07.075

*顶盖 roof panel 06.126

顶置气门发动机 overhead-valve engine 04.164

顶置凸轮轴 overhead camshaft 04.257

定比例综合控制 constant-proportion composite control 14.017

定期维护 periodic maintenance 08.036

定容取样器 constant-volume sampler 04.779

定时转子 timing rotor 04.585

定位拉条 brace 06.335

定心钢球 centering ball 05.138

定型试验 type test 04.127

定压排气歧管 constant-pressure exhaust manifold 04.338

动不平衡 dynamic unbalance 05.350

动磁式电流表 moving magnet ammeter 07.134

动磁式燃油表指示器 moving magnet fuel indicator 07.146

动磁式温度表指示器 moving magnet temperature indicator 07.143

动磁式油压表指示器 moving magnet oil pressure indicator 07.141

动负荷半径 dynamic loaded radius 05.371

动力半径 dynamic radius 12.051

动力缸分流控制式电液转向系 electro-hydraulic power steering system in control of cylinder divided flow 05.385

动力换档 power shift 10.038

动力输出带轮 power-take-off belt pulley 10.065

动力输出离合器 power-take-off clutch，PTO clutch 10.015

动力输出轴 power-take-off shaft，PTO 10.056

动力输出轴标准转速 standard speed of PTO 10.064

动力输出轴功率 power-take-off shaft power，PTO power 09.035

动力输出轴燃油消耗率 specific fuel consumption for PTO power 09.041

*动力输出装置 power-take-off 07.174

动力提升行程 movement range 14.035

动力涡轮 power turbine 04.321

动力性 power performance 03.001

动力制动系 full-power braking system 05.474

动力助力换档变速器 power-assisted shift gearbox，power-assisted shift transmission 05.071

动力转向系 power steering system 05.382

动平衡机构 dynamic balancer 04.246

动态环境噪声　noise emitted by accelerating tractor 09.073

*动态取样法　dynamic sampling 04.778

冻结状态　freeze frame 08.121

独立操纵的双作用离合器　independently-operated double-acting clutch 10.016

独立式动力输出轴　independent PTO 10.060

独立式组合仪表　compositive cluster 15.022

独立台车　independent bogie 12.031

独立台车履带行走系　undercarriages with independent bogie of crawler tractor 12.006

独立悬架　independent suspension 05.183

独立悬架式转向传动机构　independent-suspension type steering linkage 05.431

端面法兰安装式喷油泵　end-flange-mounted fuel injection pump 04.380

端面凸轮　cam disk 04.403

短程里程器　trip counter 07.122

短头车身　semi-forword control body 06.006

短头乘用车　forward-control passenger car 02.009

短头驾驶室　semi-forword control cab 06.020

断电触点电流　contact breaker current 04.576

断电电流　interruption current 04.575

断电器　contact breaker 04.559

断面高度　section height 05.292

断面宽度　section width 05.289

对称光　symmetrical beam 07.084

对动活塞式发动机　opposed-piston engine 04.163

对角控制　diagonal control 03.260

对开式车轮　divided wheel 05.218

多点喷射　multipoint injection 04.514

多缸无凸轮轴式喷油泵　multi-cylinder camshaftless fuel injection pump 04.375

多功能汽车　multi-purpose vehicle，MPV 02.010

多管路制动系　multi-line braking system 05.483

多回路制动系　multi-circuit braking system 05.480

多连杆式独立悬架　multi-link independent suspension 05.192

多路阀　banked direction control valve 14.062

多轮控制　multi-wheel control 03.257

多盘离合器　multi-plate clutch 05.005

多桥转向式转向传动机构　multiaxle-steering-type steering linkage 05.432

多用途货车　multipurpose goods vehicle 02.032

多中间轴变速器　multi-countershaft gearbox，multi-countershaft transmission 05.062

多种燃料发动机　multi-fuel engine 04.140

E

额定工作压力　rated working pressure 05.449

儿童约束系统　child restraint system 06.213

儿童座椅　child seat 06.210

二冲程发动机　two-stroke engine 04.131

二冲程循环　two-stroke cycle 04.006

二次空气喷射装置　secondary air injection device 04.715

二次喷射　secondary injection 04.476

二次损坏　consequential damage 08.068

二级机油滤清器　two-stage lubricating oil filter 04.630

二级维护　complete maintenance 08.038

二甲醚发动机　dimethyl ether engine 04.144

二氧化硫　sulfur dioxide，SO_2 04.676

二氧化碳　carbon dioxide，CO_2 04.677

二氧化碳消防车　carbon-dioxide fire vehicle 02.179

F

发动机舱　engine compartment 06.033

发动机舱盖　engine compartment lid 06.149

发动机大修　major repair of engine 08.155

发动机工作小时表　engine hour meter 07.138

发动机管理系统　engine management system 04.788

发动机缓速器　retarder by engine 05.498

发动机检修　engine tune-up　08.154

发动机排量　engine displacement，engine swept volume　04.016

发动机调速器　engine speed governor　04.405

发动机凸轮轴　engine camshaft　04.254

发动机型式　engine type　04.117

发动机悬置系统　engine mounting system　07.179

发动机再造　engine remanufacture，engine rebuilding　08.156

发动机转速　engine speed　04.079

发动机最低起动温度　minimum engine starting temperature　04.109

发啃　grabbing　03.275

发裂　hairline crack　08.094

发泡填充轮胎　foam-filled tire　05.239

发散不稳定性　divergent instability　03.169

发散性调节　divergent modulation　05.124

乏力　lack of power　08.059

阀杆油封圈　valve stem seal　04.283

阀壳　valve cage　04.284

阀桥　valve bridge　04.302

阀特性控制式电液转向系　electro-hydraulic power steering system in control of valve characteristic　05.387

阀座点蚀　valve seat pitting　08.110

法兰安装式喷油器　flange-mounted injector　04.446

翻边　flange　06.111

翻倾防护装置　roll-over protective structure　15.006

翻倾力矩　overturning moment　03.070

翻倾力矩分配　overturning moment distribution　03.071

翻转机构　tilting system　06.199

翻转式驾驶室　tilt cab　06.026

反冲试验　kick-back test　03.203

反光器　reflector　06.338

反馈通道　feedback path　04.810

反射镜　reflector　07.071

反射器　reflex reflector　07.107

＊反应式排气歧管　reactive exhaust manifold　04.714

防抱装置　antilock device，antilock braking system，ABS　03.255

防暴车　anti-hijacking vehicle　02.074

防暴水罐车　anti-violence water tanker　02.111

防擦线　kerbing rib　05.265

防弹玻璃　bullet-resisting glass　06.245

防弹车　armoured passenger car　02.016

防盗装置　anti-theft device　06.074

防滑差速器　limited slip differential　05.167，10.048

防继燃装置　anti-diesel device　04.510

防空灯　black-out lamp　07.081

防疫车　epidemic control vehicle　02.054

防撞间隙　anti-bumping clearance　04.018

放热规律曲线　heat release rate curve　04.060

放热率　heat release rate　04.059

飞锤　flyweight　04.417

飞锤支架　flyweight cage　04.418

飞机供水车　airplane water feeder　02.096

飞机加油车　plane refueller　02.103

飞机清洗车　aircraft cleaning truck　02.136

飞溅润滑　splash lubrication　04.623

飞轮　flywheel　04.243

＊飞轮电池　flywheel battery　01.124

飞轮壳　flywheel casing　05.020

飞轮蓄能装置　flywheel battery　01.124

非车载充电器　off-board charger　07.039

非承载式车身　separate frame construction body　06.004

非独立式动力输出轴　non-independent PTO　10.061

非独立悬架　rigid axle suspension　05.182

非独立悬架式转向传动机构　non-independent-suspension-type steering linkage　05.430

非对称光　asymmetrical beam　07.085

非甲烷碳氢化合物　non-methane hydrocarbon　04.656

非甲烷有机气体　non-methane organic gas　04.655

非连续制动系统　non-continuous braking system　05.486

非同心圆球笼式万向节　Birfield universal joint　05.135

非压力润滑　non-pressurized lubrication　04.622

非增压发动机　non-supercharged engine　04.149

非整体式加油排放控制系统　non-integrated refueling emission control system　01.077

废气旁通阀　waste gate　04.330

废气旁通控制系统　exhaust bypass control system　04.329

废气涡轮增压发动机　turbocharged engine　04.151

废气涡轮增压器　turbocharger　04.310

分辨率　resolution　04.761

分层充气燃烧　stratified charge combustion　04.054

分电器　ignition distributor　04.557

分电器电容器　capacitor of ignition distributor　04.565

分电器盖　distributor cap　04.560

分动箱　transfer case　05.077，10.044

分段式组合变速器　range change gearbox，range change transmission　05.074

分隔式燃烧室　divided combustion chamber　04.068

分火头　distributor rotor　04.561

分离拨叉　push-rod fork　05.043

分离[拨]叉球头支座　operating fork ball-end　05.044

分离叉　withdrawal fork，operating fork　05.045

分离叉回位弹簧　operating fork return spring　05.047

分离杆　release lever　05.022

分离杆铰销　release lever pin　05.025

分离杆调整螺钉　release lever adjusting screw　05.026

分离杆支座　release lever support　05.023

分离杆轴　release lever axle　05.024

*分离杠杆　release lever　05.022

分离套筒　release sleeve　05.028

分离推杆　release rod　05.041

分离推杆调整螺杆　release rod adjusting screw　05.042

分离轴承　release thrust bearing　05.027

分离轴承和分离套筒总成　release bearing and sleeve assembly　05.029

分流式机油滤清器　bypass lubricating oil filter　04.633

分流式液力变速器　split torque drive transmission　05.098

分流轴针式喷油嘴　pintaux nozzle　04.460

分配器　distributor　14.054

分配式喷油泵　distributor fuel injection pump　04.376

[分析]干扰　analysis interference，interference　04.755

分置式液压悬挂系　hydraulic hitch system with sepa-rated units　14.003

分组喷射　group injection　04.518

风窗玻璃的安装角　inclination angle of windscreen 06.258

风洞试验　wind tunnel test　03.220

*风冷　air cooling　04.589

风冷发动机　air-cooled engine　04.155

风冷发动机风扇　air-cooled engine fan　04.613

风冷式机油冷却器　air-cooled oil cooler　04.595

风冷式增压空气冷却器　air-cooled charge air cooler　04.598

风扇离合器　fan clutch　04.614

风扇罩　fan shroud　04.615

封闭驾驶室　enclosed cab　15.004

封闭式灯光组　sealed beam unit　07.067

封闭式前照灯　sealed headlamp　07.061

峰间值　peak-to-peak value　05.366

蜂鸣器　buzzer　07.059

缝隙腐蚀　crevice corrosion　08.083

缝隙式滤清器　edge-type filter　04.454

扶手把振动　vibration transmitted to handle　09.064

扶手杆　grab rail　06.219

浮动控制　floating control　14.013

浮动性　floatation　05.345

辐板式车轮　disk wheel　05.217

辐条式车轮　wire wheel　05.219

辅助前照灯　auxiliary headlamp　07.065

辅助润滑　supplementary lubrication　04.624

辅助水箱　additional tank　04.607

辅助制动系　additional retarding braking system　05.470

负荷　load　04.085

负荷特性　load characteristic　04.111

负荷下断面宽度　loaded section width　05.314

附加损失　parasitic loss　05.369

附着力　adhesion force　03.022，12.049

附着系数　coefficient of adhesion　03.023，adhesion coefficient　12.050

附着载荷　adhesion weight　03.293，adhesion load　12.046

复合材料气瓶　composite cylinder　04.531

复合插头　multi-cable plug　07.163

复合插座　multi-cable socket　07.164

复合曲面玻璃　complex curved glass　06.252

副变速器　auxiliary gearbox，auxiliary transmission　05.076

副连杆　slave connecting-rod　04.223

副像　secondary image　06.280

副仪表板　auxiliary console　06.190

G

改制件　remanufactured part　08.025

盖　cover，lid　06.108

干拌砂浆运输车　ready mixed dry mortar truck 02.094

干缸套　dry liner　04.179

干式制动器　dry brake　11.026

*感温塞　bimetallic temperature sensor　07.155

感压装置　pressure-sensing device　05.520

感载装置　load-sensing device　05.519

刚性悬架　rigid suspension　12.024

缸径　cylinder bore diameter　04.007

缸内直喷式汽油机　direct-injection gasoline engine 04.135

钢板弹簧悬架　leaf-spring-type suspension　05.185

钢化玻璃　toughened glass　06.253

钢化彩虹　bloom　06.261

钢丝圈　bead ring　05.261

杠杆压紧式离合器　lever-loaded clutch　10.012

高级乘用车　pullman saloon　02.004

高空作业车　hydraulic aerial cage　02.135

高宽比　aspect ratio　05.293

高栏板货箱　high-gate cargo body　06.301

高速回正性能试验　high-speed returnability test 03.198

高位仪表板　overhead console　06.192

高选　select-high　03.263

高压供油泵　high-pressure supply pump　04.491

高压涡轮增压器　high-pressure turbocharger　04.312

高压油管部件　high-pressure fuel pipe assembly 04.498

高压阻尼线　anti-interference ignition cable　04.566

高周疲劳断裂　high-cycle fatigue fracture　08.089

搁梁　shelf　06.198

隔声罩　acoustic hood　04.192

镉银蓄电池　silver-cadmium battery　01.117

更改件　modified part　08.018

更换件　replacement part　08.013

工程车　mobile work shop　02.076

工况　operating condition　04.074

工况监测　condition monitoring　04.854

工业拖拉机　industrial tractor　09.003

工质　working medium　04.003

工作灯　portable lamp　07.080

工作点　trim　03.151

工作缸　slave cylinder　05.052

工作缸活塞　slave cylinder piston　05.056

工作缸活塞回位弹簧　slave cylinder piston return spring　05.055

工作缸推杆　slave cylinder push rod　05.054

工作管路　actuating line　05.505

工作循环　working cycle　04.004

公称气缸容积　nominal cylinder volume　04.014

公称容积　nominal volume　04.012

[公称]压缩比　nominal compression ratio，compression ratio　04.017

公称余隙容积　nominal clearance volume　04.013

公路花纹　highway pattern　05.270

功率突变影响试验　test of effect of sudden power change　03.194

供给管路　feed line　05.504

供能管路　supply line　05.507

供能控制共用管路　common supply and control line 05.509

供能装置　energy supplying device　05.489

供水车　water feeder　02.095

供水消防车　water supply fire tanker　02.110

供油均量调整　fuel delivery evenness adjustment 04.395

共轨式喷油器　common-rail fuel injector　04.437

共轨式喷油系统　common-rail fuel injection system 04.365

共轨系统喷油脉宽控制基本 MAP 图　basic MAP of injection duration control for CR system　04.843

共轨压力传感器　common-rail pressure sensor

04.800

钩形挂钩　hook　14.071

骨架　skeleton　06.062

*鼓轮　digit wheel　07.120

鼓式制动器　drum brake　05.495

固定换档点　fixed shift point　05.123

固定控制　fixed control　03.139

固定轮距前轴　fixed tread front axle　12.015

固定轴式变速器　fixed shaft gearbox，fixed shaft transmission　05.058

固井管汇车　cementing manifold truck　02.153

固态氧化物型燃料电池　solid oxide fuel cell　01.106

故障代码　fault code，malfunction code　08.120

故障率　fault rate　08.116

故障诊断　fault diagnosis　04.857

故障[指示]灯　malfunction indicator light　07.079

刮水电动机　wiper motor　07.012

刮水器　wiper　06.202

挂车　trailer　02.184

挂车甩摆　trailer swing　03.187

挂钩痕迹　tong mark　06.260

挂钩牵引功率　drawbar power　03.285

挂钩牵引力　drawbar pull　03.283

冠带层　cap ply　05.254

贯通式主减速器　thru-drive　05.157

惯性式起动机　inertia drive starter　07.011

惯性制动系　inertia braking system　05.475

灌注量　filling capacity　09.095

罐式汽车　tanker，tank vehicle　02.085

罐式专用运输汽车　specialized goods tanker　02.086

罐式专用作业汽车　special purpose tanker　02.087

光化学活性碳氢化合物　photochemically reactive hydrocarbon　04.657

光化学烟雾　photochemical smog　04.658

光束中心　beam center　07.091

光胎面　smooth tread　05.282

*光形分布　luminous intensity distribution　07.089

光学偏移　optical deviation　06.281

光学式烟度计　optical smokemeter　04.766

轨距　track-center distance　09.085

轨压限制器　rail pressure limiter　04.497

贵金属催化剂　noble metal catalyst　04.697

滚动半径　rolling radius　12.058

滚动周长　rolling circumference　05.288

滚动阻力　rolling resistance　03.014，12.053

滚动阻力矩　rolling resistance moment　03.088

滚动阻力系数　rolling resistance coefficient　03.015，coefficient of rolling resistance　12.054

滚流　tumble flow　04.036

滚轮挺柱　roller tappet　04.287

滚轮挺柱组件　roller tappet　04.386

锅炉车　mobile steam generator　02.159

果园和葡萄园拖拉机　orchard and vineyard tractor　09.009

过程检验　process inspection　08.141

过度转向　oversteer　03.164

过量空气系数　excess air ratio　04.046

过热　overheat　08.057

过热区　hot spot　08.096

H

*海拔高度补偿　altitude compensation　04.852

海拔高度补偿器　altitude compensator　04.428

海拔高度修正　altitude compensation　04.852

含氧燃油　oxygenated fuel　01.092

航空食品装运车　aircraft food delivery truck　02.134

合成式直列喷油泵　in-line fuel injection pump with camshaft　04.370

荷叶边　corrugated edge　06.276

黑烟　black smoke　04.672

横摆　yaw　03.113

横摆角速度　yaw velocity　03.132

横摆角速度响应总方差　total square deviation of yaw velocity　03.227

横摆响应　yaw response　03.155

横风稳定性试验　crosswind stability test　03.200

横流式散热器　cross-flow radiator　04.604

横向附着系数　lateral adhesion coefficient　03.102

横向花纹　transversal pattern　05.267

横向滑移角　lateral sliding angle　09.050

横向滑移量　lateral slip　03.058

横向极限翻倾角　lateral overturning angle of slope　09.049

横向力系数　lateral force coefficient　03.093

横向速度　lateral velocity　03.129

横向稳定器　roll restrictor，stabilizer anti-roll bar　05.209

*横轴涡流　tumble flow　04.036

后备功率　reserve power　03.024

后车门　rear door　06.084

后窗　rear window　06.090

后窗玻璃　backlight　06.249

*后挡玻璃　backlight　06.249

后动力输出轴　rear PTO　10.057

后端板　rear end panel　06.167

后隔板　rear bulkhead，rear window shelf　06.161

后隔板护面　rear bulkhead shield　06.162

后横梁　rear cross member　06.124

后加件　add-on part　08.019

后栏板　rear gate　06.312

后栏板侧柱　rear gate side post　06.323

后轮　rear wheel　12.018

后轮驱动拖拉机　rear-wheel drive tractor　09.013

后轮质量分配系数　coefficient of weight on rear wheel　09.094

后门窗　rear door window　06.092

*后桥　rear axle　10.051

后驱动桥　rear drive axle　10.051

后燃　post combustion　08.073

后燃器　after burner　04.713

后围骨架　rear wall skeleton　06.169

后围蒙皮　rear wall skin，rear wall outer panel　06.170

后围内护板　rear wall inner shield　06.171

后位灯　rear position lamp　07.097

后悬　rear overhang　01.012

后悬挂装置　rear-mounted linkage　14.028

后援消防车　auxiliary fire vehicle　02.180

后置发动机客车车身　rear-engine bus body　06.014

后柱　rear pillar　06.159

后纵梁　rear side member　06.123

弧形底安装式喷油泵　cradle-mounted fuel injection pump　04.381

护套　sleeve　06.336

花纹沟　groove　05.277

花纹沟壁倾斜角　groove wall inclination angle　05.280

花纹沟排列角度　groove arrangement angle　05.281

花纹块　pattern block　05.275

花纹深度　pattern depth　05.279

花纹条　pattern rib　05.276

花纹细缝　pattern sipe　05.278

滑动齿轮变速器　sliding gear gearbox，sliding gear transmission　05.065

滑动齿轮换档　sliding gear shift　05.081，10.035

滑动窗　sliding window　06.097

滑动导杆　slide bars　04.268

滑动门　sliding door　06.082

滑动门导轨　sliding door guide　06.187

滑动挺柱　sliding tappet　04.286

滑阀式转向控制阀　spool control valve　05.422

滑摩功　slip energy　05.016，slipping work　10.023

滑水效应　hydroplaning　03.188

滑行法　coast-down method　01.069

滑移率　slip rate　03.075

滑转率　slip　03.291，12.055

化学发光检测器分析仪　chemiluminescent detector analyzer　04.752

*化学计量空燃比　stoichiometric air-fuel ratio　04.042

化验车　chemical analysis van　02.055

化油器　carburetor　04.499

化油器浮子室　carburetor float chamber，carburetor bowl　04.500

化油器喉管　carburetor venturi，carburetor choke tube　04.502

化油器空气道　carburetor air tunnel　04.501

化油器式发动机　carburetor engine　04.133

化油器式发动机燃油系统　fuel system of carburetor engine　04.366

化油器阻风门　carburetor choke　04.505

化妆间　toilet room　06.237

还原型催化剂　reduction catalyst　04.695

环境温度　ambient temperature　04.106

环境压力　ambient pressure　04.105

缓冲层　breaker　05.253

缓冲垫　cushion　06.329

缓速器　retarder　05.497

换档　shift　05.080，10.034

换档点　shift point　05.119

换档定时　shift timing　05.127

换档规律　shift schedule　05.122

换档互锁机构　shift interlock mechanism　05.091，
　10.042

换档平稳性　shift smoothness　05.128

换档锁定机构　shift detent mechanism　05.090，
　10.041

换档循环　shift cycling　05.121

换档元件　engaging element　05.126

换档滞后　shift hysteresis　05.120

簧上惯性主轴坐标系　inertia principal axis system
　03.109

簧上质量　sprung mass　03.115

簧上质量侧倾角　suspension roll angle　03.064

簧上质量侧倾转动惯量　rolling moment of inertia of
　sprung mass　03.118

簧上质量对 x 轴和 z 轴的惯性积　product of inertia of
　sprung mass about x and z axes　03.121

簧上质量横摆转动惯量　yawing moment of inertia of
　sprung mass　03.120

簧上质量纵倾转动惯量　pitching moment of inertia of
　sprung mass　03.119

簧下质量　unsprung mass　03.116

挥发性有机化合物　volatile organic compound
　04.659

回油　back leakage，leak-off　04.455

回油阀　return valve　14.057

回正刚度　aligning stiffness　03.098

回正刚度系数　aligning stiffness coefficient　03.101

回正力矩　aligning torque　03.089

* 回正力矩刚度　aligning torque stiffness　03.098

* 回正力矩刚度系数　aligning torque stiffness coeffi-
　cient　03.101

回正时间　restoring time　03.226

回正性　returnability　03.168

回正性能试验　returnability test　03.196

混合动力汽车　hybrid electric vehicle，HEV　02.207

混合花纹　on/off-road pattern　05.271

混合器　mixer　04.548

混联式混合动力汽车　parallel-serial hybrid electric
　vehicle　02.218

混凝土泵车　concrete pump truck　02.173

混凝土搅拌运输车　concrete mixing carrier　02.097

混砂车　sand mixing truck　02.167

活顶乘用车　convertible saloon　02.003

活塞　piston　04.193

活塞窜气　abnormal piston blow-by　08.064

活塞顶　piston top　04.200

活塞顶凹腔　piston bowl　04.201

活塞顶镶圈　piston top insert　04.202

活塞环　piston ring　04.208

活塞环岸　piston ring land　04.205

活塞环槽　piston ring groove　04.206

活塞环槽镶圈　ring groove insert　04.207

活塞环带　piston ring belt　04.203

活塞环胶结　ring sticking　08.103

活塞环结胶　ring gumming　08.101

活塞环拉缸　ring scuffing　08.102

活塞冷却通道　piston cooling gallery　04.212

活塞排量　piston displacement，piston swept volume
　04.015

活塞平均速度　mean piston speed　04.084

活塞裙部　piston skirt　04.196

* 活塞上部　piston upper part　04.195

活塞烧焦　piston burning，piston charring　08.100

活塞头部　piston crown　04.195

* 活塞下部　piston bottom part　04.196

活塞销　piston pin，gudgeon pin　04.198

活塞销衬套　piston pin bushing　04.197

活塞压缩高度　piston compression height　04.211

活胎面轮胎　removable tread tire　05.241

火花持续时间　spark duration　04.582

火花间隙　spark air gap　04.571

火花塞　spark plug　04.568

火花塞需要电压　required spark plug voltage　04.580

货车　goods vehicle　02.030

货车车身　truck body　06.015

货车列车　goods road train　02.199

货架　guard frame　06.318

货架边柱　guard frame outside post　06.320

货架横梁　guard frame rail　06.319

货架拉手　guard frame handle　06.321

货箱　cargo body　06.299
货箱底架　cargo body underframe　06.308

*货箱边板　side gate　06.311
货箱栏板　body gate　06.309

货箱侧柱　cargo body side post　06.322
霍尔式曲轴位置传感器　Hall crankshaft position sensor　04.792

货箱底板　cargo floor　06.304

J

*击穿电压　required spark plug voltage　04.580

机场客梯车　mobile aircraft landing stairs　02.176

机架　frame　12.007

机体　engine block　04.172

机械传动系　mechanical transmission system　10.002

*机械控制式喷油泵　mechanical fuel injection pump　04.368

机械啮合式起动机　mechanically engaged drive starter　07.007

机械式变速器　mechanical transmission　05.099

机械式操纵机构　mechanical operation mechanism　05.013

机械式喷油泵　mechanical fuel injection pump　04.368

机械式喷油提前器　mechanical fuel injection timing advance device　04.429

机械式自动变速器　automatic mechanical transmission，AMT　05.101

机械无级变速器　continuously variable transmission，CVT　05.103

机械效率　mechanical efficiency　04.098

机械增压　mechanical supercharging　04.022

机械增压器　engine-driven supercharger　04.308

机械制动系　mechanical braking system　11.004

机械转向　mechanical steering，manual steering　13.006

机械转向器　manual steering gear　05.400，13.019

机械转向系　manual steering system　05.381

机油安全阀　oil relief valve　04.639

机油泵　lubricating oil pump　04.626

机油集滤器　lubricating oil suction strainer　04.627

机油冷却器　oil cooler　04.593

机油滤清器　lubricating oil filter　04.628

机油滤清器转子　oil filter rotor　04.638

机油调压阀　oil pressure regulating valve　04.640

机油消耗量　lubricating oil consumption　04.101

机油消耗量过高　excessive consumption of oil　08.062

机油消耗率　specific lubricating oil consumption　04.102

机油油量报警传感器　oil level warning sensor　07.151

机罩　hood　15.024

积炭　carbon residue　08.078

基准燃料　reference fuel　01.079

极化电磁式电流表　polarized electromagnetic ammeter　07.133

极限冷起动温度　lowest starting temperature　09.075

急收加速踏板的控制试验　accelerator-pedal-quick-releasing control test　03.199

集成电路调节器　IC regulator，solid-state regulator　07.029

集成式组合仪表　integrated cluster　15.021

集装箱运输车　container platform vehicle　02.143

几何供油行程　geometric fuel delivery stroke　04.391

挤流　squish　04.035

脊梁式车架　middle-beam frame　05.534

计量车　metrology vehicle　02.059

计量滑套　metering sleeve　04.404

技术检验　technical check，technical inspection　08.123

季节性维护　seasonal maintenance　08.039

加热式氢火焰离子化检测器分析仪　heated flame ionization detector analyzer　04.749

加热型氧传感器　heated oxygen sensor　04.803

加热装置　stove　04.346

加速加浓　acceleration enrichment　04.822

加速踏板　accelerator pedal　03.011

加速踏板位置传感器　accelerator pedal position sensor　04.794

加速阻力　accelerating drag　03.020
加压系统　pressurization system　15.012
加油车　refueller　02.102
加油口盖　fuel filler lid　06.188
加油排放物　refueling emission　04.649
加油排放物控制系统　refueling emission control system　01.070
夹层安全窗用玻璃材料　laminated safety glazing material　06.243
夹箍　binding clip　06.106
甲醇　methanol　01.083
甲醇汽车　methanol vehicle　02.232
甲基环戊二烯三羰基锰　methylcyclopentadienyl manganese tricarbonyl　01.094
甲基叔丁基醚　methyl tertiary butyl ether　01.093
甲烷　methane　04.654
驾驶区　driver zone　06.028
驾驶室　cab, cabin　06.018, cab　15.001
驾驶室后车架最大可用长度　maximum usable length of chassis behind cab　01.016
驾驶员操作位置处噪声　noise at operator's position　09.074
驾驶员工作空间　operator's workplace　15.008
驾驶员目视距离　driver viewing distance　03.173
驾驶员全身振动　whole body vibration of operator　09.063
驾驶员体重调节装置　driver's weight adjustment device　15.017
驾驶座　operator's seat　15.015
驾驶座标志点　seat index point　15.018
驾驶座振动传递系数　vibration transmission factor for seat　09.065
间接喷射　indirect injection　04.063
间接喷射式柴油机　indirect-injection diesel engine　04.138
监测车　mobile monitor　02.058
减容器　volume reducer　04.401
减速度感受装置　deceleration-sensing device　05.521
减速断油　deceleration fuel cutoff, DFCO　04.824
减速减稀　deceleration dilution　04.823
减振器　shock absorber　05.203
检测车　inspection van　02.056
检测器　detector　04.747

检视　inspection　08.122
检修车　inspection repair-shop van　02.078
简易驾驶室　simple cab　15.002
碱性燃料电池　alkaline fuel cell　01.103
渐近稳定性　asymptotic stability　03.171
降档　downshift　05.112
交叉型乘用车　cross passenger car　02.014
交流发电机调节器　alternator regulator　07.024
胶合层变色　interlayer discoloration　06.268
胶合层气泡　interlayer boil　06.263
胶合层杂质　interlayer dirt　06.264
角度位置传感器　angular position sensor　04.484
角度位置执行器　angular position actuator　04.487
角度效应　ply steer　05.365
*角偏差　optical deviation　06.281
脚部空间　foot room　06.031
铰接点　link point　14.032
铰接架　articulated frame　12.011
铰接客车　articulated bus　02.023
铰接列车　articulated vehicle　02.201
校正半径　compensating radius　05.356
校正弹簧　torque control spring　04.422
校正面　compensating side　05.354
校正面不平衡质量　compensating side unbalance mass　05.353
校正面间距　distance between compensating sides　05.355
*轿车　saloon, sedan　02.002
阶段Ⅰ加油控制装置　stage Ⅰ refueling control device　01.071
阶段Ⅱ加油控制装置　stage Ⅱ refueling control device　01.072
阶跃响应试验　step response test　03.212
接地面积　contact area　12.045
接地面积保持率　contact area holding ratio　05.340
接地面切向力分布　shear stress distribution in the contact patch　05.343
接地面压力分布　pressure distribution in the contact patch　05.342
接地系数　coefficient of contact　05.319
接近角　angle of approach, approach angle　01.013
节齿式啮合　tooth mesh　12.042
节流式液压悬挂系　hydraulic hitch system with throttle

control 14.008

节流轴针式喷油嘴 throttling pintle nozzle 04.459

节气门 throttle 04.344

节气门定位器 throttle positioner 04.508

节气门缓冲装置 throttle buffering device 04.509

节气门控制式排气再循环系统 throttle control EGR system 04.353

*节气门体喷射 throttle body injection 04.513

节气门位置传感器 throttle position sensor 04.795

节温器 thermostat 04.616

节销式啮合 link-pin mesh 12.043

结构比质量 specific dry mass 09.092

结构质量 dry mass 01.040，09.089

结合水 combined water 04.670

结焦 burnt，charred 08.080

截流继电器 cutout relay 07.031

*金属空气电池 metal fuel cell 01.108

*金属锂燃料电池 lithium air battery 01.121

金属履带 metal crawler 12.033

金属气瓶 metallic cylinder 04.530

金属燃料电池 metal fuel cell 01.108

金属燃料电池汽车 metal fuel cell vehicle 02.235

筋 rib 06.110

紧急出口 emergency exit 06.055，15.011

近光 lower beam 07.083

进气节流阀 inlet air throttle 04.347

进气门 air inlet valve 04.275

进气歧管 inlet manifold 04.333

进气歧管绝对压力传感器 intake manifold absolute pressure sensor 04.796

进气歧管绝对压力/进气温度传感器 manifold absolute pressure/intake air temperature sensor 04.799

进气温度 inlet temperature 04.107

进气温度传感器 intake air temperature sensor 04.798

进气压力 inlet pressure 04.037

进气总管 inlet pipe 04.332

进油流量控制阀 inlet flow control valve 04.494

经处理夹层安全窗用玻璃材料 treated laminated safety glazing material 06.242

经济车速 economical speed 03.005

晶体管电喇叭 transistor horn 07.053

晶体管闪光器 transistor flasher 07.112

晶体管调节器 transistor regulator 07.028

井架安装车 derrick-building truck 02.150

井控管汇车 well-controlling pipeline truck 02.152

警告灯 emergency warning lamp 07.105

警犬运输车 police dog carrier 02.045

警用车 police van 02.040

净化 purifying 04.684

净化率 purifying rate 04.685

径流式涡轮 radial-flow turbine 04.320

径向尺寸偏差 radial run-out 05.367

径向力波动 radial force variation 05.360

径向柱塞式分配泵 radial-plunger distributor injection pump 04.378

静不平衡 static unbalance 05.349

静不平衡量 static unbalance value 05.351

静沉降 static settlement 14.047

静负荷半径 static loaded radius 05.311

静负荷性能 static loaded performance 05.310

静力半径 static loaded radius 12.057

静态操舵力试验 static steering-effort test 03.214

静态裕度 static margin 03.180

*酒精 ethanol 01.084

救护车 ambulance 02.057

救险车 emergency service vehicle 02.081

局部故障 partial fault 08.051

举高喷射消防车 water tower fire truck 02.138

举升 jack-up 03.185

卷入 tuck-in 03.183

*绝热发动机 adiabatic engine 04.157

绝缘电阻监测系统 insulation resistance monitoring system 07.173

均匀性 uniformity 05.359

均质充量压缩自燃 homogeneous charge compression ignition 04.055

均质充气压燃式发动机 homogeneous charge compression ignition engine 04.147

竣工检验 complete checkout 08.140

K

卡扣　fastener　06.107

卡门涡街式空气流量计　Karman vortex air flow sensor 04.820

开缝线　opening line　06.053

开关信号　ON/OFF signal　04.815

开环控制　open-loop control　03.143

开启件　compartment door　06.078

开始放松压力　release commencing pressure　05.516

开式燃烧室　open combustion chamber　04.067

开式循环液压系统　open-circuit hydraulic system 14.011

开心式液压系统　open-center hydraulic system 14.009

勘察车　investigation vehicle　02.060

勘察消防车　reconnaissance fire vehicle　02.065

抗冲击试验　ball-impact test　06.295

抗穿透性试验　resistance-to-penetration test　06.294

抗刺扎性　puncture resistance　05.378

抗翻倾试验　test of overturning immunity　03.216

抗翻系数　anti-overturning coefficient　09.051

抗滑性能　skid resistant performance　05.344

抗磨性试验　resistance-to-abrasion test　06.292

抗切割性　shearing resistance　05.379

颗粒捕集器　particulate trap　04.716

*颗粒过滤器　particulate trap　04.716

颗粒物　particulate matter，PM　04.660

颗粒状载体　pelleted substrate　04.708

颗粒总质量　total particulate mass　04.663

可变长度进气歧管　variable length intake manifold 04.334

可变电阻式燃油表传感器　variable resistance fuel level sensor　07.157

可变电阻式油压表传感器　variable resistance oil pressure sensor　07.150

可变几何截面涡轮增压器　variable geometry turbocharger　04.313

可变气门驱动机构　variable valve actuating mechanism　04.249

可变气门升程　variable valve lift　04.304

可变气门正时　variable valve timing　04.306

可回收利用率　recoverability rate　08.021

可见光反射比　luminous reflectance　06.279

可见光透射比　regular luminous transmittance　06.278

可靠性　reliability　08.008，09.067

可控热膨胀活塞　piston with controlled thermal expansion　04.194

可控震源车　vibrator　02.168

可燃混合气　combustible mixture　04.047

可溶萃取成分　solvent extractable fraction　04.665

可溶性有机物成分　soluble organic fraction　04.666

可调板梁式前轴　adjustable beam front axle　12.014

可调节制动　modulatable braking　05.511

可运行指示器　stand-by indicator　07.147

可再利用性　recyclability　08.022

*刻度盘　scale，dial　07.121

客舱　passenger cell　06.027

客车　bus　02.018

客车半挂车　bus semi-trailer　02.191

客车挂车　bus trailer　02.186

客车列车　bus road train　02.198

空气动力附件　aerodynamic attachment　06.077

空气缓速器　aerodynamic retarder　05.501

空气滤清器　air filter，air cleaner　04.341

空气滤清器堵塞报警传感器　air filter clog warning sensor　07.153

空气弹簧悬架　air-spring-type suspension　05.200

空气阻力　aerodynamic drag　03.016

空气阻力系数　aerodynamic drag coefficient　03.017

空速　space velocity　04.705

*空调开关补偿　air-condition switch compensation 04.853

空调开关修正　air-condition switch compensation 04.853

空调系统　air-conditioning system　07.172，15.014

空调蒸发器安装点　air-conditioning evaporator mounting point　06.136

孔口真空度控制式排气再循环系统　ported vacuum control EGR system　04.351

孔式电动喷油器　electric hole fuel injector　04.434

孔式喷油嘴　hole-type nozzle　04.461

控制臂　control arm　05.202

控制管路　control line　05.508

控制频率　control frequency　03.267

控制器过热报警装置　controller overheat warning device　07.159

控制算法　control algorithm　04.811

控制周期　control cycle　03.266

控制装置　control device　05.490

快动阻风门　quick-acting choke　04.506

快速挂结装置　hitch coupler　14.050

快速里程试验　fleet test　05.330

宽域氧传感器　wide-range oxygen sensor　04.804

框架　frame　06.063

扩散燃烧　diffusion combustion　04.052

扩压器　diffuser　04.326

L

* 拉门　sliding door　06.082

拉伤　score　08.104

拉手　grab handle　06.218

喇叭继电器　horn relay　07.034

栏板包角　corner fitting of gate　06.325

栏板铰链　gate hinge　06.326

栏板铰链内压条　gate hinge inside strip　06.327

栏板立柱　support post　06.317

栏板链条　gate chain　06.328

栏板内板　gate board　06.314

栏板上梁　gate top rail　06.315

栏板锁栓　gate lock　06.330

栏板外板　gate panel　06.313

栏板下梁　gate bottom rail　06.316

蓝烟　blue smoke　04.673

* 肋片　cooling fin　04.619

冷藏车　refrigerated van　02.048

冷风电动机　cooling fan motor　07.014

冷却水套　water jacket　04.602

* 冷却水箱　radiator　04.603

冷却系统　cooling system　04.592

冷却液温度传感器　coolant temperature sensor　04.797

冷型火花塞　cold spark plug　04.569

离合器　clutch　05.001，10.008

离合器操纵机构　clutch operation mechanism　05.012

离合器操纵[机构]液压主缸　clutch release master cylinder　05.048

离合器分离拉索　clutch release cable　05.039

离合器分离轴　clutch release shaft　05.046

离合器盖　clutch cover　05.031，10.027

* 离合器壳　flywheel casing　05.020

离合器衰减系数　fade coefficient of clutch　10.024

离合器踏板　clutch pedal　05.034

离合器踏板臂　clutch pedal lever　05.036

离合器踏板回位弹簧　clutch pedal return spring　05.038

离合器踏板密封套　clutch pedal lever seal　05.040

离合器踏板支座　clutch pedal mounting bracket　05.037

离合器踏板轴　clutch pedal shaft　05.035

离合器轴　clutch shaft　05.030

离合器转矩储备系数　clutch torque reserve coefficient　10.022

离合器转矩容量　torque capacity of clutch　05.015

离去角　departure angle　01.014

离心机械式调速器　centrifugal mechanical governor　04.406

* 离心式点火提前装置　centrifugal advance mechanism　04.562

离心式机油滤清器　centrifugal oil filter　04.631

离心式叶轮　centrifugal impeller　04.325

离心式自动离合器　centrifugal automatic clutch　05.009

离心提前机构　centrifugal advance mechanism　04.562

里程计数器　mileage counter　07.119

里程试验　mileage test　05.329

理论混合气　stoichiometric mixture　04.043

理论空燃比　stoichiometric air-fuel ratio　04.042

理论速度 theoretical travel speed 03.289，09.031

锂空气电池 lithium air battery 01.121

锂离子蓄电池 lithium ion battery 01.119

力控制 force control 03.140

力偶不平衡量 couple unbalance value 05.352

历史故障 history fault 08.118

立放井架车 plumb derrick truck 02.149

立轴后倾角 kingpin castor 12.062

立轴内倾角 kingpin inclination 12.061

立柱倾角 pitch 14.039

励磁时间间隔 energizing interval 04.573

沥青洒布车 asphalt-distributing tanker 02.107

沥青运输车 heated bitumen tanker 02.090

连杆 connecting rod 04.213

连杆长度 connecting-rod length 04.214

连杆大头 connecting-rod big end, connecting-rod bottom end 04.216

连杆大头盖 connecting-rod cap 04.217

连杆大头轴承 connecting rod big end bearing, connecting rod bottom end bearing 04.225

连杆杆身 connecting-rod shank 04.218

连杆小头 connecting-rod small end, connecting-rod top end 04.215

连杆小头轴承 connecting-rod small end bearing, connecting-rod top end bearing 04.226

连续取样法 continuous sampling 04.778

连续油管作业车 coiled tubing unit 02.160

连续再生装置 continuous regeneration device 04.727

连续制动系 continuous braking system 05.484

帘布层 ply 05.256

帘线 cord 05.257

帘线密度 cord density 05.297

联动操纵的双作用离合器 linkage-operated double-acting clutch 10.017

联合加权振动加速度 combining weighted vibration acceleration 09.066

链传动 chain drive 04.262

链轮 sprocket wheel 04.263

链条总成张紧调节装置 chain-assembly tension adjuster 04.265

两点悬挂装置 two-point linkage 14.024

两级增压 two-stage supercharging 04.025

两极式调速器 maximum-minimum speed governor 04.410

两厢式车身 two-box-type body 06.012

两用燃料汽车 bi-fuel vehicle 02.228

两轴式变速器 twin-shaft gearbox，twin-shaft transmission 05.063

*亮区 beam center 07.091

量距气 span gas 04.760

林业拖拉机 forestry tractor 09.004

临界车速 critical speed 03.178

临界速度 critical speed 05.334

临时使用的备用轮胎 temporary-use spare tire 05.233

淋浴车 mobile shower bath 02.077

磷酸燃料电池 phosphoric acid fuel cell 01.104

灵活燃料汽车 flexible fuel vehicle，FFV 02.230

灵敏度控制阀 sensitivity control valve 14.060

零部件修复 parts reclamation 08.159

零点半径 datum radius 05.295

零点气 zero grade air 04.758

零件修理 parts repair 08.158

零排放车 zero emission vehicle，ZEV 01.050

零偏距车轮 zeroset wheel 05.214

零气 zero gas 04.757

领蹄 leading shoe 05.524

流量控制阀 flow control valve 14.061

流量控制式电液转向系 electro-hydraulic power steering system in control of flow 05.384

流量限制器 flow limiter 04.495

硫酸盐 sulfate 04.668

楼梯 stairs 06.220

漏电报警装置 insulation failure warning device 07.160

路面不平敏感性 pavement irregularity sensitivity 03.158

路面不平敏感性试验 pavement irregularity sensitivity test 03.219

路面养护车 pavement maintenance truck 02.171

路线牌 guide board 06.233

露点腐蚀 dewpoint corrosion 08.085

旅居半挂车 caravan semi-trailer 02.193

旅居车 motor caravan 02.068

旅居挂车 caravan 02.195

旅行车　station wagon　02.008

旅游客车　touring coach　02.022

履带　crawler　12.032

[履带]导向轮　idler，track idler　12.040

履带后倾角　trim angle of crawler　12.067

履带接地长度　ground contact length of crawler
　　12.070

履带节距　crawler pitch　12.069

履带前倾角　approach angle of crawler　12.066

[履带]驱动轮　driving sprocket，track driving sprocket
　　12.041

履带拖拉机　crawler tractor，tracklaying tractor
　　09.015

履带拖拉机转向系　steering system for crawler tractor
　　13.003

履带下垂量　crawler sag　12.071

履带行走系　undercarriages of crawler tractor
　　12.003

履带行走装置　crawler traveling device　12.027

履带张紧力　tensioning force of crawler　12.065

履带中心面　median plane of track　09.079

履带转向机构　steering mechanism for crawler tractor
　　10.050

绿化喷洒车　tree sprinkling tanker　02.104

氯氟化碳　chlorofluorocarbon，CFC　04.678

滤光室　filter cell　04.746

滤清器　filter　04.538

滤清器外壳　filter housing　04.635

滤清器座　filter base　04.636

*滤清针　edge-type filter　04.454

滤芯　filter element　04.343

滤芯总成　filter element assembly　04.637

滤油器　oil filter　14.067

滤纸式烟度计　filter-type smokemeter　04.768

轮边减速器　wheel reductor，hub reductor　05.161

轮距　wheel track　01.010，09.084

轮口　wheel opening　06.054

轮式拖拉机　wheeled tractor　09.012

轮式拖拉机转向系　steering system for wheeled tractor
　　13.002

轮式行走系　running gears of wheeled tractor　12.002

轮胎　tire　05.225

轮胎爆破响应试验　tire burst response test　03.204

轮胎侧偏角　slip angle of tire　03.074

轮胎侧向力　side force of tire　03.082

轮胎垂直力　vertical force of tire　03.077

轮胎翻转力矩　overturning moment of tire　03.087

轮胎滚动声　tire rolling sound　05.372

轮胎横向力　lateral force of tire　03.078

轮胎接地面积　tire contact area　05.316

轮胎接地中心　center of tire contact　03.072

轮胎结构类型　tire structure type　05.235

轮胎平均接地压力　average contact pressure of tire
　　05.320

轮胎拖距　pneumatic trail　03.092

轮胎纵向力　longitudinal force of tire　03.079

轮胎坐标系　tire axis system　03.073

轮辋　rim　05.221

轮辋槽　well　05.222

轮辋错动试验　rim slip test　03.217

轮罩　wheel housing　06.114

罗茨式压气机　Roots compressor　04.328

螺套安装式喷油器　screw-mounted fuel injector
　　04.448

螺旋形电喇叭　shell-type horn　07.049

落箭试验　dart test　06.297

M

麻点　pitting　08.099

麦弗逊式悬架　McPherson strut suspension　05.199

脉冲量信号　pulse signal　04.817

脉冲式车轮速度传感器的分辨率　resolution of im-
　　pulse wheel speed sensor　03.265

脉冲响应试验　pulse response test　03.213

脉冲转换器　pulse converter　04.340

脉动排气歧管　pulse exhaust manifold　04.339

满载车质量　loaded vehicle mass　01.039

冒烟限制　smoke limitation　04.847

*煤气机　gas engine　04.139

煤制油　coal liquifaction oil　01.095

每单位距离转数　revolution per unit distance　05.321

每循环喷油量　fuel injection quantity per cycle　04.473

门窗电动机　window lift motor　07.016

门窗框　door sash　06.100

门道　access doorway　15.010

门槛　door sill　06.086

门铰链　door hinge　06.221

门孔　door opening　06.050

门框　door frame　06.085

门锁　door lock，door latch　06.224

门柱　door pillar　06.176

密闭室测定蒸发排放物法　sealed housing for evaporative emission determination　01.065

密封件　seal　06.072

名义断面宽度　nominal section width　05.290

名义高宽比　nominal aspect ratio　05.294

名义外直径　nominal overall diameter　05.287

名义转向角　nominal steering angle　03.035

明暗截止线　cut-off line　07.094

模糊控制算法　fuzzy control algorithm　04.814

模拟量信号　analog signal　04.816

膜片式燃油泵　diaphragm-type fuel pump　04.521

膜片弹簧离合器　diaphragm spring clutch　05.006

摩擦功率　friction power　04.095

摩擦疲劳断裂　frictional fatigue fracture　08.091

摩擦片式防滑差速器　multiclutch limited-slip differential　05.169

摩擦式离合器　friction clutch　05.002，10.009

摩擦式制动器　friction brake　05.494

磨边残留　shiner　06.275

磨合　running-in　08.029

磨合痕迹　bedding-in pattern　08.077

磨合维护　running-in maintenance　08.040

磨粒磨损　abrasion　08.076

磨损率　wear rate　08.112

模具痕迹　mold mark　06.259

N

耐辐照性试验　resistance-to-radiation test　06.285

耐烘烤性试验　resistance-to-bake test　06.289

耐化学侵蚀性试验　resistance-to-chemical test　06.291

耐久性　durability　09.068

耐久性试验　endurance test　04.124

耐模拟气候试验　resistance-to-simulated-weathering test　06.290

耐燃烧性试验　resistance-to-fire test　06.287

耐热性试验　resistance-to-high-temperature test　06.284

耐湿性试验　resistance-to-humidity test　06.286

耐温度变化性试验　resistance-to-temperature-change test　06.288

挠性万向节　flexible universal joint　05.133

*挠性轴　flexible shaft　07.170

内衬层　inner liner　05.258

内后视镜　inside rear mirror　06.205

内偏距车轮　inset wheel　05.213

内燃机　internal combustion engine　04.001

内饰件　interior trim　06.070

内锁手柄　inside lock knob　06.186

内胎　inner tube　05.243

内胎厚度　tube thickness　05.306

内胎平叠断面宽度　flat width of inner tube　05.304

内胎平叠外周长　flat overall girth of inner tube　05.305

内凸轮环　cam ring　04.402

内支撑轮胎　internal supporter tire　05.240

内置式燃油泵　built-in fuel pump　04.524

内置式最终传动　inside-installed final drive　10.054

内装式前照灯　flush mounted headlamp　07.063

内装式调节器　built-in voltage regulator　07.030

能量回馈制动　regeneration braking　05.487

能量控制　power control　01.128

能量吸收式转向管柱　energy-absorbing steering column　05.398

能量消耗率　reference energy consumption　03.033

泥雪花纹　mud and snow pattern　05.274

泥雪轮胎　mud and snow tire　05.232

逆变器　inverter　07.043
逆效率　reverse efficiency　05.435，13.027
啮合痕迹　toeing pattern　08.109
啮合套　sliding sleeve　05.079
啮合套换档　collar shift　05.082，10.036
镍镉蓄电池　nickel-cadmium battery　01.115
镍氢蓄电池　nickel-metal hydride battery　01.114
扭振减振器　torsional vibration damper　04.245

*扭转减振器　torsional damper in clutch disk　05.032
扭转振动　torsional vibration　04.244
农业拖拉机　agricultural tractor　09.002
农艺地隙　agricultural ground clearance　09.058
浓混合气　rich mixture　04.045
暖风电动机　heater motor　07.013
暖风装置　heater　06.200
暖机　warming-up　04.129

O

欧盟试验循环　EU-test cycle　01.067
欧洲车载诊断系统　European On-Board Diagnosis，
　EOBD　08.134
欧洲 ECE 13 工况试验规程　ECE 13-mode test proce-

dure　01.068
欧洲 ECE 15 工况试验循环　ECE 15-mode test cycle
　01.066
偶发故障　intermittent fault　08.119

P

爬坡车速　uphill speed　03.010
排放标准　emission standard　01.045
*排放法规　emission standard　01.045
排放污染物　emission pollutant　04.645
排放物校正方法　emission correction method　04.786
排放物浓度　emission concentration　01.047
排放系数　emission factor　04.680
*排放因子　emission factor　04.680
排放指数　emission index　04.681
排气背压　exhaust back pressure　04.039
排气背压控制式排气再循环系统　exhaust back pres-
　sure control EGR system　04.352
排气后处理装置　exhaust aftertreatment device
　04.686
*排气净化装置　exhaust aftertreatment device
　04.686
排气脉动扫气　exhaust pulse scavenging　04.031
排气门　exhaust valve　04.276
排气排放物　exhaust emission　04.646
排气歧管　exhaust manifold　04.337
排气温度　exhaust temperature　04.108
排气温度限制　exhaust gas temperature limitation
　04.846

排气油烟　exhaust plume　08.069
排气再循环　exhaust gas recirculation，EGR　04.349
排气再循环过滤器　EGR filter　04.360
排气再循环控制阀　EGR control valve　04.357
排气再循环冷却器　EGR cooler　04.359
排气再循环率　EGR rate　04.358
排气再循环调压阀　EGR pressure regulator　04.356
排气总管　exhaust pipe　04.336
排烟消防车　smoke evacuation fire vehicle　02.182
排液车　fluid pumping vehicle　02.156
牌照灯　license plate lamp　07.074
盘车　barring，turning　08.026
盘式制动器　disk brake　05.496，11.023
旁通阀　bypass valve　04.641
抛光边　polished edge　06.272
跑偏　pulling　03.274
泡沫消防车　foam fire tanker　02.109
配光　luminous intensity distribution　07.089
配光镜　lens，glass lens　07.070
配光屏　filament shield　07.072
配气机构箱　valve mechanism casing　04.183
喷孔夹角　angle between spray orifices　04.466
喷射控制电磁阀　injection control solenoid valve

04.488

*喷雾扩散角 spray dispersal angle 04.468

喷雾锥角 spray dispersal angle 04.468

喷油泵 fuel injection pump 04.367

喷油泵安装高度 fuel pump mounting height 04.452

喷油泵体 injection pump housing 04.384

喷油泵总成 injection pump assembly 04.383

喷油规律 law of injection 04.475

喷油量修正和限制 fuel quantity modification and limitation 04.845

喷油脉宽 injection pulse width 04.489

喷油脉宽控制基本MAP图 basic MAP of injection duration control 04.842

喷油器 fuel injector 04.431

PT喷油器 PT fuel injector 04.449

喷油器滴漏 nozzle dribble 08.098

喷油器开启压力 fuel injector opening pressure 04.470

喷油器体 nozzle holder 04.450

喷油器体外径 fuel injector shank diameter 04.453

喷油速率 fuel injection rate 04.474

*喷油提前角 injection advance angle 04.512

喷油压力 injection pressure 04.471

*喷油引燃式燃气发动机 pilot injection gas engine 04.141

喷油正时 injection timing 04.512

喷油正时控制基本MAP图 basic MAP of injection timing control 04.844

喷油嘴 injection nozzle 04.456

喷油嘴紧帽 nozzle retaining nut 04.465

盆形电喇叭 disk-type horn 07.048

篷杆 tarpaulin rod 06.197

*膨胀水箱 expansion tank 04.607

碰撞试验 crash test 01.064

皮带张紧装置 belt tensioner 04.272

*皮卡 pickup 02.015

疲劳断裂 fatigue fracture 08.088

疲劳裂纹 fatigue crack 08.087

*偏离角 slip angle of tire 03.074

片阀式电动喷油器 electric flat fuel injector 04.436

频率特性 frequency characteristics 03.161

频率响应 frequency response 03.160

频率响应试验 frequency response test 03.211

*品陶式喷油嘴 pintaux nozzle 04.460

平板列车 platform road train 02.204

平背车身 flat back body 06.008

平底安装式喷油泵 base-mounted fuel injection pump 04.382

*平衡点 trim 03.151

平衡配重 balance weight 05.358

平衡台车 equalizing bogie 12.030

平衡台车履带行走系 undercarriages with equalizing bogie of crawler tractor 12.005

平衡悬架 equalizing-type suspension 05.184

平衡重 balance weight 04.241

平均接地压力 average contact pressure 12.047

平均输入电流 average input current 04.574

平均有效压力 brake mean effective pressure 04.091

平均指示压力 mean indicated pressure 04.090

平均制动减速度 mean braking deceleration 11.035

平顺性 ride comfort 03.230

平台式车架 platform frame 05.536

平头车身 forword control body 06.005

平头驾驶室 forward control cab 06.019

屏显前窗玻璃 head-up display windscreen 06.248

坡道起步能力 hill starting ability 03.009

坡地拖拉机 hillside tractor 09.008

坡度阻力 grade drag 03.019

破坏能 breaking energy 05.322

破碎后的能见度试验 after-fracture visibility test 06.283

普通乘用车 saloon, sedan 02.002

普通货车 general purpose goods vehicle 02.031

普通货箱 conventional body 06.300

*普通驾驶室 single-row seat cab 06.023

普通金属催化剂 base metal catalyst 04.698

普通轮胎 normal tire 05.230

Q

漆膜　lacquering，varnishing　08.097

*骑马螺栓　U-bolt　06.332

*启喷压力　fuel injector opening pressure　04.470

起动电缆　starting cable　07.167

起动辅助措施　starting aid　04.110

起动机　starter，starting motor　07.005

起动加浓装置　starting excess fuel device　04.426

起动试验　starting test　04.122

起动弹簧　start spring　04.420

起动转换开关　battery changeover switch　07.162

起燃温度　light-off temperature　04.711

起重举升汽车　crane/lift truck　02.130

起重举升专用运输汽车　specialized goods crane/lift
　　truck　02.131

起重举升专用作业汽车　special purpose crane/lift
　　truck　02.132

气泵　air compressor　11.010

气波增压　pressure-wave supercharging　04.024

气波增压器　pressure-wave supercharger　04.309

气电混合动力汽车　LPG electric hybrid vehicle，CNG
　　electric hybrid vehicle　02.214

气动调速器　pneumatic governor　04.407

气缸　cylinder　04.176

气缸盖　cylinder head，cylinder cover　04.181

气缸盖垫片　cylinder head gasket　04.185

气缸盖螺栓　cylinder head bolt，cylinder head stud
　　04.182

气缸盖密封环　cylinder head ring gasket　04.186

气缸盖罩　valve mechanism cover　04.184

*气缸工作容积　piston displacement，piston swept
　　volume　04.015

气缸套　cylinder liner　04.177

气缸体　cylinder block　04.174

气缸体端盖　cylinder block end cover　04.175

气缸压缩压力　compression pressure in a cylinder
　　04.103

气环　compression ring　04.209

气喇叭　air horn，pneumatic horn　07.051

气冷　air cooling　04.589

*气流稳定器　aero stabilizer　06.156

气门　valve　04.274

气门重叠　valve overlap　04.307

气门导管　valve guide　04.281

气门定时　valve timing　04.305

气门间隙　valve lash　04.297

气门间隙调整螺钉　valve lash adjuster　04.298

气门驱动机构　valve drive mechanism　04.248

*气门驱动系　valve train　04.248

气门升程　valve lift　04.303

气门锁夹　valve collet，valve key　04.279

气门弹簧　valve spring　04.277

气门弹簧垫圈　valve spring washer　04.280

气门弹簧座　valve spring retainer　04.278

气门旋转机构　valve rotator　04.259

气门嘴孔　valve aperture，valve hole　05.223

气门座圈　valve seat insert　04.282

气密盒　gas-tight housing　04.535

气密性　air-tightness　05.327

气泡　cavity pocket　04.477

气瓶附件　cylinder accessory　04.534

气弹簧　gas spring　06.231

气体燃料喷射器　gas fuel injector　04.549

气相色谱仪　gas chromatograph　04.751

气压表　air pressure gauge　07.136

气压制动　pneumatic braking　11.007

气制动阀　air brake valve　11.016

汽车　motor vehicle　01.001

汽车安全性检测参数　detection parameter of vehicle
　　safety　08.126

汽车不良技术状况　bad condition of vehicle　08.006

汽车侧偏角　sideslip angle of vehicle　03.137

汽车长度　motor vehicle length　01.003

汽车超速断油　overspeed fuel cutoff of vehicle
　　04.826

汽车大修　major repair of vehicle　08.151

汽车 GPS 导航系统　in-vehicle GPS navigation system
　　07.178

汽车动力性检测参数　detection parameter of vehicle

dynamic performance 08.125

汽车方位角 vehicle heading angle 03.136

汽车工作能力 working ability of vehicle 08.007

汽车故障 vehicle fault 08.049

汽车耗损 vehicle wear-out 08.004

汽车横摆转动惯量 yawing moment of inertia of vehicle 03.122

汽车极限技术状况 limiting technical condition of vehicle 08.010

汽车技术状况 vehicle technical condition 08.003

汽车技术状况变化规律 change regularity of technical condition of vehicle 08.011

汽车技术状况参数 parameter for technical condition of vehicle 08.009

汽车检测参数 parameter of vehicle detection 08.124

汽车检测技术规范 detection norm of vehicle, detection specification of vehicle 08.130

汽车检测设备 detection equipment of vehicle 08.131

汽车检测作业 detection operation of vehicle 08.129

汽车列车 combination vehicles 02.196

汽车零部件再制造产品 remanufactured automobile part 08.024

汽车排放性能检测参数 detection parameter of vehicle emission 08.128

汽车燃料经济性检测参数 detection parameter of vehicle fuel economy 08.127

汽车完好技术状况 good condition of vehicle 08.005

汽车维护 vehicle maintenance 08.030

汽车维护定位作业法 method of vehicle maintenance on universal post 08.042

汽车维护规范 norm of vehicle maintenance, specification of vehicle maintenance 08.034

汽车维护流水作业法 flow method of vehicle maintenance 08.041

汽车维护设备 equipment of vehicle maintenance 08.043

汽车维护生产纲领 production program of vehicle maintenance 08.044

汽车维护周期 maintenance interval of vehicle 08.045

汽车维护作业 operation of vehicle maintenance 08.033

汽车维修 vehicle maintenance and repair 08.001

汽车维修性 vehicle maintainability 08.002

汽车小修 minor repair of vehicle 08.152

汽车修理 vehicle repair 08.147

汽车修理规范 norm of vehicle repair, specification of vehicle repair 08.149

汽车修理作业 operation of vehicle repair 08.148

汽车用吸附天然气 absorbed natural gas for vehicles 01.091

汽车诊断参数 diagnostic parameter of vehicle 08.136

汽车诊断技术规范 diagnostic norm of vehicle, diagnostic specification of vehicle 08.138

汽车诊断设备 diagnostic equipment of vehicle 08.135

汽车诊断作业 diagnostic operation of vehicle 08.137

汽车轴距 motor vehicle wheel base 01.008

汽车坐标系 vehicle axis system 03.108

汽油泵 gasoline pump 04.520

汽油车稳态加载污染物排放检测 exhaust-pollution detection for gasoline vehicle under steady-state loaded mode 08.145

汽油电磁阀 gasoline solenoid valve 04.540

汽油机 gasoline engine 04.132

汽油机超速断油 overspeed fuel cutoff of gasoline engine 04.825

汽油机怠速稳定性控制 idle speed stability control of gasoline engine 04.829

汽油机电控燃油喷射系统 electronically controlled fuel injection system of gasoline engine 04.362

汽油机空燃比控制 air-fuel ratio control of gasoline engine 04.821

汽油喷射式发动机 gasoline-injection engine 04.134

汽油蒸发污染物控制 gasoline evaporative emission control 04.837

牵引车上用于挂车的附加装置 supplementary device on towing vehicle for towed vehicle 05.503

牵引杆长 drawbar length 01.022

牵引杆挂车 drawbar trailer 02.185

牵引杆挂车列车 drawbar tractor combination 02.200

牵引杆货车挂车 goods drawbar trailer 02.187

牵引功率 traction power 09.033

牵引钩 drawbar 14.069

牵引架长 draw-gear length 01.021

牵引尖叫声　traction squeal　05.375

牵引力　tractive force　03.085

牵引力系数　coefficient for drawbar pull　03.288，coefficient of drawbar pull　09.028

牵引燃油消耗率　specific fuel consumption for traction power　09.040

牵引效率　traction efficiency　03.286，09.034

牵引型花纹　pattern for traction　05.272

牵引性能　tractive performance　03.282，09.026

牵引装置高度　height of towing attachment　01.024

牵引装置悬伸　overhang of towing attachment　01.023

牵引装置至车辆前端的距离　distance between jaw and front end of towing vehicle　01.027

牵引阻力　drag force　03.086

牵引座　fifth wheel coupling　07.175

牵引座结合面高度　height of coupling face　01.026

牵引座牵引销孔至车辆前端的距离　distance between fifth-wheel coupling pin and front end of towing vehicle　01.028

铅酸蓄电池　lead-acid battery　01.120

*前板　front board　06.310

前窗　front window　06.089

前窗玻璃　windscreen　06.247

前动力输出轴　front PTO　10.058

前端框架　front end supporter　06.150

*前风挡玻璃　windscreen　06.247

前隔板　cowl board　06.143

前隔板侧板　cowl side panel　06.146

前隔板横梁　cowl crossrail　06.148

前隔板护面　cowl bulkhead shield　06.144

前横梁　front cross member　06.122

前进速度　forward velocity　03.128

前馈通道　feed forward path　04.809

前栏板　front board　06.310

前轮　front wheel　12.017

前轮摆振　shimmy of front wheel　12.064

前轮外倾角　camber　12.060

前轮质量分配系数　coefficient of weight on front wheel　09.093

*前桥　front axle　10.052

前驱动桥　front drive axle　10.052

前束　toe-in　03.056，12.063

前束角　toe-in angle　03.057

前围板　front wall panel　06.141

前围侧板　dash side panel　06.145

前围骨架　front wall skeleton　06.140

*前围蒙皮　front wall skin　06.141

前围内护板　front wall inner shield　06.142

前位灯　front position lamp　07.096

前悬　front overhang　01.011

前悬挂装置　front-mounted linkage　14.025

前照灯　headlamp　07.060

前轴　front axle　12.012

前轴摆角　oscillatory angle of front axle　12.059

前柱　front pillar　06.139

前纵梁　front side member　06.121

钳盘式制动器　caliper disk brake　11.024

强制换档　forced shift　05.118

强制冷却　force-feed cooling　04.591

强制润滑　forced feed lubrication　04.621

强制锁止式差速器　locking differential　05.172

抢险救援消防车　emergency rescue fire vehicle　02.181

氢电混合动力汽车　hydrogen electric hybrid vehicle　02.215

氢火焰离子化检测器分析仪　flame ionization detector analyzer　04.748

氢质子交换膜燃料电池　hydrogen proton exchange membrane fuel cell　01.102

轻便客货两用车　pickup　02.015

轻度混合动力汽车　mild hybrid electric vehicle　02.209

倾斜极限角　overturning limit angle　03.181

清除瓷釉　glaze-busting　08.047

清除阀　purge valve　04.737

清洗车　cleaning tanker　02.106

清障车　tow truck　02.177

囚车　prison van　02.041

球叉　ball yoke　05.137

球叉式万向节　Weiss universal joint　05.136

球面度　sphericity　06.277

区域钢化玻璃　zone-tempered glass　06.254

曲柄　crank　04.232

曲柄半径　crank radius　04.233

曲柄臂　crank web　04.237

曲柄连杆比　crank connecting-rod ratio　04.234

曲柄销　crank pin　04.235

曲柄指销式转向器　worm and peg steering gear
　13.022

* 曲槽型万向节　Weiss universal joint　05.136

曲轴　crankshaft　04.227

曲轴带轮　crankshaft pulley　04.242

曲轴位置传感器　crankshaft position sensor　04.790

曲轴箱　crankcase　04.169

曲轴箱端盖　crankcase end cover　04.171

曲轴箱呼吸器　crankcase breather　04.189

曲轴箱检查孔盖　crankcase door　04.170

曲轴箱排放物　crankcase emission　04.648

曲轴箱排放物控制系统　crankcase emission control
　system　04.732

曲轴箱强制通风阀　positive crankcase ventilation
　valve　04.191

曲轴箱强制通风装置　positive crankcase ventilation
　device　04.190

曲轴箱扫气　crankcase scavenging　04.030

* 曲轴转速与位置传感器　crankshaft position sensor
　04.790

驱动附着系数　driving adhesion coefficient　03.103

驱动附着性　driving adhesion　05.336

驱动力　driving force　03.012，gross tractive force
　12.052

驱动力矩　driving torque　03.091

驱动力系数　driving force coefficient　03.094

驱动轮　driving wheel　12.020

驱动轮节距　drive-sprocket pitch　12.068

驱动桥　drive axle　05.150

驱动桥壳　drive axle housing　05.538

驱动效率　drive efficiency　03.287

驱动轴　drive shaft　05.148

驱动转弯附着性　driving and cornering adhesion
　05.339

取力器　power-take-off　07.174

取样　sampling　04.773

取样袋　sampling bag　04.780

取样探头　sampling probe　04.781

全程式调速器　all-speed governor，variable speed
　governor　04.409

全浮式半轴　full-floating axle shaft　05.178

全挂车长度　full-trailer length　01.004

全挂牵引车　trailer towing vehicle　02.034

全架　entire frame　12.008

全流管端式烟度计　full-flow end-of-line smokemeter
　04.765

全流取样法　full-flow sampling　04.774

全流式机油滤清器　full-flow lubricating oil filter
　04.632

全流式烟度计　full-flow smokemeter　04.763

全身振动　whole body vibration　03.238

全特性　total external characteristic　04.114

缺角　broken corner　06.270

R

燃料低热值　lower calorific value of fuel　04.058

燃料电池　fuel cell　01.099

燃料电池电动汽车　fuel cell electric vehicle，FCEV
　02.220

* 燃料电池汽车　fuel cell vehicle　02.220

燃料经济性　fuel economy　03.027

燃料喷射　fuel injection　04.061

燃料消耗量　fuel consumption　04.099

燃料消耗率　specific fuel consumption　04.100

燃料转换开关　fuel shift switch　04.539

燃气发动机　gas engine　04.139

燃气轮机　gas turbine　04.168

燃氢发动机　hydrogen-fueled engine　04.145

燃烧残余物　combustion residue　08.082

燃烧室　combustion chamber　04.066

燃烧室容积比　volume ratio of combustion　04.071

燃烧压力限制　combustion pressure limitation　04.848

PT 燃油泵　PT fuel pump　04.481

燃油泵电动机　fuel pump motor　07.015

燃油表　fuel gauge　07.130

燃油轨　fuel rail　04.492

燃油经济性　fuel economy　09.038

PT 燃油系统　PT fuel system　04.480

燃油系统气阻　vapor lock in the fuel system　08.075

燃油箱 fuel tank 15.026
燃油箱喘息损失 fuel tank puff loss 01.075
燃油箱加油蒸气通风道 tank refueling vapor vent 04.741
燃油箱正常蒸气通风道 tank normal vapor vent 04.740
燃油消耗量过高 excessive consumption of fuel 08.061
燃油压力测试 fuel pressure test 08.143
燃油油量报警传感器 fuel level warning sensor 07.158
燃油阻尼器 fuel damper 04.496
扰动响应 disturbance response 03.149
扰流板 spoiler 06.168
绕过障碍物试验 obstacle avoidance test 03.205
热变色 heat discoloration 08.095
热冲击试验 thermo-shock test 04.125
热电混合动力汽车 thermal electric hybrid vehicle 02.212
热反应器 thermal reactor 04.714
热龟裂 thermal cracking 08.107
热浸损失 hot soak loss 01.059
热膜式空气质量流量计 hot-film air mass flowmeter 04.819
热疲劳 thermal fatigue 08.108
热平衡试验 heat balance test 04.123
热丝式闪光器 hot-wire-type flasher 07.110
热线式空气质量流量计 hot-wire air mass flowmeter 04.818

热型火花塞 hot spark plug 04.570
人工换档 manual shift 05.113
人力液压制动 non-power hydraulic braking 11.005
人力制动系 muscular energy braking system 05.472
人体侧倾振动 roll vibration of human body 03.234
人体侧向振动 side-to-side vibration applied to human body 03.232
人体垂直振动 foot-to-head vibration applied to human body 03.233
人体俯仰振动 pitch vibration of human body 03.235
人体横摆振动 yaw vibration of human body 03.236
人体局部振动 vibration applied to particular parts of human body 03.237
人体前后振动 back-to-chest vibration applied to human body 03.231
人头模型试验 head-form test 06.293
人为控制 manual control 03.142
认视距离 bright viewing distance 07.088
日常维护 daily maintenance 08.035
绒毛 lint 06.265
容身区 clearance zone 15.009
熔融碳酸盐燃料电池 molten carbonate fuel cell 01.105
柔性转向 compliance steer 03.166
蠕状痕迹 vermiculated pattern 08.111
软轴 flexible shaft 07.170
润滑泵电动机 lubricating motor 07.020
润滑器 lubricator 04.642
润滑系统 lubrication system 04.620

S

撒手稳定性试验 steering-wheel-releasing stability test 03.201
洒水车 street sprinkler 02.105
三层减摩合金轴瓦 three-layer bearing bush 04.239
三叉臂式万向节 tri-pronged-type universal joint 05.140
三叉架 tripod 05.146
三叉架式万向节 tripod-type universal joint 05.139
三点悬挂装置 three-point linkage 14.023
三角胶条 apex 05.260

三厢式车身 three-box-type body 06.013
三销式万向节 three-pivot universal joint 05.143
三销轴 three-pivot cardan 05.147
三效催化剂 three-way catalyst 04.696
三效催化剂高效窗口 high efficiency window of three-way catalyst 04.704
三音喇叭 tritone horn 07.056
三轴式变速器 double-stage gearbox, double-stage transmission 05.059
散热片 cooling fin 04.619

散热器　radiator　04.603

散热器百叶窗　radiator shutter　04.611

散热器风扇　radiator fan　04.610

散热器面罩　radiator grill　06.151

散热器上水箱　radiator top tank，radiator header　04.605

散热器下水箱　radiator bottom tank　04.606

散热器芯子　radiator core　04.608

散热器压力盖　radiator pressure cap　04.609

散装水泥运输车　bulk cement delivery tanker　02.093

扫路车　sweeper truck　02.169

扫气　scavenging　04.029

沙漠车　off-road vehicle for desert　02.183

闪光器　flasher　07.108

伤残运送车　handicapped person carrier　02.042

商用车[辆]　commercial vehicle　02.017

上边梁　roof side frame　06.127

上铰接点　upper link point　14.033

上拉杆传感　upper-link sensing　14.019

上悬挂点　upper hitch point　14.030

上止点　top dead center　04.011

蛇行试验　slalom test　03.207

伸缩篷　telescopic tarpaulin　06.195

伸缩套管式前轴　telescopic front axle　12.013

伸缩吸能式转向传动轴总成　telescopic energy-ab-sorbing steering transmission shaft assembly　05.396

神经网络算法　neural network algorithm　04.813

升档　upshift　05.111

升功率　power per liter　04.078

升降窗　sash window　06.095

生产率　productivity　09.069

生产一致性　conformity of production　01.053

生物柴油　biodiesel　01.098

生物柴油汽车　biodiesel vehicle　02.231

*生物质燃油　biomass liquid fuel　01.097

生物质液体燃料　biomass liquid fuel　01.097

绳钩　rope hook　06.337

失火　misfire　08.072

失控　out of control　08.058

失速补救　stall remedy　04.827

失速起步　stall start　05.110

湿缸套　wet liner　04.178

湿式离合器　wet clutch　05.007，10.018

湿式制动器　wet brake　11.025

十字轴　cross，spider　05.145

十字轴式万向节　cardan universal joint　05.132

时间控制式燃油喷射系统　time based electronically controlled fuel injection system　04.364

实际空燃比　trapped air-fuel ratio　04.041

实际速度　travel speed　03.290，09.032

实心轮胎　solid tire　05.229

实心轮胎基部宽度　solid tire base width　05.303

示功图　indicator diagram　04.088

示廓灯　marker lamp，position light　07.103

视情修理　repair on technical condition　08.150

视区　vision area　06.256

视野　field of vision　01.043，09.060

试车助驾仪　driver aid　01.056

试井车　wireline truck　02.162

试验燃料　test fuel　04.787

试验燃油　test fuel　01.080

试验台架　test bench　04.119

试验循环　test cycle　01.057

释放能量　discharged energy　01.127

释放压力　hold-off pressure　05.515

收敛性调节　convergent modulation　05.125

手动换档变速器　manually shifted gearbox，manually shifted transmission　05.068

手扶拖拉机　walking tractor　09.017

手术车　operation van　02.071

售货车　mobile store　02.075

售票台　conductor table　06.235

舒适驾驶室　comfort cab　15.003

输油泵　fuel supply pump　04.478

数字轮　digit wheel　07.120

衰退和恢复后的衬片效能试验　lining effectiveness test after fade and recovery　03.272

双半挂列车　double semi-trailer road train　02.203

双层客车　double-deck bus　02.024

*双重催化系统　dual-catalyst system　04.692

双床催化系统　dual-catalyst system　04.692

双床式转化器　dual-bed converter　04.689

双挂列车　double road train　02.202

双管路制动系　two-line braking system　05.482

双横臂式悬架　double-arm-type suspension，double wishbone suspension　05.186

双回路制动系　dual-circuit braking system　05.479

双级电磁振动式调节器　double-stage voltage regulator　07.027

双级贯通式主减速器　double-reduction thru-drive　05.159

双级主减速器　double-reduction final drive　05.155

双金属式燃油表指示器　bimetallic fuel indicator　07.144

双金属式温度表传感器　bimetallic temperature sensor　07.155

双金属式温度表指示器　bimetallic temperature indicator　07.154

双金属式油压表传感器　bimetallic oil pressure sensor　07.149

双金属式油压表指示器　bimetallic oil pressure indicator　07.139

双离合器　double clutch　10.021

双离合器变速器　dual-clutch transmission, DCT　05.102

双联万向节　double-cardan universal joint　05.141

双轮中心距　dual spacing　05.216

双门乘用车　coupe　02.005

双排驱动轮　dual driving wheel　12.022

双排座驾驶室　crew cab, double-row seat cab　06.024

双盘离合器　twin-plate clutch　05.004

* 双片离合器　twin-plate clutch　05.004

双燃料发动机　dual-fuel engine　04.141

双燃料汽车　dual-fuel vehicle　02.229

双式车轮　dual wheel　05.212

双速主减速器　two-speed final drive　05.160

双弹簧喷油器　two-spring injector　04.444

双筒式减振器　twin-tube shock absorber　05.205

双向行驶拖拉机　two-direction traveling tractor　09.019

双音喇叭　bitone horn　07.055

双质量飞轮　dual-mass flywheel　05.033

双中间轴变速器　twin-countershaft gearbox, twin-countershaft transmission　05.061

双纵臂式悬架　double-trailing-arm-type suspension　05.187

双纵拉杆转向机构　double-drag-link linkage　13.033

双作用油缸　double-acting cylinder　14.065

水泵　water pump　04.599

水泵壳　water pump housing　04.600

水泵叶轮　water pump impeller　04.601

水罐消防车　fire-extinguishing water tanker　02.108

水冷　water cooling　04.588

水冷发动机　water-cooled engine　04.154

水冷式机油冷却器　water-cooled oil cooler　04.594

水冷式增压空气冷却器　water-cooled charge air cooler　04.597

水膜升力　water lift force　05.341

水平车速　vehicle speed　03.124

水平对置发动机　horizontally opposed engine　04.162

水平汇聚距离　horizontal convergence distance　14.042

水平切口连杆　horizontally split connecting-rod　04.219

水平调节范围　leveling adjustment　14.036

水套　water jacket　04.180

水田轮　paddy-field wheel　12.021

水田拖拉机　paddy-field tractor　09.007

* 水温塞　bimetallic temperature sensor　07.155

顺序喷射　sequence injection　04.519

瞬时制动功率　instantaneous braking power　03.252

瞬态　transient state　03.153

瞬态力和力矩特性　transient-state force and moment property　05.347

瞬态响应　transient-state response　03.154

瞬态响应试验　transient response test　03.210

* 司机助　driver aid　01.056

四冲程发动机　four-stroke engine　04.130

四冲程循环　four-stroke cycle　04.005

四分之三浮式半轴　three-quarter floating axle shaft　05.180

四连杆式非独立悬架　four-link-type suspension　05.191

四轮驱动拖拉机　four-wheel drive tractor　09.014

速比　speed ratio　05.095

速度特性　fixed throttle characteristic　04.112

速燃期　rapid combustion period　04.056

速热式进气歧管　quick-heat intake manifold　04.335

塑玻复合安全窗用玻璃材料　glass-plastic safety glazing material　06.240

塑料安全窗用玻璃材料　plastic safety glazing material　06.241

随车起重运输车　truck with loading crane　02.133

* 随车诊断系统　on-board diagnosis，OBD　08.132

碎片状态试验　fragmentation test　06.296

损坏速度　damage speed　05.335

锁圈槽　gutter　05.224

锁止式液力变矩器　lock-up torque converter　05.107

锁止系数　lock ratio　05.175，10.049

T

踏步　tramp　03.189

* 踏步板　foot board，step plate　06.087

踏步灯　step lamp，courtesy light　07.077

踏脚板　foot board，step plate　06.087

胎侧　sidewall　05.247

胎冠　crown　05.245

胎冠帘线角度　crown cord angle　05.296

胎肩　shoulder　05.246

胎肩点　shoulder point　05.300

胎里　tire cavity　05.252

胎面　tread　05.250

胎面花纹　tread pattern　05.266

胎面接地长度　tread contact length　05.317

胎面接地宽度　tread contact width　05.318

胎圈　bead　05.259

胎圈包布　chafer　05.262

胎圈宽度　bead width　05.301

胎圈着合直径　diameter at rim bead seat　05.302

胎圈座　bead seat　05.220

胎体　carcass　05.251

胎趾　bead toe　05.249

胎踵　bead heel　05.248

台车　bogie　12.028

台架试验　bench test　04.120

太阳能电池　solar cell　01.125

太阳能汽车　solar power vehicle　02.234

弹簧管式温度表　bourdon tube temperature gauge　07.128

弹簧管式压力表　bourdon tube pressure gauge　07.131

弹簧压紧式离合器　spring-loaded clutch　10.011

弹簧制动系　spring braking system　05.477

弹性悬架　elastic suspension　12.025

炭罐　carbon canister　04.735

炭罐储存装置　carbon canister storage device　04.734

炭罐通气阀　carbon canister vent valve　04.736

碳氢化合物　hydrocarbon，HC　04.652

碳烟　soot　04.675

特殊环境试验　special ambient test　04.126

特殊轮胎　special tire　05.231

特征车速　characteristic speed　03.177

特种结构汽车　special construction vehicle　02.140

特种结构专用运输汽车　specialized goods special construction vehicle　02.141

特种结构专用作业汽车　special construction special purpose vehicle　02.142

提升时间　lifting time　14.044

蹄式制动器　shoe brake　11.022

蹄铁　shoe　05.527

替代用催化转化器　replacement catalytic converter　04.691

天然气　natural gas　01.088

天然气发动机　natural gas engine　04.142

天然气汽车　natural gas vehicle　02.221

天然气水合物汽车　natural hydrate vehicle　02.226

天然气制油　gas liquifaction oil　01.096

天线电动机　antenna motor，aerial motor　07.017

调节特性　regulation characteristic　04.116

调零机构　null setting　07.123

调剖堵水车　water profile control and shutoff truck　02.161

调速弹簧　speed governor spring　04.419

调速率　speed governing rate　04.414

调速器壳体　speed governor housing　04.416

调速器控制手柄　speed governor control lever　04.415

* 调速手柄　speed governor control lever　04.415

调速特性　speed governor characteristic　04.115

调温式空气滤清器　temperature-modulated air cleaner　04.342

调压试验　regulated inflation test　05.332

调压弹簧 pressure adjusting spring 04.451

调压弹簧上置式喷油器 upper-spring injector 04.442

调压弹簧下置式喷油器 lower-spring injector 04.443

调整机构 adjuster 06.073

跳动 hop 05.377

铁镍蓄电池 nickel-iron battery 01.113

停车灯 parking lamp 07.102

* 停车辅助系统 automobile reversing radar system 07.177

挺柱 tappet 04.285

挺柱导套 tappet guide 04.289

挺柱滚轮 tappet roller 04.288

通道 gang way 06.056

通过性 mobility over unprepared terrain 03.277, passing ability 09.054

通井车 well service truck 02.164

通信车 communication van 02.061

通信指挥消防车 command and communication fire vehicle 02.064

通用牵引杆挂车 general purpose drawbar trailer 02.188

同步带 synchronous belt 04.270

同步带传动 synchronous belt drive 04.271

同步喷射 synchronous injection 04.515

同步器 synchronizer 05.078,10.040

同步器换档 synchronized shift 05.083,10.037

同步器式变速器 synchromesh gearbox, synchromesh transmission 05.067

同步式动力输出轴 synchronized PTO 10.063

同时喷射 simultaneously injection 04.517

同心式工作缸 concentric slave cylinder 05.053

同心圆球笼式万向节 Rzeppa universal joint 05.134

同轴式起动机 coaxial drive starter 07.010

统一更换件 consolidated replacement part 08.016

筒式减振器 telescopic shock absorber 05.204

筒形电喇叭 trumpet-type horn 07.050

头部空间 head room 06.030

头枕 headrest 06.209

投币箱 coin box 06.234

投捞车 dropping-fishing truck 02.151

* 透光度 regular luminous transmittance 06.278

透光直径 transmission diameter 07.090

透射比 transmittance 04.772

凸块式万向节 Tracta universal joint 05.142

凸轮 cam 04.253

凸轮从动件 cam follower 04.290

凸轮滑块式差速器 differential with side ring and radial cam plate 05.170

凸轮轴传动机构 camshaft drive mechanism 04.260

凸轮轴位置传感器 camshaft position sensor 04.793

图书馆车 mobile library 02.072

涂装车身 painted body 06.017

土壤推力 soil propelling force 03.295

土壤阻力 soil resistance 03.296

推杆 push-rod 04.295

推土阻力 soil pushing resistance 03.298

托架 bracket, carrier frame 06.065

托轮 carrier roller 12.044

托森差速器 Torsen differential 05.173

拖拉机 tractor 09.001

拖拉机牵引力 drawbar pull of tractor 09.027

拖拉机总长 overall length of tractor 09.080

拖拉机总高 overall height of tractor 09.082

拖拉机总宽 overall width of tractor 09.081

拖拉机纵向中心面 median longitudinal plane of tractor 09.077

拖尾 hang-up, tailing 04.756

拖曳臂扭转梁式半独立悬架 trailing arm semi-independent suspension 05.193

拖曳阻力 resistance force of drag 03.084

脱胶 delamination 06.267

脱圈 bead unseating 05.325

脱圈阻力 bead unseating resistance 05.326

W

外后视镜 outside rear mirror 06.204

外偏距车轮 outset wheel 05.215

外倾侧向力 camber thrust 03.080

外倾刚度 camber stiffness 03.097

外倾刚度系数　camber stiffness coefficient　03.100

* 外倾推力　camber thrust　03.080

外饰件　exterior trim　06.071

外胎　cover　05.242

外特性　external characteristic，full load characteristic　04.113

外缘尺寸　peripheral dimension　05.283

外直径　overall diameter　05.286

外置式燃油泵　external fuel pump　04.523

外置式最终传动　outside-installed final drive　10.055

外周长　overall circumference　05.285

外装式前照灯　external mounted headlamp　07.064

弯道制动试验　test of braking on curve　03.195

完全故障　complete fault　08.050

万向节　universal joint　05.129

万向节叉　yoke　05.144

* 万有特性　total external characteristic　04.114

网式捕集器　mesh filter　04.718

往复式内燃机　reciprocating internal combustion engine　04.002

危险报警闪光灯　hazard warning lamp　07.104

微动腐蚀　fretting rust　08.092

微混合动力汽车　micro hybrid electric vehicle　02.208

微生物燃料电池　microbial fuel cell　01.107

维护插接器　service plug　07.041

维修保养方便性　maintainability　08.031，09.071

维修计划　maintenance schedule　08.032

* 尾气　exhaust emission　04.646

位置传感器　fuel rack position sensor　04.482

位置控制　position control　14.015

位置控制式电控燃油喷射系统　position based electronically controlled fuel injection system　04.363

温度报警传感器　temperature warning sensor　07.156

温度表　temperature gauge　07.127

* 温度补偿　temperature compensation　04.851

温度修正　temperature compensation　04.851

稳定性　stability　09.046

稳态　steady state　03.150

稳态工况　steady-state condition　04.076

稳态回转试验　steady-state cornering test　03.192

稳态力和力矩特性　steady-state force and moment property　05.346

稳态响应　steady-state response　03.152

涡流　swirl　04.033

涡流比　swirl ratio　04.034

涡流燃烧室　swirl combustion chamber　04.070

涡轮复合发动机　turbocompound engine　04.153

涡轮工作轮　turbine wheel　04.322

涡轮进气壳　turbine inlet casing　04.314

涡轮排气壳　turbine outlet casing　04.315

涡轮喷嘴环　turbine nozzle ring　04.324

涡轮叶片　turbine blade　04.323

涡轮增压　turbocharging　04.023

涡轮增压器转子　turbocharger rotor　04.318

涡轮增压中冷发动机　turbocharged and intercooled engine　04.152

蜗杆指销式转向器　worm and peg steering gear　05.407

卧铺　sleeper　06.214

卧铺客车　sleeper coach　02.026

卧式发动机　horizontal engine　04.159

污泥自卸车　sludge tipper　02.113

污染超标　illegal exhaust and noise　08.060

无触点点火系　breakerless ignition system　04.552

无分电器点火系　distributorless ignition system　04.555

无轨电车　trolley bus　02.029

无级变速　stepless speed changing　05.093，continuously variable transmission　10.033

无架　frameless　12.009

无内胎轮胎　tubeless tire　05.228

无铅汽油　unleaded gasoline　01.081

无刷交流发电机　brushless alternator　07.003

无压力室喷油嘴　valve-needle-covered orifice nozzle　04.462

无再生排放试验　non-regeneration emission test　04.785

舞台车　stage vehicle　02.084

雾灯　fog lamp　07.073

雾化　atomization　04.469

X

吸粪车　suction-type excrement tanker　02.101

吸附天然气汽车　adsorbed natural gas vehicle　02.225

吸能件　energy absorber　06.076

吸污车　suction-type sewer scavenger　02.100

吸油路调节式液压悬挂系　hydraulic hitch system with inlet control　14.005

稀薄燃烧　lean mixture combustion　04.053

稀混合气　lean mixture　04.044

稀燃氮氧化物吸附还原　lean NO$_x$ trap　04.703

稀释空气　dilution air　04.782

稀释通道　dilution tunnel　04.783

稀土催化剂　rare earth catalyst　04.699

熄火转向　emergency steering　13.008

洗涤泵电动机　washer motor　07.019

洗涤器　scrubber，washer　06.203

洗井车　well-washing truck　02.155

细磨边　finely ground edge　06.273

下边梁　floor side frame　06.120

下沉量　deflection　05.312

下沉率　deflection ratio　05.313

下灰车　pneumatic cement-discharging tanker　02.098

下降阀　lowering valve　14.058

下降速度控制阀　lowering-speed control valve　14.059

下铰接点　lower link point　14.034

下拉杆传感　lower-link sensing　14.020

下视镜　under-view mirror　06.206

下陷量　sinkage　03.294，12.048

下悬挂点　lower hitch point　14.031

下悬挂点间隙　lower hitch-point clearance　14.038

下止点　bottom dead center　04.010

下置凸轮轴　in-block camshaft　04.258

鲜奶运输车　milk tanker　02.092

线性位置传感器　linear position sensor　04.483

线性位置执行器　linear position actuator　04.486

限量充装阀　filling limit valve　04.536

限位器　limiting device，restrainer　06.079

限制流量　limited flow　05.451

霰弹袋试验　shot-bag test　06.298

厢式货箱　van body　06.303

厢式[汽]车　van　02.037

厢式专用运输汽车　specialized goods van　02.038

厢式专用作业汽车　special purpose van　02.039

厢式自卸车　van-body tipper　02.118

向心加速度影响系数　coefficient of centripetal acceleration effect　03.222

橡胶-金属履带　rubber-metal crawler　12.036

橡胶履带　rubber crawler　12.037

消毒车　sterilizing vehicle　02.063

消光度　opacity　04.771

消光烟度计　smoke opacimeter　04.767

消声器　silencer　04.348

小时燃料消耗量　fuel consumption per hour　03.032

小时燃油消耗量　fuel consumption per hour　09.039

小型客车　minibus　02.019

小型拖拉机　small tractor　09.021

斜交轮胎　diagonal tire，bias-ply tire　05.236

斜切口连杆　obliquely split connecting-rod　04.220

斜置式发动机　inclined engine　04.160

谐波增压　harmonic supercharging　04.021

泄漏　leakage　08.056

卸荷式液压悬挂系　hydraulic hitch system with unloading function　14.007

卸压阀　relief valve　04.525

锌空气电池　zinc air battery　01.122

锌镍蓄电池　nickel-zinc battery　01.118

*锌氧电池　zinc air battery　01.122

锌银蓄电池　silver-zinc battery　01.116

新气利用系数　trapping coefficient　04.032

新胎尺寸　new tire dimension　05.284

信号灯　signal lamp，indicator　07.095

行车制动系　service braking system　05.467，11.002

行车制动性能　service braking performance　09.052

行程　stroke　04.008

行进方向角　course angle　03.138

行李舱　baggage compartment，luggage compartment　06.034

行李舱衬里　baggage compartment lining　06.165
行李舱地板　baggage compartment floor　06.163
行李舱地毯　baggage compartment carpet　06.164
行李舱盖　baggage compartment lid　06.166
行驶记录表　tachograph　07.137
行驶面弧度高　curvature height of tread surface　05.299
行驶面宽度　tread surface width　05.298
行驶循环工况百公里燃料消耗量　travel-mode cycle fuel consumption per 100 km　03.029
行驶阻力　travel resistance　03.013
行星齿轮变速器　planetary gearbox, planetary transmission　05.064
行星齿轮式双级主减速器　planetary double-reduction final drive　05.156
行星式变速箱　planetary transmission　10.031
行星圆柱齿轮式轮边减速器　planetary wheel reductor　05.162
行星锥齿轮式轮边减速器　differential-geared wheel reductor, bevel epicyclic hub reductor　05.163
行走系　running gears, undercarriages　12.001
行走效率　efficiency of running gears, efficiency of undercarriages　12.056
U 形挂钩　clevis　14.070
U 形螺栓　U-bolt　06.332
U 形螺栓垫板　U-bolt plate　06.333
U 形螺栓垫块　U-bolt block　06.334
J 形转弯试验　test of J turn　03.209
V 型发动机　V-engine　04.161
T 型临时使用的备用轮胎　T-type temporary-use spare tire　05.234
V 型喷油泵　V-type fuel injection pump　04.372
型式认证　type approval　01.051
性能试验　performance test　04.121
修复　recondition, rework　08.028
修复件　reconditioned part, reworked part　08.014
修井作业车　workover rig　02.163

修磨表面　dressing-out　08.048
修正功率　corrected power　04.094
续驶里程　driving range　01.044
蓄电池　battery　01.112
宣传车　mobile loudspeaker　02.062
悬浮颗粒　aerosol　04.661
悬挂点　hitch point　14.029
* 悬挂质量　sprung mass　03.115
悬挂装置　linkage　14.022
悬架　suspension　05.181, 12.023
悬架侧倾刚度　suspension roll stiffness　03.065
悬架垂直刚度　suspension vertical stiffness　03.059
悬架横向刚度　suspension transverse stiffness　03.061
悬架几何学　suspension geometry　03.046
悬架举升试验　jack-up test of suspension　03.215
悬架柔性　compliance in suspension　03.069
悬架上的侧倾　suspension roll　03.063
悬架式驾驶座　suspension seat　15.016
悬架有效刚度　ride rate　03.062
悬架纵向刚度　suspension longitudinal stiffness　03.060
旋转活塞式发动机　rotary piston engine　04.167
旋转质量换算系数　rotating mass conversion factor　03.021
旋装式机油滤清器　spin-on cartridge lubricating oil filter　04.634
眩光　glare, dazzle　07.087
眩目　dazzle, glare　07.086
穴蚀　cavitation corrosion, erosion　08.079
血浆运输车　plasma transport van　02.043
循环冷却　circulative cooling　04.590
循环球-齿条齿扇式转向器　recirculating-ball rack and sector steering gear　05.402
循环球式转向器　recirculating ball steering gear　05.401, 13.021
* 循环指示功　indicated work　04.089

Y

压板安装式喷油器　clamp-mounted injector　04.447
压电晶体式喷油器　piezo crystal fuel injector　04.439

压力报警传感器　pressure warning sensor　07.152
压力反馈控制式电液转向系　electro-hydraulic power

steering system in control of reaction pressure 05.386

压力控制阀 pressure control valve 04.493

* 压力润滑 pressurized lubrication 04.621

压力试验 pressure testing 08.144

压力油路调节式液压悬挂系 hydraulic hitch system with outlet control 14.006

压裂车 fracturing truck 02.166

压裂管汇车 fracturing pipeline truck 02.154

压盘 pressure plate 05.018，10.026

压气机喘振 compressor surge 08.067

压气机壳 compressor casing 04.316

压燃 compression ignition 04.049

压燃式发动机 compression ignition engine 04.146

压实阻力 compression resistance 03.297

压缩机车 gas compressor vehicle 02.174

压缩式垃圾车 compression refuse collector 02.120

压缩天然气 compressed natural gas，CNG 01.089

压缩天然气电磁阀 CNG solenoid valve 04.542

压缩天然气管路 CNG fuel line 04.543

压缩天然气减压器 CNG pressure regulator 04.547

压缩天然气汽车 compressed natural gas vehicle 02.224

压条 trip 06.105

牙嵌式离合器 dog clutch 10.010

牙嵌式自由轮差速器 self-locking differential with dog clutch，automotive positive locking differential 05.171

[烟度测量]道路试验法 road test method，road test method of smoke measurement 01.063

[烟度测量]加载减速法 lug-down method，lug-down method of smoke measurement 01.061

[烟度测量]稳定单速法 single steady speed method，single steady speed method of smoke measurement 01.062

烟度计 smokemeter 04.762

烟度照相测量 photographic smoke measurement 04.769

烟灰盒 ash tray 06.217

淹缸控制 flood control 04.828

严重故障 major fault 08.053

颜色识别试验 color identification test 06.282

焰前反应 pre-flame reaction 04.050

扬声筒 trumpet projector 07.057

养蜂车 mobile bee-keeper 02.129

氧传感器 oxygen sensor 04.802

氧化型催化剂 oxidation catalyst 04.694

样气室 sample cell 04.743

腰线 waist line，belt line 06.045

摇臂 rocker arm，rocker 04.296

摇臂轴 rocker arm shaft 04.301

摇臂轴最大转角 max rotating angle of pitman arm shaft 05.441

摇臂座 rocker arm bracket 04.300

摇振 shake 03.239

咬死 seizure 08.105

叶轮导流部分 impeller inducer 04.327

液氮车 liquid nitrogen truck 02.158

液氮汽车 liquid nitrogen vehicle 02.236

液化气体运输车 liquefied gas tanker 02.089

液化石油气 liquefied petroleum gas，LPG 01.087

液化石油气电磁阀 LPG solenoid valve 04.541

液化石油气发动机 liquefied petroleum gas engine 04.143

液化石油气管路 LPG fuel line 04.544

液化石油气管路卸压阀 LPG-tube pressure relief valve 04.545

液化石油气汽车 liquefied petroleum gas vehicle 02.222

液化天然气 liquefied natural gas 01.090

液化天然气汽车 liquefied natural gas vehicle 02.223

液力变矩器 hydrodynamic torque converter 05.106

液力变矩器单向离合器 one-way clutch of hydrodynamic torque converter 05.108

液力变速器 hydrodynamic transmission 05.096

液力传动 hydrodynamic drive 05.104

液力传动系 hydrodynamic transmission system 10.004

液力缓速器 hydrodynamic retarder 05.500

液力偶合器 fluid coupling 05.105

液力起步 fluid start 05.109

液力锁紧 hydraulic lock，hydrostatic lock 08.071

液压泵 hydraulic pump 14.051

液压传动系 hydrostatic transmission system 10.003

液压动力转向系 hydraulic power steering system 05.383

液压动力转向系灵敏度特性　hydraulic power steering system response characteristic　05.463

液压动力转向系转向力特性　steering force characteristic of hydraulic power steering system　05.460

液压动力转向装置　hydraulic power steering gear　05.417

液压间隙调节器　hydraulic lash adjuster　04.299

液压快换接头　quick-action hydraulic coupler　14.068

液压离合器　hydraulic clutch　10.013

液压式操纵机构　hydraulic operation mechanism　05.014

液压式喷油提前器　hydraulic fuel injection timing advance device　04.430

液压输出　external hydraulic service　14.049

液压伺服压电晶体式喷油器　hydraulic servo piezo crystal fuel injector　04.440

液压提升器　hydraulic lifter　14.055

液压悬挂系　hydraulic hitch system　14.001

液压制动　power-assisted hydraulic braking　11.006

液压制动阀　hydraulic brake valve　11.015

液压助力转向　power-assisted steering　13.009

液压助力转向器　hydraulic power steering　05.418

液压转向　hydrostatic steering　13.007

液压转向器　hydrostatic steering unit　13.020

一般故障　minor fault　08.054

一般用途农业拖拉机　general purpose agricultural tractor　09.005

一级维护　elementary maintenance　08.037

一体化点火线圈-火花塞点火控制模块　coil-on-plug ignition module　04.587

一体式起动发电机　integrated starter generator　07.006

一厢式车身　one-box-type body　06.011

一氧化碳　carbon monoxide，CO　04.651

衣帽钩　coat hook　06.215

仪表板　instrument panel　06.189

仪表板总成　instrument panel assembly　07.113

仪表灯　instrument panel lamp　07.078

仪表盘　instrument panel　07.114，15.019

仪器车　apparatus van　02.066

移线试验　lane change test　03.206

乙醇　ethanol　01.084

乙醇汽车　ethanol vehicle　02.233

乙醇汽油　ethanol gasoline　01.086

异步喷射　asynchronous injection　04.516

异响　abnormal knocking　08.055

抑制换档　inhibited shift　05.115

易损件　consumable part　08.012

翼片式闪光器　vane-type flasher　07.111

翼子板　wing　06.112

音控式排气再循环系统　sound control EGR system　04.354

引道　access　06.057

引燃喷射　pilot injection　04.065

饮水机　drinking-water set　06.236

印痕面积　foot-print area　05.315

迎风面积　front projection area　03.018

应急锤　emergency hammer　06.232

应急管路　secondary line　05.510

应急制动系　secondary braking system　05.468

应力斑　stress pattern，mottled pattern　06.262

* 硬顶车身　hard-top body　06.010

邮政车　mobile post office　02.049

油标尺　dipstick　04.644

油底壳　oil pan，oil sump　04.187

油电混合动力汽车　gasoline electric hybrid vehicle，diesel electric hybrid vehicle　02.213

油缸　cylinder　14.064

油轨压力调节器　fuel rail pressure regulator　04.527

油环　oil control ring　04.210

油冷发动机　oil-cooled engine　04.156

油量调节齿杆　fuel control rack　04.393

油量调节机构　delivery control mechanism　04.392

* 油量调节拉杆　fuel control rod　04.393

油量调节套　fuel control sleeve　04.394

* 油门踏板　accelerator pedal　03.011

油面控制装置　fuel fill level control device　01.073

油面指示器　oil level indicator　04.643

油泥　oil sludge　08.114

油气分离器　fuel and vapor separator　04.720

油气弹簧悬架　hydro-pneumatic spring-type suspension　05.201

油压表　oil pressure gauge　07.129

游车　hunting　08.070

有级变速　step speed changing　05.092，step transmission　10.032

有内胎轮胎　tube tire　05.227

有凸轮轴的可变气门机构　variable valve actuating mechanism with camshaft　04.250

有向花纹　directional pattern　05.273

有效功率　brake power　04.093

*有效扭矩　brake torque　04.086

有效热效率　brake thermal efficiency　04.097

有效制动距离　active braking distance　03.250

有效制动时间　active braking time　11.031

有效转矩　brake torque　04.086

预混合燃烧　premixing combustion　04.051

预喷射　pilot injection　04.064

预燃室　pre-combustion chamber　04.069

预行程调整　pre-stroke adjustment　04.390

原地起步加速时间　standing start accelerating time　03.006

原装催化转化器　originally equipped catalytic converter　04.690

圆地板　circular floor　06.193

圆柱齿轮式轮边减速器　spur-geared wheel reductor　05.164

远光　high beam　07.082

远距离操纵变速器　remote control gearbox, remote control transmission　05.070

约束系统　restraint system　06.075

阅读灯　reading lamp　07.076

[越野车]绞盘　winch, winch of off-road vehicle　07.176

越野乘用车　off-road passenger car　02.011

越野花纹　off-road pattern　05.269

越野货车　off-road goods vehicle　02.035

越野客车　off-road bus　02.027

云梯消防车　aerial ladder fire truck　02.139

运兵车　soldier carrier　02.046

运材车　pole transport truck　02.145

运钞车　cash transport van　02.044

运动型多功能汽车　sport utility vehicle, SUV　02.012

运动坐标系　moving axis system　03.107

运棉车　cotton transport vehicle　02.114

运输高度　transport height　14.037

运输角　transport pitch　14.040

运输型拖拉机　transporting tractor　09.011

运油车　fuel tanker　02.091

运转损失　running loss　01.060

晕车　motion sickness　03.240

Z

杂物箱　glove box　06.191

杂项危险物品罐式运输车　miscellaneous hazardous material tanker　02.099

杂项危险物品厢式运输车　miscellaneous hazardous material van　02.050

载体　substrate　04.706

载体涂层　washcoat　04.709

再生　regeneration　04.722

再生触发信号　trigger to regeneration　04.725

再生间隔期　regeneration interval　04.726

再生能量　regenerated energy　05.488

再生排放试验　regeneration emission test　04.784

再生失控　regeneration runaway　04.729

再循环排气　EGR gas　04.350

再造发动机　remanufactured engine　08.023

再制件　rebuilt part　08.020

在线故障诊断　on-board fault diagnosis　04.859

在用车　in-use vehicle　01.002

噪声限制　noise limitation　04.850

增矩器　torque amplifier, hi-lo unit　10.039

增强反射型安全窗用玻璃材料　enhanced reflecting safety glazing material　06.246

增压　pressure charging, supercharging　04.020

增压比　supercharging ratio　04.026

增压补偿器　boost compensator　04.427

增压发动机　supercharged engine　04.150

增压空气冷却器　charge air cooler　04.596

增压空气旁通控制系统　charge air bypass control system　04.331

增压压力　boost pressure　04.038

增压压力传感器　boost pressure sensor　04.801

增压压力的闭环控制　closed-loop control of boost

pressure   04.838

增压压力控制基本 MAP 图   basic control MAP of boost pressure   04.840

增压中冷   supercharging intercooling   04.028

炸药混装车   explosive mix and charge vehicle   02.175

斩波器   chopper   07.045

张紧带轮   tensioning pulley   04.273

张紧滑轨   slide rail   04.267

张紧缓冲装置   tension-buffer device   12.039

张紧轮   tensioning wheel   04.266

* 张紧轮   tension idler   12.040

召回   recall   01.054

照明车   lighting vehicle   02.082

遮蔽阴影   masking effect   09.061

遮阳板   sun visor   06.207

* 折背式车身   notchback body   06.013

折叠   jack-knifing   03.186

折腰转向   articulated steering   13.005

* 针阀偶件   injection nozzle   04.456

针阀升程   needle lift   04.467

* 真空式点火提前装置   vacuum advance mechanism   04.563

真空提前机构   vacuum advance mechanism   04.563

振荡不稳定性   oscillatory instability   03.170

振动声   vibration sound   05.376

振抖   fluttering oscillation, fluttering vibration   08.063

蒸发减压器   vaporizer pressure regulator   04.546

蒸发排放物   evaporative emission   04.647

蒸发排放物控制系统   evaporative emission control system   04.733

蒸发物控制阀   evaporant control valve   04.739

蒸发系统泄漏监控器   evaporative system leak monitor   04.738

蒸气回收加油枪   vapor recovery nozzle   01.078

整车整备质量   complete vehicle curb mass   01.037

整流器   rectifier   07.044

整体式柴油机颗粒捕集器   monolithic diesel particulate filter   04.717

整体式传动齿轮系   integral gear train   04.247

整体式动力转向器   integral power steering gear   05.408

整体式加油排放控制系统   integrated refueling emission control system   01.076

整体式交流发电机   integrate alternator   07.004

整体式履带   entire crawler   12.034

整体式曲轴   one-piece crankshaft   04.228

整体式凸轮轴   one-piece camshaft   04.255

整体式液压悬挂系   integrated hydraulic hitch system   14.002

整体式载体   monolithic substrate   04.707

整体台车   entire bogie   12.029

整体台车履带行走系   undercarriages with entire bogie of crawler tractor   12.004

正时齿轮室盖   timing gear cover   04.188

正时链条   timing chain   04.264

正效率   forward efficiency   05.434，13.026

支架   support   06.064

支重轮   supporting roller   12.038

执行器   actuator   04.807

直接操纵变速器   direct control gearbox，direct control transmission   05.069

直接档   direct drive   05.084

直接更换件   direct replacement part   08.017

直接甲醇燃料电池   direct methanol fuel cell   01.101

直接喷射   direct injection   04.062

直接喷射式柴油机   direct-injection diesel engine   04.137

直接驱动压电晶体式喷油器   direct drive piezo crystal fuel injector   04.441

直列式发动机   in-line engine   04.158

直列式喷油泵   in-line fuel injection pump   04.369

直流发电机   DC generator，dynamo   07.002

直流发电机调节器   DC generator regulator   07.021

* 直喷式柴油机   direct-injection diesel engine   04.137

直线行驶稳定性   straight motion stability   03.167

止点   dead center   04.009

止推轴承   thrust bearing   04.240

止推座   thrust cup   04.294

指挥车   command van   02.067

指示功   indicated work   04.089

指示功率   indicated power   04.092

指示热效率   indicated thermal efficiency   04.096

制动报警装置   braking alarm device   05.517

制动操纵力   braking control force   11.027

制动衬片   brake lining   05.529

制动衬片恢复试验   lining recovery test   03.271

制动衬片冷态试验　cold lining test　03.268

制动衬片热态试验　hot lining test　03.269

制动衬片衰退试验　lining fade test　03.270

制动衬片总成　brake lining assembly　05.522

制动初速度　initial speed of braking　11.034

制动传能装置　energy transfer device for braking　11.017

制动灯　stop lamp　07.099

制动底板　brake back plate　05.528

制动反应时间　braking reacting time　11.030

制动附着系数　braking adhesion coefficient　03.104

制动附着性　braking adhesion　05.337

制动功　braking work　03.251

制动供能装置　energy supplying device for braking　11.008

制动滑移附着系数　slipping braking adhesion coefficient　03.105

制动减速度　braking deceleration　03.253

制动渐近压力　asymptotic pressure of braking　05.514

制动距离　stopping distance，braking distance　03.249，braking distance　11.033

制动控制装置　braking control device　11.012

制动力　braking force　03.244，11.029

制动力比例调节装置　braking force proportioning device　05.518

制动力分配比　braking distribution ratio　03.248

制动力矩　braking torque　03.246，11.028

制动力系数　braking force coefficient　03.095

制动力学　braking mechanics　03.241

制动能量回收指示器　braking energy feedback indicator　07.148

制动跑偏　braking deviation　11.037

制动气室　brake chamber　11.019

制动器　brake　05.493，11.020

制动器热衰减系数　heat fade coefficient of brake　11.036

制动器滞后　brake hysteresis　03.243

制动强度　rate of braking，braking rate　03.254

制动踏板　braking pedal　05.491

制动踏板装置　braking pedal device　11.013

制动蹄　lined shoe　05.523

制动拖滞　brake drag　03.247

制动稳定性试验　braking stability test　03.202

制动系　braking system　11.001

制动系滞后　braking system hysteresis　03.242

制动油缸　brake cylinder　11.018

制动噪声　brake noise　03.276

制动主缸　brake master cylinder　11.009

I/M 制度　inspection and maintenance program　08.046

质量分配比　mass-distribution ratio　01.019

质量排放量　mass emission　04.682

质心高度　height of center of mass　01.020

质心高度坐标　vertical coordinate of the center of tractor mass　09.086

质心横向坐标　lateral coordinate of the center of tractor mass　09.088

质心加速度矢量　acceleration vector of mass center　03.133

质心速度矢量　velocity vector at center of mass　03.123

质心纵向坐标　horizontal coordinate of the center of tractor mass　09.087

质子交换膜燃料电池　proton exchange membrane fuel cell　01.100

致命故障　critical fault　08.052

中度混合动力汽车　moderate hybrid electric vehicle　02.210

中耕拖拉机　row-crop tractor　09.006

中间框架　central frame　06.196

中间输出型齿轮齿条式转向器　rack and pinion steering gear with central output　05.406

中间压盘　intermediate disk，center plate　05.019

中间轴　countershaft　05.088

中空安全窗用玻璃材料　insulation safety glazing material　06.244

* 中冷器　inter-cooler　04.596

中型拖拉机　middle tractor　09.022

中性稳定性　neutral stability　03.172

中性转向　neutral steer　03.162

中性转向线　neutral steering line　03.179

中央传动　main drive　10.045

中置轴挂车　center-axle trailer　02.194

中柱　center pillar　06.177

重点位置角　weight point angle　05.357

重度混合动力汽车　full hybrid vehicle，strong hybrid vehicle　02.211

重力制动系　gravity braking system　05.476

重型拖拉机　heavy tractor　09.024

重载发动机　heavy-duty engine　04.166

周期性再生捕集氧化装置　periodical regeneration trap oxidizer　04.728

轴承体　bearing housing　04.317

轴间动力输出轴　inter-axis PTO　10.059

轴间悬挂装置　inter-axial-mounted linkage　14.027

轴距　wheel base　09.083

轴控制　axle control　03.258

* 轴流式透平　axial-flow turbine　04.319

轴流式涡轮　axial-flow turbine　04.319

轴向柱塞式分配泵　axial-plunger distributor injection pump　04.377

轴针式电动喷油器　electric pintle fuel injector　04.435

轴针式喷油嘴　pintle nozzle　04.457

昼间换气损失　diurnal breathing loss　01.058

烛式悬架　sliding-pillar-type suspension　05.198

主变速器　basic gearbox, basic transmission　05.075

主传动　final driving transmission　05.151

主动悬架　active suspension　05.194

主副连杆　articulated connecting-rod　04.221

主缸活塞　master cylinder piston　05.049

主缸活塞回位弹簧　master cylinder piston return spring　05.051

主缸推杆　master cylinder push rod　05.050

主减速器　final drive　05.153

主控制阀　main control valve　14.056

主离合器　traction clutch, main clutch　10.014

主连杆　master connecting-rod　04.222

主燃期　main combustion period　04.057

主视区　primary vision area　06.257

主销　kingpin, steering knuckle bolt　05.540

主销后倾角　kingpin castor angle　03.055

主销内倾　kingpin inclination　03.052

主销内倾角　kingpin inclination angle　03.053

主销偏移距　kingpin offset　03.054

主油道　main oil gallery　04.625

主油系　main fuel system　04.503

主轴承　main bearing　04.238

主轴承盖　main bearing cap　04.173

主轴颈　crank journal　04.231

助力制动系　energy-assisted braking system, power-assisted braking system　05.473

驻波　standing wave　05.333

驻车制动操纵装置　parking braking control device　11.014

驻车制动系　parking braking system　05.469, 11.003

驻车制动性能　parking braking performance　09.053

* A 柱　A pillar　06.139

* B 柱　B pillar　06.177

* C 柱　C pillar　06.159

* D 柱　D pillar　06.160

柱塞泵　piston pump　14.053

柱塞回位弹簧　plunger return spring　04.387

柱塞偶件　plunger and barrel assembly, plunger matching parts　04.385

柱塞全行程　plunger stroke　04.388

柱塞预行程　plunger pre-stroke　04.389

专用半挂车　special semi-trailer　02.192

专用乘用车　special purpose passenger car　02.013

专用客车　special bus　02.028

专用汽车　special purpose vehicle　02.036

专用牵引杆挂车　special drawbar trailer　02.189

专用自卸运输汽车　specialized goods tipper　02.112

专用自卸作业汽车　special goods tipper　02.124

转化效率　conversion efficiency　04.710

转弯半径比　ratio of cornering radius　03.224

转弯附着性　cornering adhesion　05.338

转弯力　cornering force　03.081

转弯通道圆　turning clearance circle　01.035

转向臂　pitman arm　13.028

转向操纵机构　steering control mechanism　05.393

转向操纵力　steering control force　13.017

转向操纵力矩　steering control moment　13.018

转向操纵性　turnability　09.042

转向齿轮　steering pinion　05.415

转向齿轮助力式电动转向系　electric power steering system assisted by steering pinion　05.390

转向齿条　steering rack　05.416

转向齿条助力式电动转向系　electric power steering system assisted by steering rack　05.391

转向传动机构　steering linkage　05.429, 13.031

转向传动轴总成　steering transmission shaft assembly　05.395

转向轴助力式电动转向系 electric power steering system assisted by steering shaft 05.389

转向阻力矩 steering resisting moment 05.446, 13.016

转阀式转向控制阀 rotary control valve 05.423

*转鼓 oil filter rotor 04.638

转鼓法耐久试验 drum-method endurance test 05.328

转矩比 torque ratio 10.006

转矩传感 torque sensing 14.021

转矩负校正 negative torque control 04.425

转矩校正 torque control 04.423

转矩正校正 positive torque control 04.424

转速表 tachometer 07.124

转速超速限制 overspeed limitation 04.849

*转子式分配泵 rotary distributor injection pump 04.378

装配标线 fitting line 05.264

装配式曲轴 assembled crankshaft 04.230

装饰线 decorative rib 05.263

锥度效应 conicity 05.364

子午线轮胎 radial tire 05.238

自动保护监测 automatic protection monitoring 04.856

自动换档 automatic shift 05.114

自动离合器 automatic clutch 05.008

自动液力变速器 automatic transmission, AT 05.097

自动制动系 automatic braking system 05.471

自然吸气 natural aspiration 04.019

*自然吸气式发动机 naturally aspiration engine 04.149

自锁式差速器 self-locking-type differential 05.168

自卸式垃圾车 garbage dump truck 02.119

自由半径 free radius 05.370

自由滚动车轮 free rolling wheel 03.076

自由控制 free control 03.141

自由扭转浮动量 torsional free-float distance 14.041

自诊断 self-diagnosis 08.142

自装卸式垃圾车 self-loading garbage truck 02.121

自走底盘 self-propelled chassis 09.025

综合百公里燃料消耗量 synthesis fuel consumption per 100 km 03.030

综合控制 composite control 14.016

综合利用性 versatility 09.070

综合式车架 synthesis frame 05.535

总成修理 assembly repair 08.153

总空燃比 overall air-fuel ratio 04.040

总宽度 overall width 05.291

总碳氢 total hydrocarbon, THC 04.653

总碳氢分析仪 total hydrocarbon analyzer 04.750

总有机物被萃取成分 total organic extract fraction 04.667

总制动力 total braking force 03.245

总制动时间 total braking time 11.032

纵倾 pitch 03.112

纵倾角速度 pitch velocity 03.131

纵倾轴 pitch axis 03.114

纵向花纹 longitudinal pattern 05.268

纵向滑移角 longitudinal sliding angle 09.048

纵向极限翻倾角 longitudinal overturning angle of slope 09.047

纵向力波动 longitudinal force variation 05.362

纵向速度 longitudinal velocity 03.125

纵向通过角 ramp angle 03.281, 09.059

阻风板 air dam skirt 06.156

阻风门开启器 choke opener 04.507

阻力控制 draft control 14.014

阻尼出油阀 delivery valve with return-flow restriction 04.400

阻尼电阻 suppressor resistor 04.567

阻尼可调减振器 damping variable shock absorber 05.208

组成式变速箱 compound transmission 10.030

组合后灯 combination tail lamp 07.101

组合气室 stacked cell 04.744

组合前灯 combination headlamp 07.066

组合式变速器 combinatory gearbox, combinatory transmission 05.072

组合式多轴控制 combined multi-axle control 03.261

组合式履带 combined crawler 12.035

组合式曲轴 built-up crankshaft 04.229

组合式凸轮轴 assembled camshaft 04.256

组合仪表 combination instrument, instrument cluster 07.115

组合仪表 instrument cluster 15.020

钻机车 mobile drill 02.147

最大操纵力 maximum actuating force required to op-